高职高专机械制造类专业系列教材

机械制图(项目式教学)

主　编　唐建敏　孙小光　刘海军

副主编　杨金鹏　唐建伟　赵鹏展

主　审　陈佰江

西安电子科技大学出版社

内 容 简 介

为了适应职业教育的发展趋势，作者结合职业教育人才培养模式、课程体系和教学内容等相关改革要求，在多年课程改革实践的基础上，以项目为导向，以任务为驱动，以学生职业技能培养为主线，编写了本书及配套习题集。

本书内容包括：技术制图与机械制图国家标准的基本规定、基本绘图技术、投影基础、机件图样的画法、轴测图、标准件和常用件、典型零件的视图选择、尺寸标注、零件的技术要求、零件图、装配图、零部件测绘、其他机械图样等。书中列举的大量范例以工程实例为主，涉及机械工程的各个方面，具有示范参考作用。

本书内容由浅入深，循序渐进，既可作为高职高专院校机械制造类专业的教材，也可供相关工程技术人员参考。

图书在版编目(CIP)数据

机械制图：项目式教学 / 唐建敏，孙小光，刘海军主编.
—西安：西安电子科技大学出版社，2021.9
ISBN 978–7–5606–6143–8

Ⅰ. ①机…　Ⅱ. ①唐…　②孙…　③刘…　Ⅲ. ①机械制图—高等职业教育—教材
Ⅳ. ①TH126

中国版本图书馆 CIP 数据核字(2021)第 175583 号

策划编辑　刘玉芳
责任编辑　于文平
出版发行　西安电子科技大学出版社(西安市太白南路 2 号)
电　　话　(029)88202421　88201467　　　邮　　编　710071
网　　址　www.xduph.com　　　　　　　电子邮箱　xdupfxb001@163.com
经　　销　新华书店
印刷单位　咸阳华盛印务有限责任公司
版　　次　2021 年 9 月第 1 版　　2021 年 9 月第 1 次印刷
开　　本　787 毫米×1092 毫米　1/16　印　张　12.5
字　　数　291 千字
印　　数　1～1000 册
定　　价　32.00 元

ISBN 978-7-5606-6143-8/TH

XDUP 6445001–1

如有印装问题可调换

前　言

本书依据教育部高等学校工程图学教学指导委员会 2005 年制定的"高等学校画法几何与工程制图课程教学基本要求"编写，书中严格贯彻了有关机械制图的国家标准。考虑到高职高专院校数控、机电、机制及电气类专业的教学要求及学时数不断压缩的实际情况，在广泛征求有关院校教学第一线教师的意见后，我们决定以简明、精练、实用作为本书的编写宗旨。本书在内容上突出基础性、实用性、先进性及实践性，贯彻以实用为主，必需、够用为度的原则，以项目的形式体现现代设计理念，实现与产业界的紧密结合，培养学生的综合职业能力。因此，本书具有以下特点：

(1) 注重理论联系实际，将投影理论与图示应用相结合，加强必要的理论基础，又注重基本原理的应用。

(2) 贯彻以"识图为主"的思路，从整体上体现培养识图能力为主的教学思想，同时又充分注意实践环节，通过例题及配套的习题集等内容，培养学生运用理论解决实际工程问题的能力。

(3) 本书在编写过程中特别注意国家标准的更新，绘制的机械图样均采用最新的国家标准。

本书项目一、二由内江职业技术学院刘海军编写；项目三由扬州大学孙小光编写；项目四由四川信息职业技术学院杨金鹏编写；项目五由重庆城市职业学院赵鹏展编写；项目六由重庆明鑫机械制造有限公司唐建伟编写；项目七、八、九由内江职业技术学院唐建敏编写。重庆水利电力职业技术学院陈佰江副教授担任本书主审并统稿。

在本书的编写过程中，我们参考了一些同类教材，在此特向参考文献所列的各位作者表示感谢。

由于作者水平有限，书中可能存在不妥之处，敬请广大读者批评指正。

作　者
2021 年 6 月

目　　录

项目一　制图基本知识和技能

一、学习目标

(1) 了解国家标准中关于图纸的幅面和格式、比例、字体及图线等方面的基本规定。

(2) 掌握平面图形尺寸和线段分析的方法与步骤。

(3) 能正确使用绘图工具和仪器。

(4) 能熟练掌握几何作图的方法与技巧。

二、工作任务

绘制如图 1-1 所示手柄的平面图形。

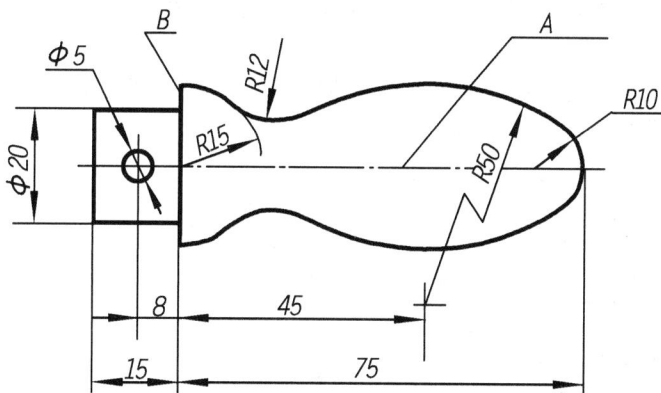

图 1-1　手柄的平面图形

三、相关理论知识

(一) 制图的基本知识

工程图样是设计和制造机械类产品过程中的重要资料，是交流技术思想的语言。为了正确地绘制和阅读机械图样，必须熟悉并掌握有关标准和规定。

国家标准(简称国标)的代号是"GB"("GB/T"为推荐性国标)，字母后面的两组数字分别表示标准顺序号和标准批准的年份。例如，GB/T 13361—2012 中的"13361"是该标准的编号，"2012"表示该标准最近一次修订是 2012 年。

《机械制图》与《技术制图》国家标准是工程领域重要的技术基础标准，是绘制和阅读机械图样的准则和依据，其统一规定了有关机械方面的生产和设计部门应共同遵守的画图规则。我国于 1959 年颁布了《机械制图》国家标准，后来经过了几次修订。《技术制图》国家标准目前使用的是 2012 年修订的。在绘图和读图时，都应严格遵守这些标准。

1．图纸的幅面和格式(GB/T 13361—2012)

1) 图纸幅面

为了保证图纸大小统一，以便于图纸的装订、保管与缩印，对图纸的幅面做如下规定：

图纸幅面代号有 A0、A1、A2、A3、A4 共 5 种，应优先采用表 1-1 所规定的图纸幅面。

表 1-1　图纸幅面代号和尺寸　　　　　　　　　mm

幅面代号	A0	A1	A2	A3	A4
$B \times L$	841 × 1189	594 × 841	420 × 594	297 × 420	210 × 297
a	25				
c	10			5	
e	20		10		

注：B 是英文单词 Breadth 的首字母，表示图纸宽度；L 是英文单词 Length 的首字母，表示图纸长度；a、c、e 的含义将在后面给出。

必要时，也允许选用国家标准所规定的加长幅面。这些幅面的尺寸是由基本幅面的短边以整数倍增加后得出的，如图 1-2 所示。

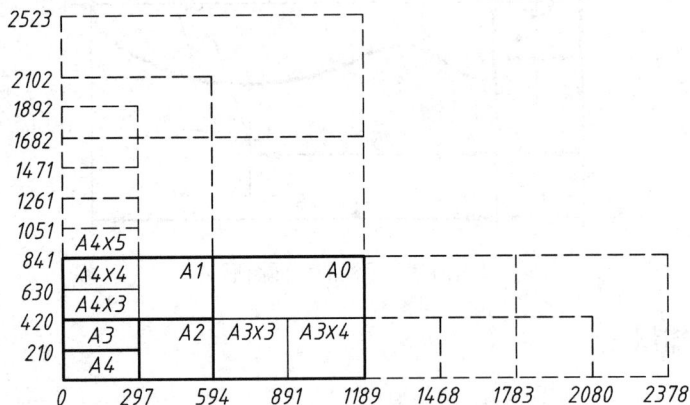

图 1-2　图纸各种幅面的相互关系

2) 图框格式(图框线)

每张图样在绘图前都必须用粗实线画出图框线，所画图样(图形)应在图框线之内。根据需要，图样分为需要装订的和不需要装订的两种。需要装订的图样应留装订边，其图框格式如图 1-3 所示，其中 a 边为装订边；不需要装订的图样的图框格式如图 1-4 所示。同一产品的图样只能采用一种格式。

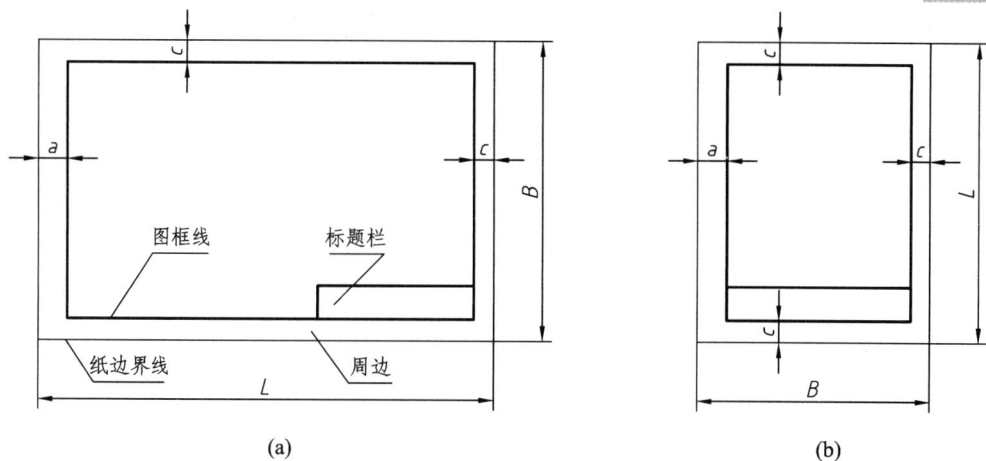

图 1-3　保留装订边的图框格式

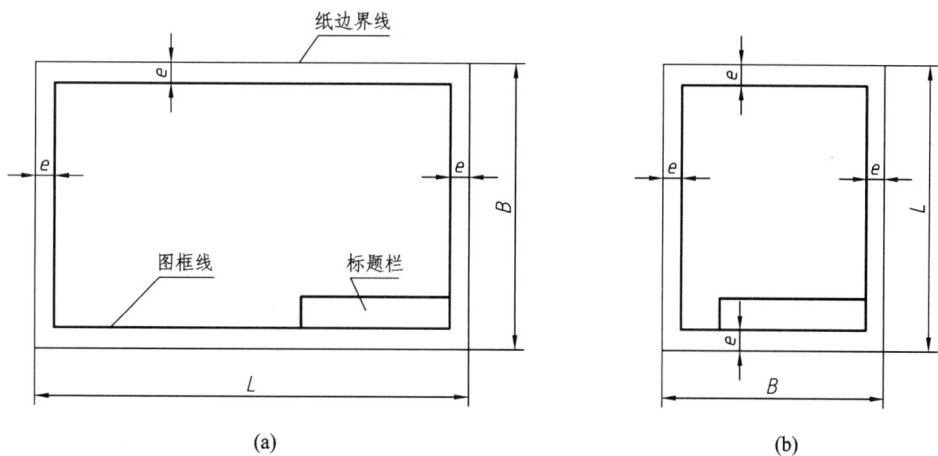

图 1-4　不留装订边的图框格式

3) 标题栏格式及方位

(1) 基本要求：每张图样中均应有标题栏。它的配置位置及栏中的字体(签字除外)、线型等均应符合有关国家标准的规定。

(2) 内容：标题栏一般由更改区、签字区、其他区、名称及代号区组成，如图 1-5 所示。

(3) 尺寸与格式：

① 标题栏中各区的布置如图 1-5(a)所示，也可采用图 1-5(b)所示的形式。当采用图 1-5(a) 所示的形式配置标题栏时，名称及代号区中的图样代号应放在该区的最下方，如图 1-6 所示。

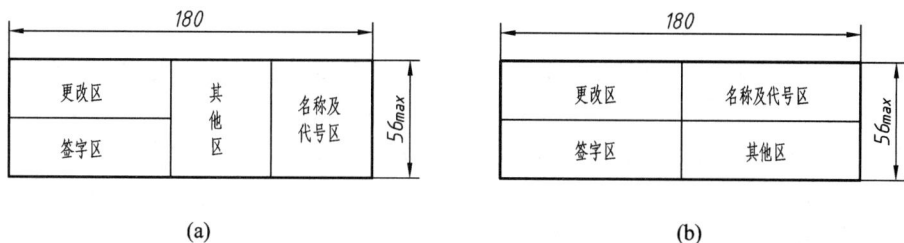

图 1-5　标题栏的尺寸与格式

② 标题栏各部分尺寸与格式参照图 1-6。图 1-6 所示为按图 1-5(a)格式布置的标题的格式举例。在学校里一般采用简化标题栏，如图 1-7 所示。

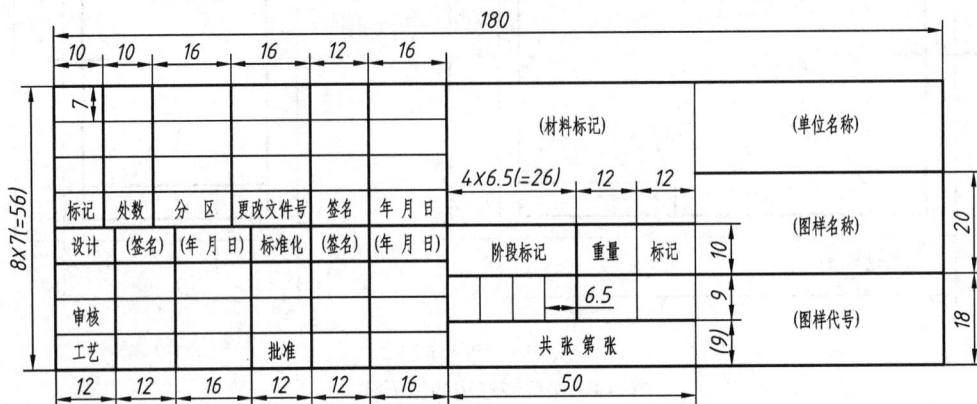

图 1-6　标题栏的格式

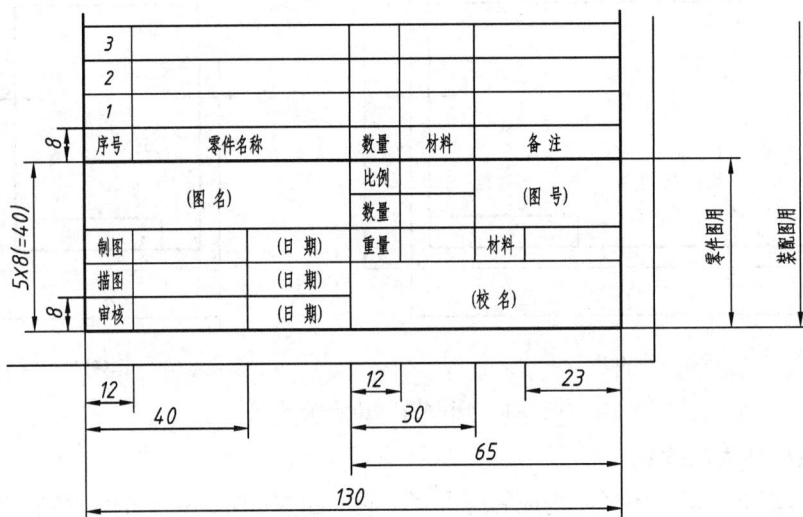

图 1-7　简化标题栏格式

(4) 方位：当标题栏的长边置于水平方向并与图纸的长边平行时，则构成 X 形图纸，如图 1-3(a)和图 1-4(a)所示；当标题栏的长边与图纸的长边垂直时，则构成 Y 形图纸，如图 1-3(b)和图 1-4(b)所示，在此情况下，看图的方向与看标题栏的方向一致。

4) 附加符号

(1) 对中符号：为了复制图样和缩微摄影时定位方便，应在图纸各边长的中点处分别画出对中符号。

绘制方法：用粗实线绘制，线宽不小于 0.5 mm，长度从纸边界开始至伸入线框内约 5 mm，如图 1-8 所示。对中符号的位置误差应不大于 0.5 mm，当对中符号处在标题栏的范围内时，伸入标题栏部分省略。

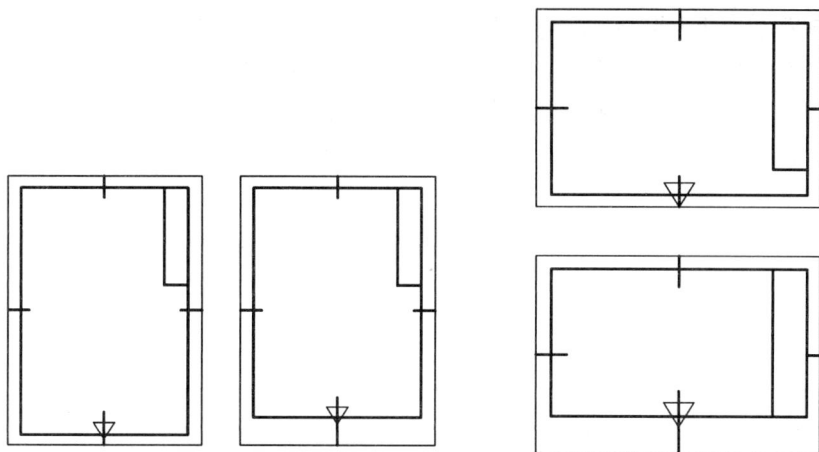

图 1-8　对中符号

(2) 方向符号：当使用预先印制好的图纸时，为了明确绘图与看图时图纸的方向，需在图纸的下边对中处画出一个方向符号。

绘制方法：用细实线绘制成等边三角形，其大小和所处位置如图 1-9 所示。

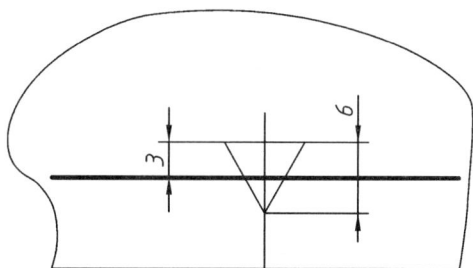

图 1-9　方向符号

(3) 剪切符号：为了在复制图样时便于自动剪切，可在图纸的 4 个角上分别绘制出剪切符号。

绘制方法：可绘制成直角边边长为 10 mm 的黑色等腰三角形，如图 1-10 所示。

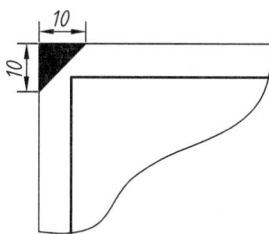

图 1-10　剪切符号

图纸可以预先印制，一般应具有图框、标题栏和对中符号三项基本内容。而其他内容如方向符号、剪切符号、图幅分区、米制参考分度符号等可根据图纸的用途和使用情况进行取舍，也可根据具体需要临时绘制。

2. 明细栏(GB/T 10609.2—2009)

GB/T 10609.2—2009 参照国际标准 ISO 7573—1983《技术制图—明细表》，规定了技术图样中明细栏的基本要求、内容、尺寸与格式。(本标准适用于装配图中所采用的明细栏，其他带有装配性质的技术图样或技术文件也可以参照采用。)

1) **基本要求**

(1) 明细栏一般配置在装配图中标题栏的上方，按由下而上的顺序填写，见图 1-11、图 1-12。其格数应根据需要而定。当由下而上延伸位置不够时，可紧靠在标题栏的左边由下而上延续。

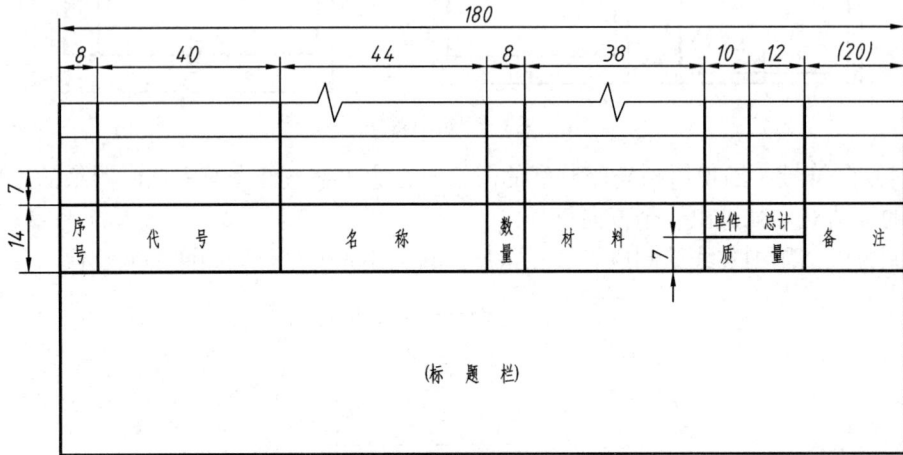

图 1-11   明细栏格式举例(一)

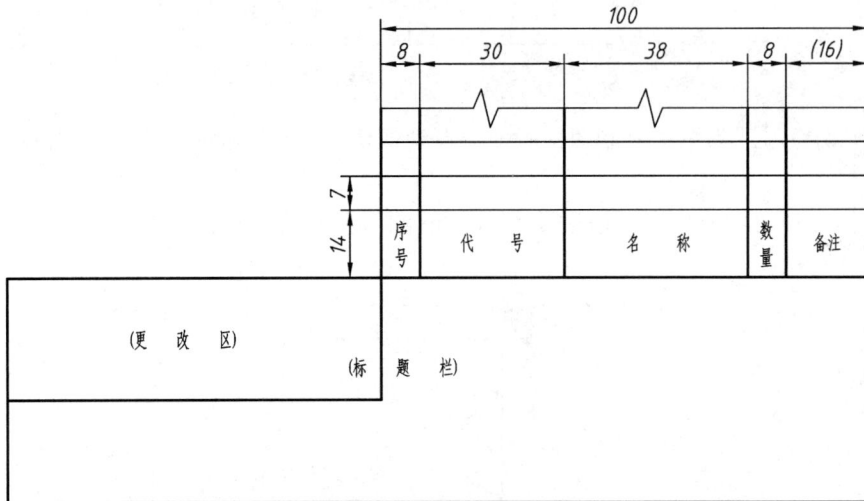

图 1-12   明细栏格式举例(二)

(2) 当装配图中不能在标题栏的上方配置明细栏时，可作为装配图的续页按 A4 幅面单独给出，见图 1-13 和图 1-14，其顺序应是由上而下延伸，还可连续加页。但应在明细栏的下方配置标题栏，并在标题栏中填写与装配图一致的名称和代号。

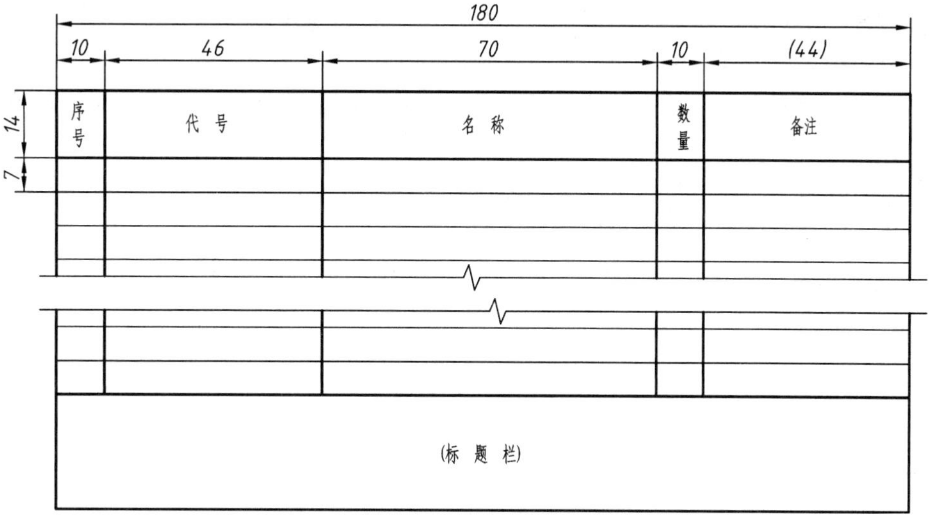

序号	代 号	名 称	数量	备注

（标题栏）

图 1-13 明细栏为装配图的续页（一）

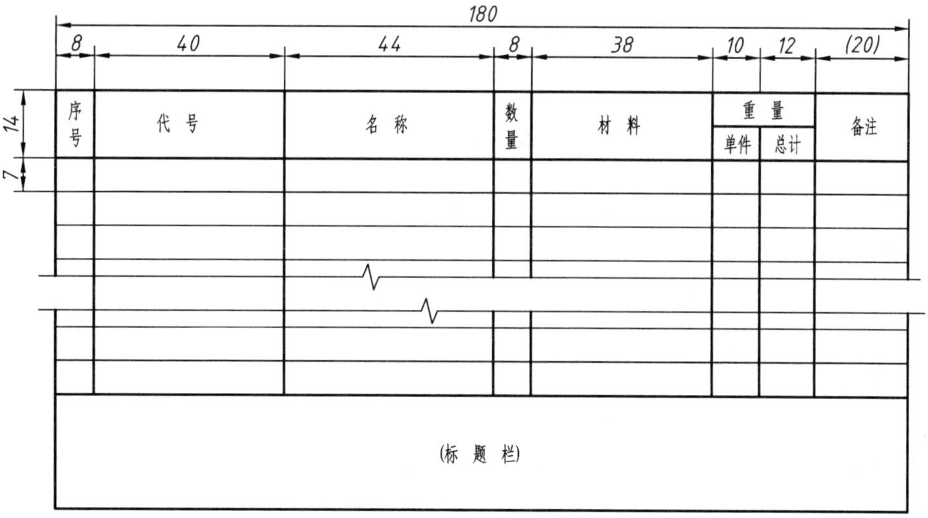

序号	代 号	名 称	数量	材 料	重 量		备注
					单件	总计	

（标题栏）

图 1-14 明细栏为装配图的续页（二）

（3）当有两张或两张以上同一图样代号的装配图，而又按照（1）配置明细栏时，明细栏应放在第一张装配图上。

2）内容

（1）明细栏的组成。明细栏一般由序号、代号、名称、数量、材料、重量（单件、总计）、分区、备注等组成，也可按实际需要增加或减少。

（2）明细栏的填写。装配图中每一个零件（有时标准件也可以除外）都必须注写以下内容：

① 序号：填写图样中相应组成部分的序号。

② 代号：填写图样中相应组成部分的图样代号或标准号。

③ 名称：填写图样中相应组成部分的名称。必要时，也可写出其型式与尺寸。

④ 数量：填写图样中相应组成部分在装配中所需要的数量。

⑤ 材料：填写图样中相应组成部分的材料标记。

⑥ 重量：填写图样中相应组成部分单件和总件数的计算重量。以千克为计量单位时，允许不写其计量单位。

⑦ 分区：必要时，应按有关规定将分区代号填写在备注栏中。

⑧ 备注：填写该项的附加说明或其他有关内容。

3．比例(GB/T 13361—2012、GB/T 14690—1993)

比例为图样中图形与其实物相应要素的线性尺寸之比，分为原值比例、放大比例、缩小比例三种。需要按比例制图时，应在表 1-2 规定的系列中选取适当的比例。必要时也允许选取表 1-3 规定的比例。

表 1-2 标准比例系列

种　类	比　例
原值比例	$1:1$
放大比例	$2:1$　$5:1$　$5 \times 10^n:1$　$2 \times 10^n:1$　$1 \times 10^n:1$
缩小比例	$1:2$　$1:5$　$1:10$　$1:5 \times 10^n$　$1:2 \times 10^n$　$1:1 \times 10^n$

注：n 为正整数。

表 1-3 允许选取的比例系列

种　类	比　例
放大比例	$4:1$　$2.5:1$　$4 \times 10^n:1$　$2 \times 10^n:1$　$2.5 \times 10^n:1$
缩小比例	$1:1.5$　$1:2.5$　$1:3$　$1:4$　$1:6$ $1:1.5 \times 10^n$　$1:2.5 \times 10^n$　$1:3 \times 10^n$　$1:4 \times 10^n$　$1:6 \times 10^n$

注：n 为正整数。

(1) 绘制同一零件的各个视图时应尽量采用相同的比例，如果其中某个视图需要采用不同的比例绘制，必须另行标注。比例一般标注在标题栏中，必要时可在视图名称的下方或右侧标出。

(2) 不论采用哪种比例绘制图样，尺寸数值均按零件实际尺寸值注出，如图 1-15 所示。

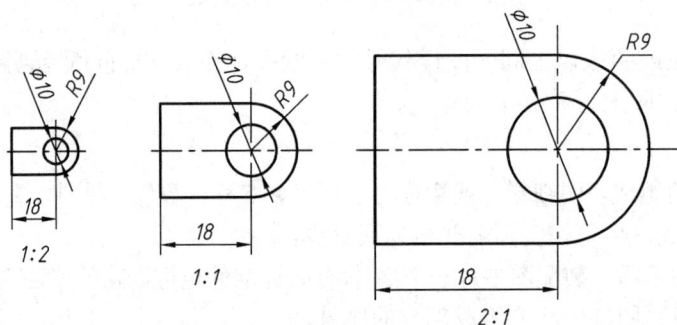

图 1-15 比例示例

4. 字体(GB/T 14691—1993)

图样上除了绘制零件的图形以外，还要用文字填写标题栏、技术要求和用数字来标注尺寸等，所以文字和数字也是图样的重要组成部分。《技术制图》国家标准中规定了汉字、字母和数字的结构形式及书写要求。

1) 一般规定

(1) 图样中书写字体必须做到：字体工整、笔画清楚、间隔均匀、排列整齐。

(2) 汉字应写成长仿宋体，并应采用国家正式公布推行的简化字。汉字的高度不应小于 3.5 mm，其字宽一般为 $h/\sqrt{2}$ (h 表示字高)。

(3) 字体的号数即字体的高度，其公称尺寸系列为 1.8、2.5、3.5、5、7、10、14、20(单位为 mm)。如需书写更大的字，其字体高度应按 $\sqrt{2}$ 的比率递增。

(4) 字母和数字分为 A 型和 B 型。A 型字体的笔画宽度 d 为字高 h 的 1/14；B 型字体对应 1/10。同一图样上，只允许使用一种字体。

(5) 字母和数字可写成斜体和直体。斜体字字头向右倾斜，与水平基准线约成 75°。

(6) 用作指数、分数、极限偏差、注脚的数字及字母，一般应采用小一号字体。

(7) 图样中的数学符号、物理量符号、计量单位符号以及其他符号、代号应分别符合国家的有关标准规定。

2) 字体示例

长仿宋体汉字示例见图 1-16。

字体端正　笔画清楚　间隔均匀　排列整齐

横平竖直　注意起落　结构均匀　填满方格

技术制图　汽车模具　机械电子　职业学院

图 1-16　长仿宋体汉字示例

字母、数字书写示例见图 1-17。

ABCDEFGHIJKLMNOPQRSTUVWXYZ

abcdefghijklmnopqrstuvwxyz

12345678910　I II III IV V VI VII VIII IX X XI XII

R3　2X45°　M24-6H Q235　HT200

图 1-17　字母、数字书写示例

5. 图线(GB/T 4457.4—2002)

机械图样中的图形是用各种不同粗细和线型的图线绘制而成的，不同的图线在图样中表示不同的含义。制图时应遵循国家标准中图线的有关规定。

1) 图线型式及应用

国家标准《机械制图　图样画法　图线》(GB/T 4457.4—2002)中规定了绘制机械图样的9 种线型及应用，如表 1-4 所示。

表1-4　常用图线型式及应用　　　　　　　　　　　　　　　　mm

No.	图线名称		图线型式	图线宽度	应用举例
01	实线	粗实线	———————	b	可见轮廓线，可见过渡线
		细实线	———————	约 $b/2$	尺寸线，尺寸界线，剖面线，重合剖面的轮廓线，引出线
		波浪线	～～～～～	约 $b/2$	断裂处的边界线，视图和剖视图的分界线
		双折线	—⌒—⌒—	约 $b/2$	断裂处的边界线
02	细虚线		– – – – –	约 $b/2$	不可见轮廓线，不可见过渡线
02	粗虚线		▬ ▬ ▬ ▬	b	允许表面处理的表示线
04	单点长画线		—·—·—·—	约 $b/2$	剖切线
10	点画线	细点画线	—·—·—·—	约 $b/2$	轴线，对称中心线，分度圆和分度线
		粗点画线	▬·▬·▬·	b	有特殊要求的线或表面的表示线
12	双点画线		—··—··—	约 $b/2$	相邻辅助零件的轮廓线，极限位置的轮廓线，假想投影的轮廓线

2) 图线宽度

国家标准《机械制图 图样画法 图线》(GB/T 4457.4—2002)中规定，在机械图样中采用粗线和细线两种线宽，粗、细线的线宽比为 2∶1。粗实线 d 应按图样的复杂程度和大小在 0.18、0.25、0.35、0.5、0.7、1、1.4、2.0(单位：mm)系列中选择。在实际绘制机械图样时，图中的粗实线 d 通常在 0.5～1.0 mm 间选择，一般取 0.7 mm，0.18 mm 避免采用。各种图线的应用示例如图 1-18 所示。

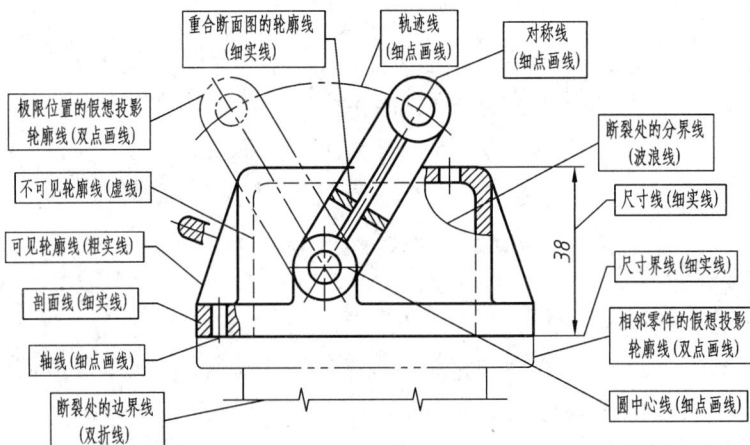

图 1-18　各种图线的应用示例

3) 图线的画法

(1) 同一图样中，同类图线的宽度应一致；虚线、点画线及双点画线的线段长度和间隔应大致相等。点画线或双点画线中的"点"是一短画，长约 2 mm，不能画成圆点，而线的首末两端应该是线段，不能为"点"。

(2) 两条平行线之间的距离应不小于粗实线的 2 倍，最小间距不小于 0.7 mm。

(3) 两条线相交应以线相交，而不应相交在点或间隔处。当虚线在实线的延长线上相接时，虚线应留出间隔。虚线圆弧与实线相切时，虚线圆弧应留出间隔。点画线、双点画线的首末两端应是线，而不应是点，如图 1-19 所示。

(4) 绘制圆的对称中心线时，点画线两端应超出圆的轮廓线 2～5 mm，如图 1-19 所示。首末两端应是线段而不是短画，圆心应是线段的交点。在较小的图形上绘制点画线有困难时可用细实线代替，如图 1-19 所示。

(5) 当有两种或更多的图线重合时，通常按图线所表达对象的重要程度优先选择绘制顺序：可见轮廓线—不可见轮廓线—尺寸线—各种用途的细实线—轴线和对称中心线—假想线。

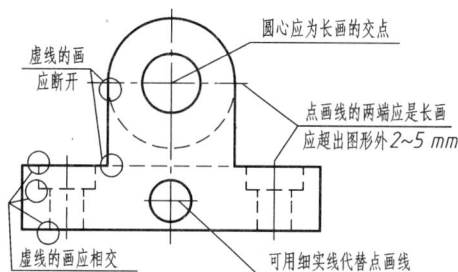

图 1-19　虚线连接处画法

6. 尺寸注法(GB/T 4458.4—2003、GB/T 16675.2—2012)

图样上的图形只能反映零件的形状，不能反映零件的真实大小，机件的大小以图样上标注的尺寸数值为制造和检验的依据，所以必须严格遵守国家标准中对尺寸标注的规定。

1) 基本规则

(1) 机件的真实大小应以图样上所注的尺寸数值为依据，与图形的大小及绘图的准确度无关。

(2) 图样中(包括技术要求和其他说明)的尺寸以 mm 为单位，不需标注计量单位的代号或名称，若采用其他单位，则必须注明相应的计量单位的代号或名称。

(3) 图样中所标注的尺寸为该图样所示机件的最后完工尺寸，否则应另加说明。

(4) 机件的每一尺寸一般只标注一次，并应标注在反映该结构最清晰的图形上。

(5) 在保证不致引起误解和产生理解多义性的前提下，可简化标注，力求制图简便。

2) 尺寸要素

一个完整的尺寸包含尺寸界线、尺寸线和尺寸线终端、尺寸数字和符号三组要素。

(1) 尺寸界线。

尺寸界线用细实线绘制，如图 1-20 所示。尺寸界线一般是图形轮廓线、轴线或对称中心线的延伸线，超出箭头约 2～3 mm。也可直接用轮廓线、轴线或对称中心线作尺寸界线。尺寸界线一般与尺寸线垂直，必要时允许倾斜，但两尺寸界线仍应互相平行，如图 1-21 所示。

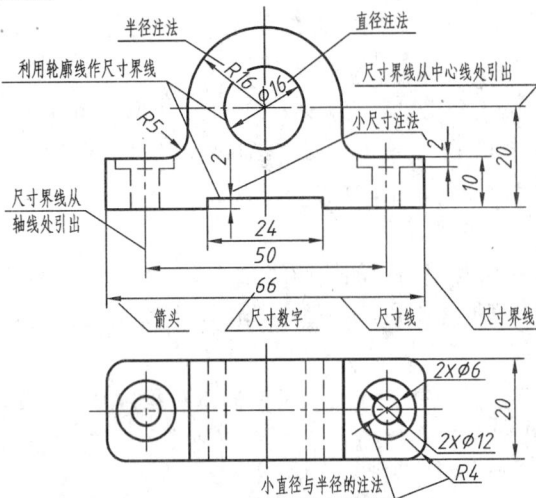

图 1-20　图样上的各种尺寸注法

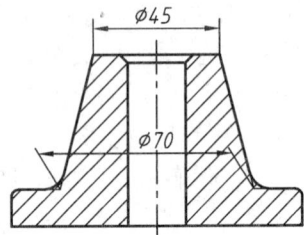

图 1-21　尺寸界线的特殊画法

(2) 尺寸线和尺寸线终端。

尺寸线用细实线绘制，如图 1-20 所示。尺寸线必须单独画出，不能用图上任何其他图线代替，也不能与图线重合或在其延长线上，并应尽量避免尺寸线之间及尺寸线与尺寸界线之间相交。

标注线性尺寸时，尺寸线必须与所标注的线段平行，相同方向的各尺寸线间距要均匀，间隔应大于 5 mm。

尺寸线终端有两种形式，即箭头或细斜线，如图 1-22 所示。同一图样中只能采用一种尺寸线终端形式。箭头适用于各种类型的图形，箭头不能过长或过短，尖端要与尺寸界线接触，不得超出也不得离开。斜线用细实线绘制。当尺寸线终端采用斜线形式时，尺寸线与尺寸界线必须相互垂直。通常机械图的尺寸线终端画箭头，土建图的尺寸线终端画斜线。

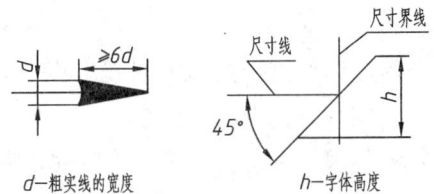

图 1-22　尺寸线终端画法

当采用箭头作为尺寸线终端时，位置若不够，允许用圆点或细斜线代替箭头，如图 1-23 所示。

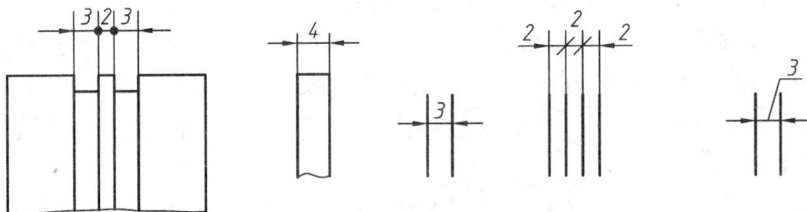

图 1-23　小尺寸标注时尺寸线终端形式

(3) 尺寸数字和符号。

线性尺寸的数字一般注写在尺寸线上方，也允许注写在尺寸线中断处，同一图样中的注写方法和字体大小应一致，位置不够可引出标注。尺寸数字不可被任何图线所通过，否则必须把图线断开，如图 1-24 所示。

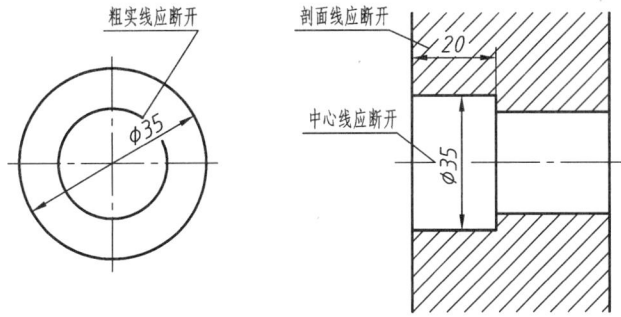

图 1-24 尺寸数字标注

尺寸数字的标注规定如表 1-5 所示。

表 1-5 尺寸数字的标注规定

标注内容		图 例	说 明
线性尺寸的尺寸注法			尺寸数字应按图(a)中所示的方向标注，图示 30° 范围内，应按图(b)形式标注
			尺寸线必须与所标注的线段平行，大尺寸在外，小尺寸在内
圆弧	直径尺寸的尺寸注法		标注圆或大于半圆的圆弧时，尺寸线通过圆心，以圆周为尺寸界线，尺寸数字前加注直径符号" φ "
	半径尺寸的尺寸注法		标注小于或等于半圆的圆弧时，尺寸线自圆心引向圆弧，只画一个箭头，尺寸数字前加注半径符号" R "

标注内容	图　例	说　明
大圆弧的尺寸注法	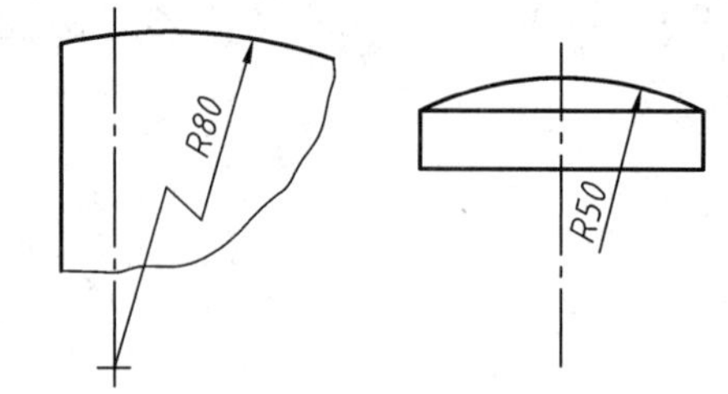	当圆弧的半径过大或在图纸范围内无法标注其圆心位置时,可采用折线形式。若圆心位置不需注明,则尺寸线可只画靠近箭头的一侧
球面的尺寸注法	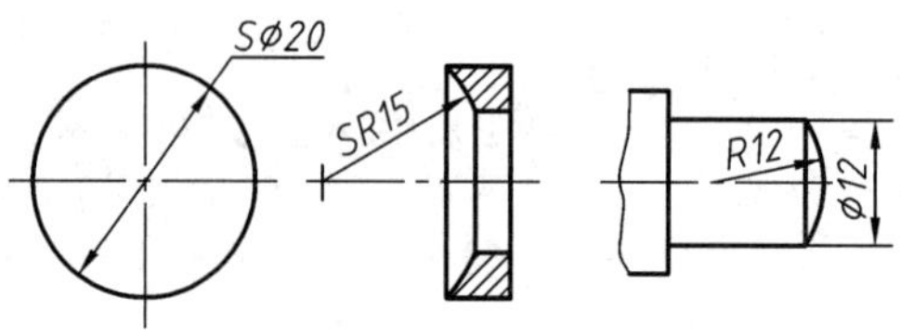	标注球面的直径或半径时,应在符号"ϕ"或"R"前加注符号"S";对于轴、螺杆、铆钉以及手柄等的端部,在不致引起误解的情况下可省略符号"S"
小尺寸的尺寸注法	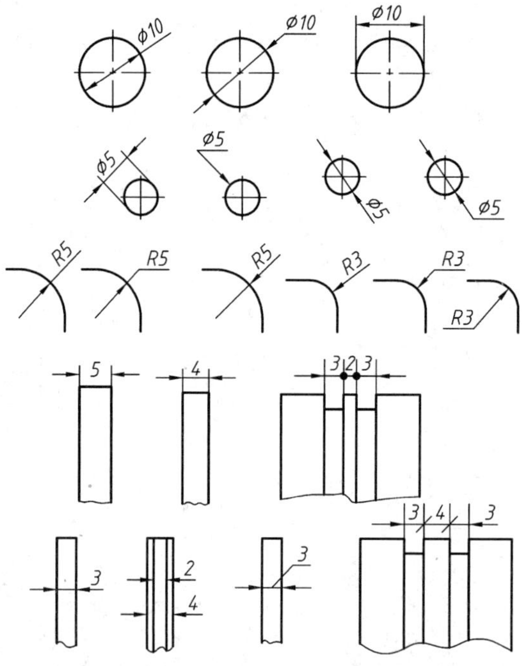	对于小尺寸,在没有足够的位置画箭头或注写数字时,箭头可画在外面
角度的尺寸注法	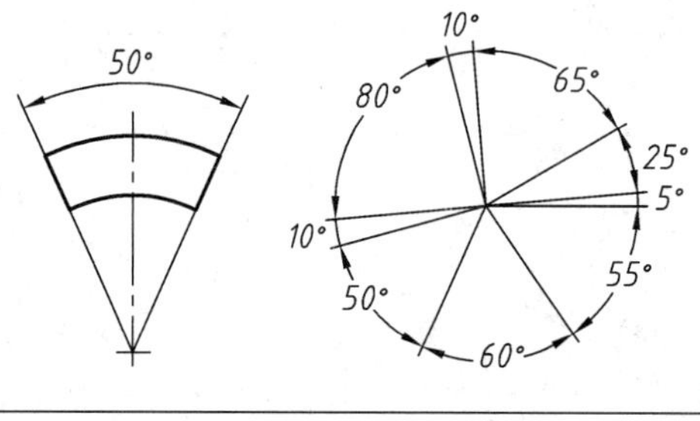	尺寸界线应沿径向引出,尺寸线画成圆弧,圆心是角的顶点。尺寸数字一律水平书写,一般注写在尺寸线的中断处,当位置太小不能写在中断处时,可按左图的形式标注

标注内容	图　例	说　明
弦长和弧长的尺寸注法	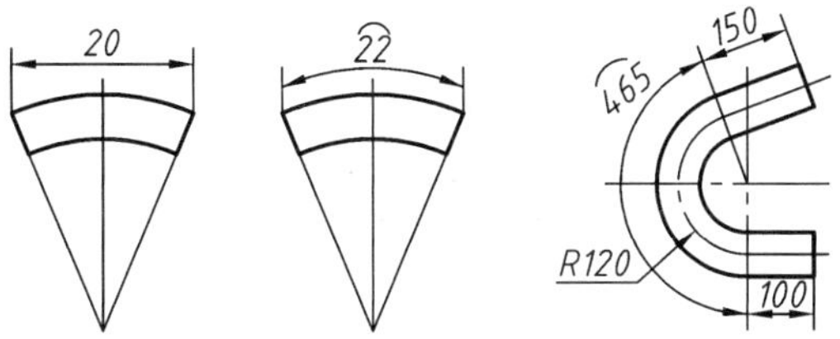	弧长及弦长的尺寸界线应平行于该弦或弧的垂直平分线；当弧度较大时，尺寸界线可沿径向引出；标注弧长时，应在尺寸数字的上方加注弧长符号"⌒"
对称图形的尺寸注法	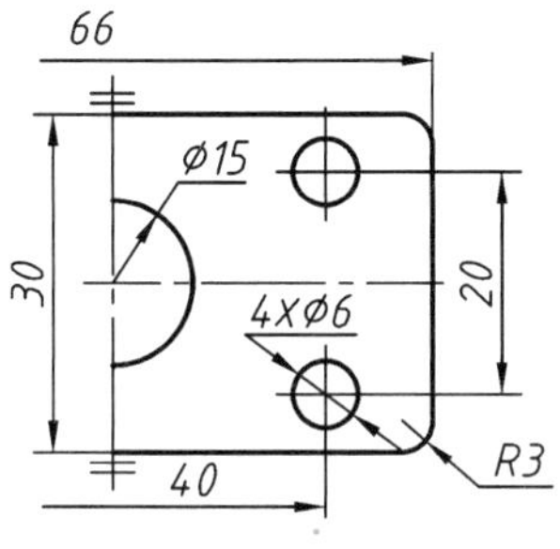	尺寸线应略超过对称中心线或断裂处的边界线，仅在尺寸线的一端画出箭头
板状零件的硬度表达	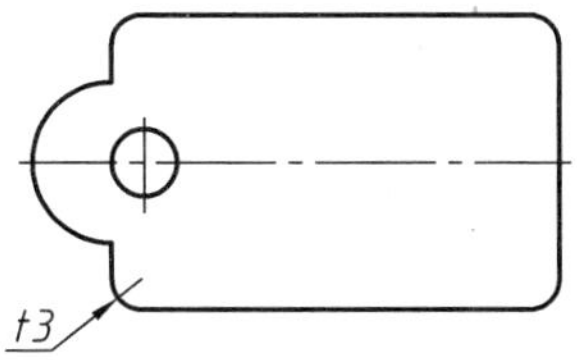	标注板状零件的尺寸时，在厚度的尺寸数字前加注符号"t"
正方形结构尺寸的注法	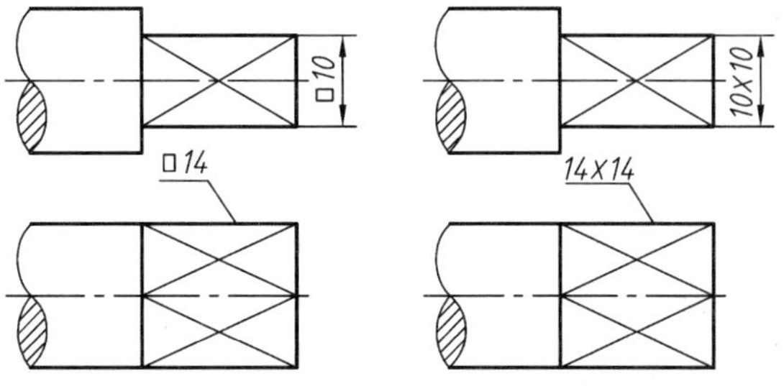	标注断面为正方形结构的尺寸时，可在正方形边长尺寸数字前加注符号"□"或用"14×14"代替

　　国家标准还规定了一些有关尺寸标注的符号，用以区分不同类型的尺寸。表 1-6 中列出了常见的尺寸标注符号及缩写词。

表 1-6   常见尺寸标注符号及缩写词

序号	符号或缩写词	含义	序号	符号或缩写词	含义
1	ϕ	直径	8	□	正方形
2	R	半径	9	↓	深度
3	$S\phi$	球直径	10	⊔	沉孔或锪平
4	SR	球半径	11	∨	埋头孔
5	t	厚度	12	⌒	弧长
6	EQS	均布	13	∠	斜度
7	C	45°倒角	14	▷或◁	锥度

(二) 绘图工具及其使用方法

在工程中使用的图样，其图形一般由直线和曲线按照一定的几何关系绘制而成。绘图时需利用绘图工具和仪器，按照图形的几何关系完成。正确地使用绘图工具，既能保证绘图的质量，又能提高绘图速度并延长绘图工具的使用寿命。本节对常用绘图工具及使用方法做一简单介绍。

1. 图板、丁字尺、三角板

图板是供铺放和固定图纸用的木板。它由板面和四周的边框组成，板面应平整光滑，左右两导边必须平直。图纸可用胶带纸固定在图板上，如图 1-25(a)所示。使用时注意图板不能受潮，不要在图板上按图钉，更不能在图板上切纸。

常用图板规格有 0 号(900 mm × 1200 mm)、1 号(600 mm × 900 mm)和 2 号(450 mm × 600 mm)，可以根据图纸幅面的大小选择图板。

丁字尺由尺头和尺身组成，尺头和尺身的结合处必须牢固，尺头的内侧面必须平直。丁字尺主要用来画水平线。使用时左手把住尺头，靠紧图板左侧导边(不能用其余三边)上下移动丁字尺，自左向右画不同位置的水平线。

三角板由 45°和 30°(60°)两块组成为一副。三角板与丁字尺配合使用可画竖直线和 15°倍角(如 30°、45°、60°)的斜线，如图 1-25(a)所示。两块三角板互相配合，可以画出任意直线的平行线和垂线，以及与水平线成 15°、75°的倾斜线，如图 1-25(b)所示。三角板和丁字尺要经常用细布揩拭干净。

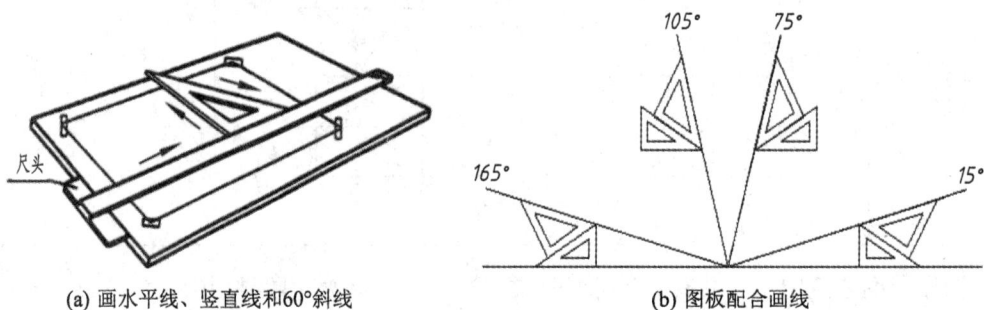

(a) 画水平线、竖直线和60°斜线　　　　　　(b) 图板配合画线

图 1-25   图板、丁字尺和三角板的用法

2．圆规和分规

圆规是画圆或圆弧的工具。为了扩大圆规的功能，圆规一般配有铅笔插腿(用于画铅笔线圆)、鸭嘴插腿(用于画墨线圆)、钢针插腿(用于代替分规)三种插腿和一支延长杆(用于画大圆)。圆规钢针有两种不同的针尖。画圆或圆弧时，应使用有台阶的一端，并把它插入图板中。使用圆规时需注意，圆规的两条腿应该垂直于纸面。圆规的用法如图 1-26 所示。

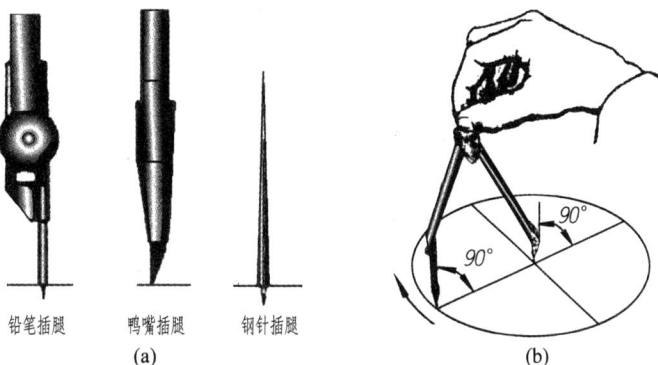

铅笔插腿	鸭嘴插腿	钢针插腿
(a)		(b)

图 1-26　圆规的用法

分规是等分线段、移置线段及从尺上量取尺寸的工具，如图 1-27(a)所示。如图 1-27(b)所示，用分规三等分已知线段 *AB* 的等分方法是：首先将分规两针张开约线段 *AB* 的三分之一长，在线段 *AB* 上连续量取三次。若分规的终点 *C* 落在 *B* 点之外，应将张开的两针间距缩短线段 *BC* 的三分之一；若终点 *C* 落在 *B* 点之内，则将张开的两针间距增大线段 *BC* 的三分之一，重新量取，直到 *C* 点与 *B* 点重合为止。此时分规张开的距离即可将线段 *AB* 三等分。等分圆弧的方法类似于等分线段的方法。使用分规时需注意：分规的两针尖并拢时应对齐。

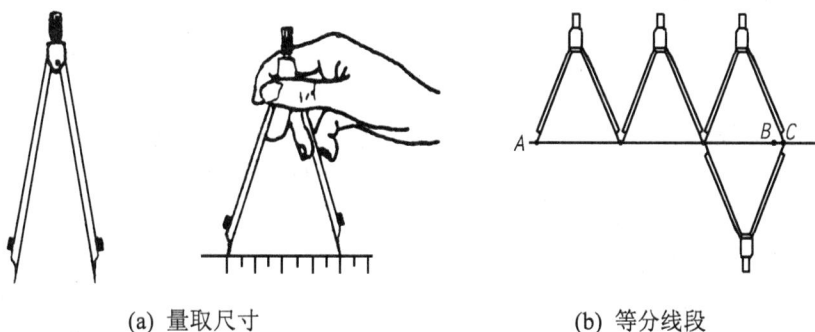

(a) 量取尺寸　　　　　　　　(b) 等分线段

图 1-27　分规及其使用方法

3．铅笔

铅笔是画线用的工具。铅笔用的铅芯软硬不同，标号"H"表示硬铅芯，标号"B"表示软铅芯。常用 H、2H 铅笔画底稿线，HB 铅笔加深直线，B 铅笔加深圆弧，H 铅笔写字和画各种符号。

铅笔从没有标号的一端开始使用，以保留铅芯硬度的标号。铅芯应磨削的长度及形状如图 1-28 所示，注意画粗、细线的笔尖形状的区别。

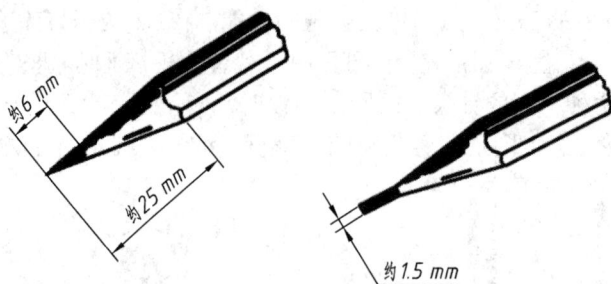

图 1-28　铅芯的长度与形状

4. 绘图纸

绘图纸的质地应坚实，用橡皮擦拭时不易起毛。使用时必须用图纸的正面，识别方法是用橡皮擦拭几下，不易起毛的一面为正面。

(三) 几何作图

在绘制的机件图样中，虽然机件的轮廓形状是多样化的，但它们基本上都是由直线、圆弧和其他一些曲线组成的几何图样，所以在工程图样中需要运用一些基本的作图方法。所谓几何作图，就是依照给定的条件，准确地绘出预定的几何图形。若遇到一些复杂的图形，必须学会分析图形并掌握基本的几何作图方法，才能准确无误地将图形绘制出来。下面将常用的作图方法介绍如下。

1. 线段和圆周的等分

1) 等分直线段

过已知线段的一个端点，画任意角度的直线，并用分规自线段的起点量取 n 个线段。将等分的最末点与已知线段的另一端点相连，再过各等分点作该线的平行线与已知线段相交即得到等分点，如图 1-29 所示。

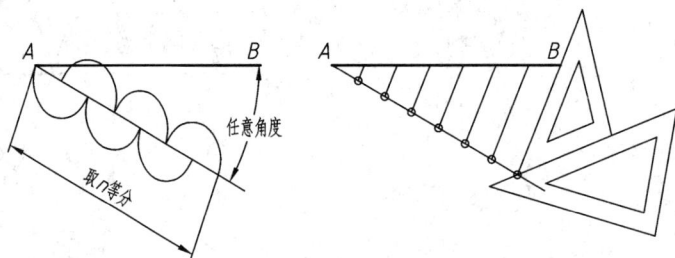

图 1-29　等分直线段

2) 等分圆周

下面介绍圆内接正五边形、正六边形的作法；并以正七边形为例，介绍圆内接正 n 边形的近似作法。

(1) 正五边形(如图 1-30 所示)：

① 作 OA 的中点 M；

② 以 M 点为圆心，$M1$ 为半径作弧，交水平直径于 K 点；

③ 以 $1K$ 为边长，将圆周五等分，即可作出圆内接正五边形。

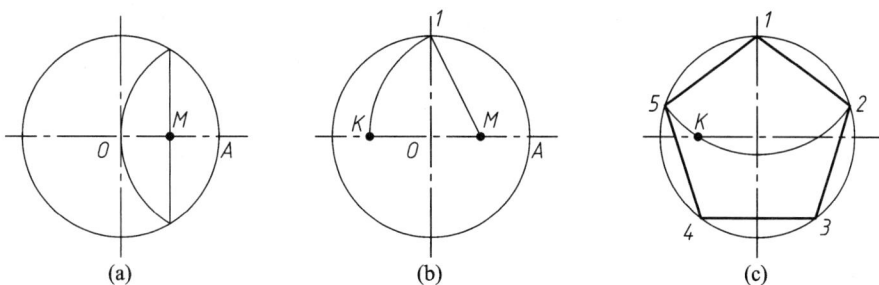

图 1-30 正五边形画法

(2) 正六边形(如图 1-31 所示)：画法分为圆规作图和三角板作图两种。

① 用圆规作图：分别以已知圆在水平直径上的两处交点 A、D 为圆心，以 $R = AD/2$ 作圆弧，与圆交于 C、E、F、B 点，依次连接 A、B、C、D、E、F 点即得圆内接正六边形，如图 1-31(a)所示。

② 用三角板作图：以 60° 三角板配合丁字尺作平行线，画出四条斜边，再以丁字尺作上、下水平边，即得圆内接正六边形，如图 1-31(b)所示。

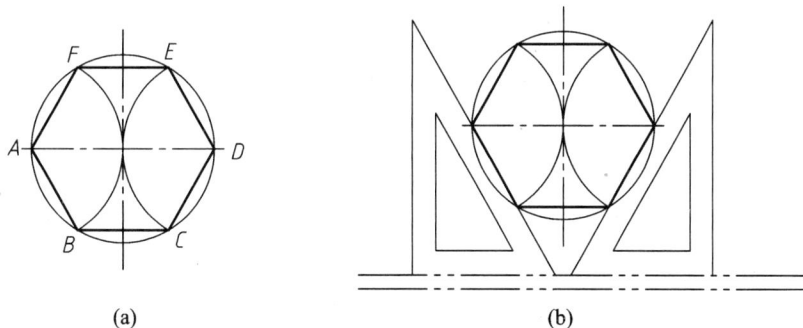

图 1-31 正六边形画法

(3) 正 n 边形(如图 1-32 所示)：n 等分铅垂直径 AK(图中 $n = 7$)，以 A 点为圆心，AK 为半径作弧，交水平中心线于点 S，延长连线 $S2$、$S4$、$S6$，与圆周交得点 G、F、E，再作出它们的对称点，即可作出圆内接正 n 边形。

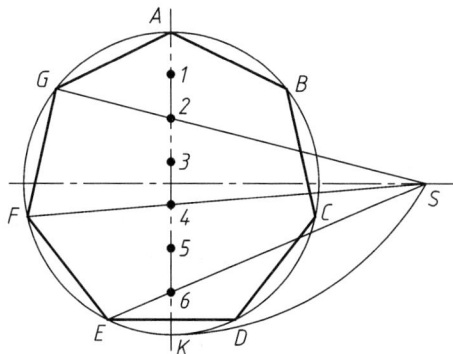

图 1-32 正 n 边形画法

2. 斜度和锥度

1) 斜度

斜度是指一直线(或平面)对另一直线或平面的倾斜程度。斜度的大小就是这两条直线夹角的正切值。斜度的比值要化作 $1:n$ 的形式，并在前面加注斜度符号"∠"，其方向与斜度的方向一致。斜度的画法如图 1-33 所示，斜度的符号如图 1-34(a)所示。

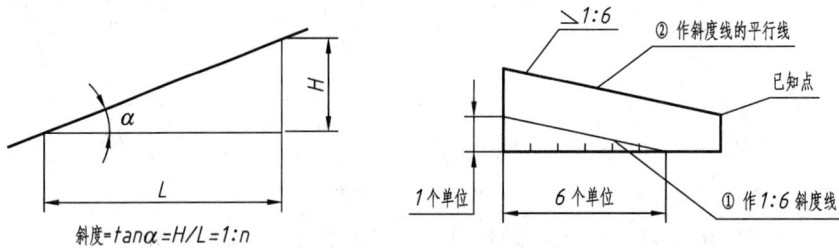

图 1-33　斜度的画法

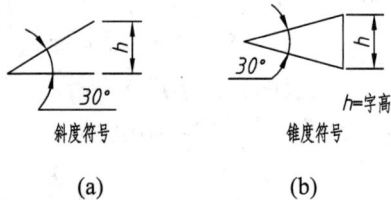

(a)　　　　　　(b)

图 1-34　斜度和锥度符号

2) 锥度

锥度是指正圆锥底圆直径与其高度之比，或正圆台的两底圆直径差与其高度之比。锥度的大小也是圆锥素线与轴线夹角正切值的 2 倍。锥度的比值也要化作 $1:n$ 的形式，并在前面加注锥度符号，其方向与斜度的方向一致。锥度的符号如图 1-34(b)所示，锥度的画法如图 1-35 所示。

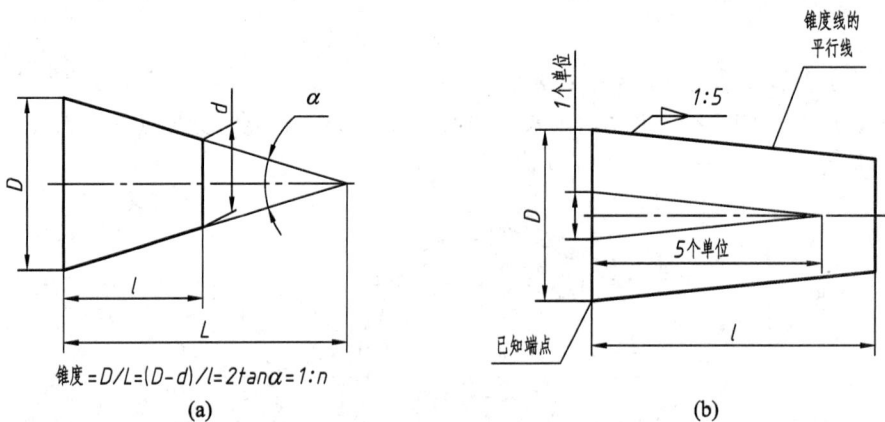

图 1-35　锥度的画法

3. 圆弧的连接

在绘制机器零件轮廓时，常遇到用一圆弧将一条线光滑过渡到另一条线的情况，称为圆弧连接。此圆弧称为连接弧，两个切点称为连接点。为了保证光滑连接，必须正确地作出连接弧的圆心和两个连接点，且保证两个被连接的线段都要正确地画到连接点为止，如图 1-36 所示。

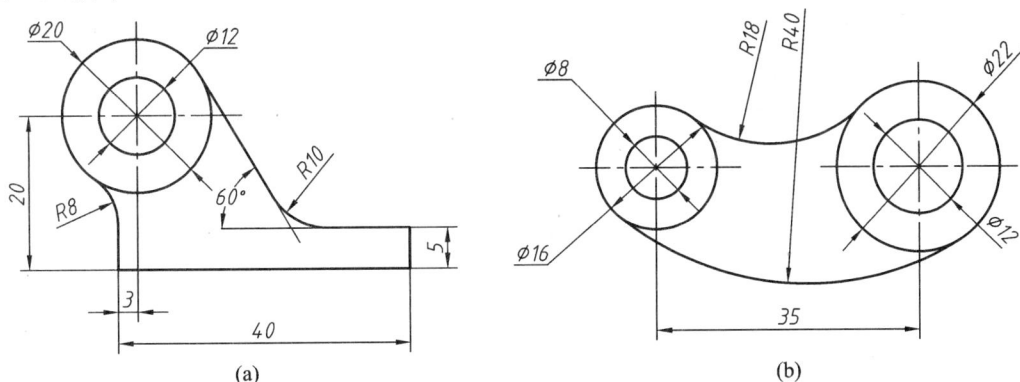

图 1-36　机械零件上的圆弧连接

例 1-1　用半径为 R 的圆弧连接两直线 AB 和 BC，如图 1-37 所示。

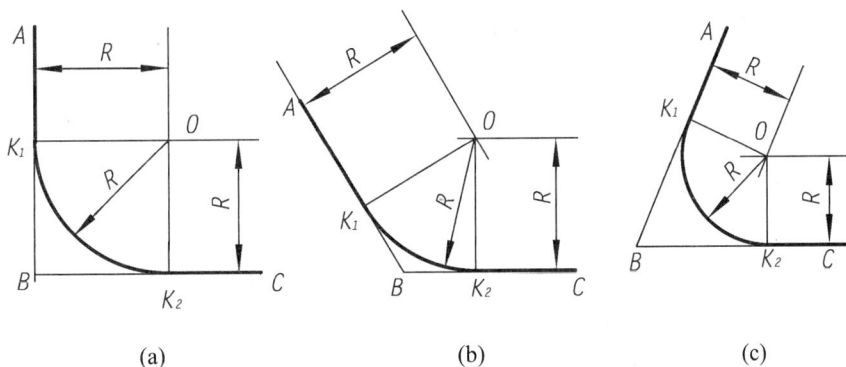

图 1-37　用圆弧连接两直线

作图步骤：

(1) 求圆心：分别作已知直线 AB、BC 相距为 R 的平行线，其交点 O 即为连接弧(半径为 R)的圆心。

(2) 求切点：自点 O 分别向直线 AB 及 BC 作垂线，得到的垂足 K_1 和 K_2 即为切点。

(3) 画连接弧：以 O 为圆心，R 为半径，自点 K_1 至 K_2 画圆弧，即完成作图。

例 1-2　用半径为 R 的圆弧连接已知直线 AB 和圆弧(半径为 R)，如图 1-38 所示。

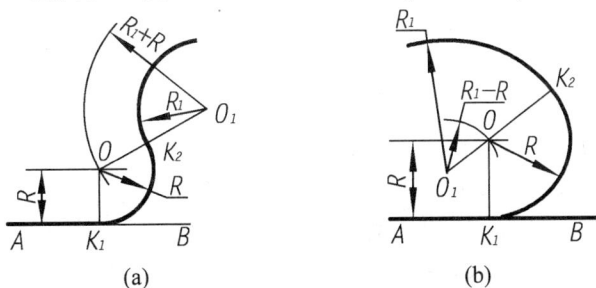

图 1-38　用圆弧连接直线和圆弧

作图步骤：

(1) 求圆心：作与已知直线 AB 相距为 R 的平行线，再以已知圆弧(半径为 R_1)的圆心 O_1 为圆心，$R_1 + R$(外切时，如图 1-38(a)所示)或 $R_1 - R$(内切时，如图 1-38(b)所示)为半径画弧，此弧与所作平行线的交点 O 即为连接弧(半径为 R)的圆心。

(2) 求切点：自点 O 向直线 AB 作垂线，得垂足 K_1；再作两圆心连线 O_1O(外切时)或两圆心连线 O_1O 的延长线(内切时)，与已知圆弧(半径为 R_1)相交于点 K_2，则 K_1、K_2 即为切点。

(3) 画连接弧：以 O 为圆心、R 为半径，自点 K_1 至 K_2 画圆弧，即完成作图。

例 1-3　用半径为 R 的圆弧连接两已知圆弧(半径分别为 R_1、R_2)，如图 1-39 所示。

作图步骤：

(1) 求圆心：分别以 O_1、O_2 为圆心，$R_1 + R$ 和 $R_2 + R$(外切时，如图 1-39(a)所示)、或 $R - R_1$ 和 $R - R_2$(内切时，如图 1-39(b)所示)、或 $R_1 - R$ 和 $R_2 + R$(内、外切，如图 1-39(c)所示)为半径画弧，得交点 O，即为连接弧(半径为 R)的圆心。

(2) 求切点：作两圆心连线 O_1O、O_2O 或 O_1O、O_2O 的延长线，与已知圆弧(半径分别为 R_1、R_2)相交于点 K_1、K_2，则 K_1、K_2 即为切点。

(3) 画连接弧：以 O 为圆心，R 为半径，自点 K_1 至 K_2 画圆弧，即完成作图。

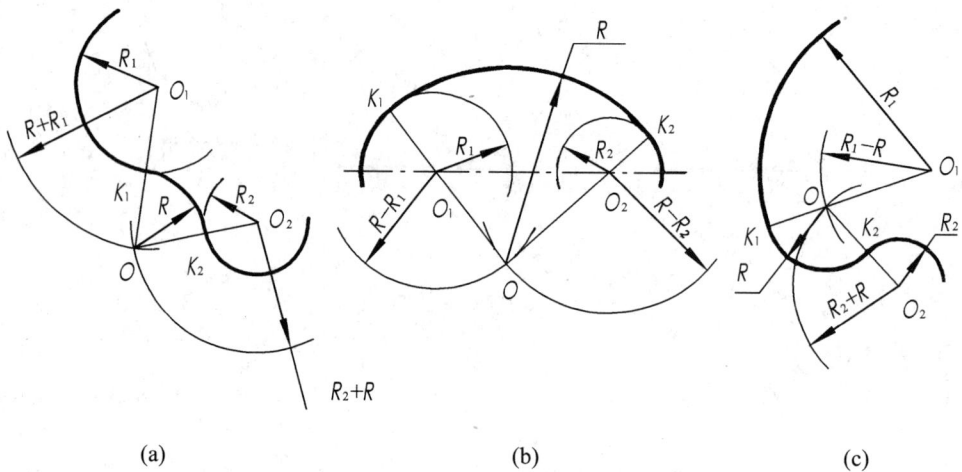

图 1-39　用圆弧连接两圆

综上所述，圆弧连接画法可归纳为三个步骤：(1) 求连接弧圆心；(2) 定连接点(切点)；(3) 画连接弧。画好连接弧的关键在于圆心要求得准，切点要做得对。

例 1-4　作图 1-40 所示连杆上的圆弧连接。

(1) 求圆心：分别以 O_1、O_2 为圆心，以(8+18)、(11+18)为半径画弧，得交点 O_3；以(40 - 8)、(40 - 11)为半径画弧，得交点 O_4，O_3、O_4 即为所求连接弧的圆心。

(2) 求连接点：作圆心连线 O_1O_3、O_2O_3 或 O_1O_4、O_2O_4 的延长线，交已知圆弧($\phi16$、$\phi22$)于点 T_1、T_2、T_3、T_4，即为连接点(切点)。

(3) 画连接弧：以 O_3 为圆心、18 为半径，自 T_1 向 T_2 画圆弧；以 O_4 为圆心、40 为半径，自 T_3 向 T_4 画圆弧。

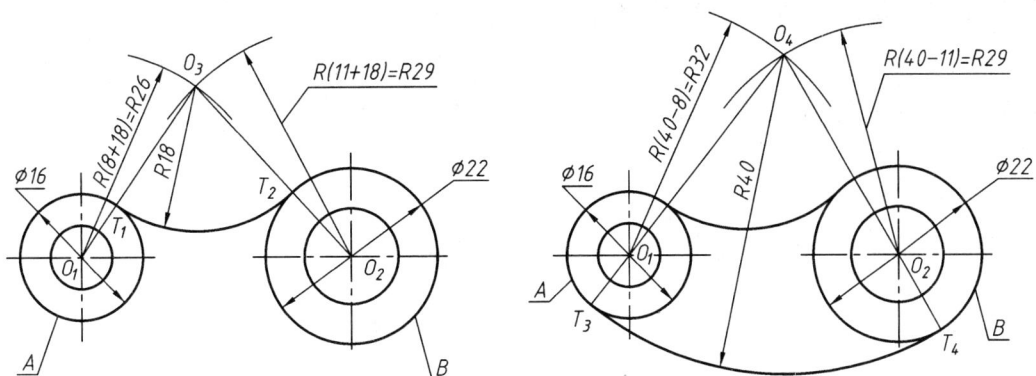

图 1-40　连杆的圆弧连接作图法

4．椭圆的画法

椭圆常用的画法有同心圆法和四心圆弧法两种。

1) 同心圆法

如图 1-41(a)所示，以 AB 和 CD 为直径画同心圆，然后过圆心作一系列直径与两圆相交。由各交点分别作与长轴、短轴平行的直线，即可相应地找到椭圆上的各点。最后光滑连接各点即可。

2) 椭圆的近似画法(四心圆弧法)

已知椭圆的长轴 AB 与短轴 CD。

(1) 连接 AC，以点 O 为圆心、OA 为半径画圆弧，交 CD 的延长线于点 E。

(2) 以点 C 为圆心、CE 为半径画圆弧，截 AC 于点 E_1。

(3) 作 AE_1 的中垂线，交长轴于 O_1，交短轴于 O_2，并找出 O_1 和 O_2 的对称点 O_3 和 O_4。

(4) 把 O_1 与 O_2、O_2 与 O_3、O_3 与 O_4、O_4 与 O_1 分别连直线。

(5) 以 O_1、O_3 为圆心，O_1A 为半径；O_2、O_4 为圆心，O_2C 为半径，分别画圆弧到连心线，K、K_1、N_1、N 为连接点即可。

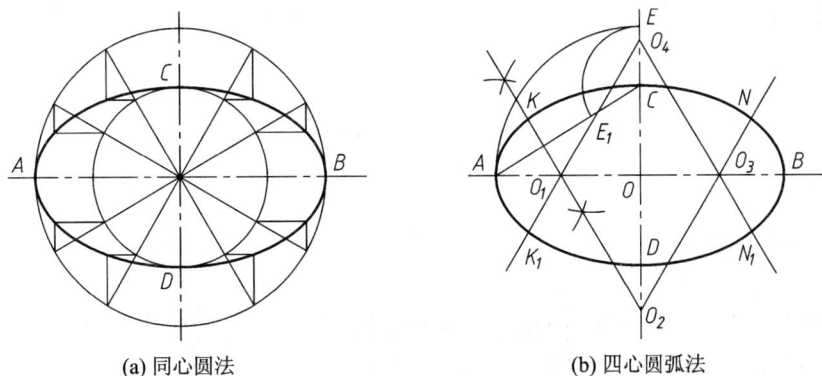

(a) 同心圆法　　　　　　　　　　(b) 四心圆弧法

图 1-41　椭圆的画法

(四) 平面图形的尺寸分析与绘图

零件的每一视图均属于平面图形。平面图形由许多线段连接而成,这些线段之间的相对位置和连接关系由给定的尺寸确定。画图时只有分析尺寸和线段的关系,才能明确画该平面图形应从何处着手。

1. 尺寸分析

根据在平面图形中所起的作用,尺寸可分为定形尺寸与定位尺寸两大类。

1) 基准

测量或标注尺寸的起点称为尺寸基准。一个平面图形应有水平和垂直两个方向的尺寸基准。通常以图形的对称线、圆的中心线、较大轮廓端面等作为尺寸基准。

2) 定形尺寸

用于确定线段的长度、圆弧的半径(圆的半径)和角度等大小的尺寸称为定形尺寸,如图 1-42 中的 $\phi28$、$\phi22$、$R60$、$R11$ 等。

3) 定位尺寸

用于确定线段在平面图形中所处位置的尺寸称为定位尺寸,如图 1-42 中的尺寸 98、149 等。定位尺寸应从基准出发标注,平面图形中常用的尺寸基准多为图形的对称线、较大圆的中心线或图形的轮廓边线等。定形尺寸与定位尺寸这两类尺寸在绘制平面图形时经常出现。

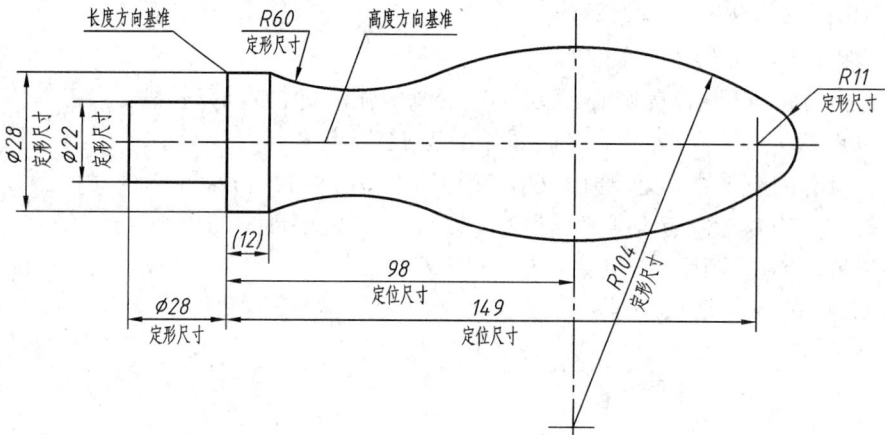

图 1-42   手柄(1)

2. 线段分析

平面图形中的线段通常由直线和圆弧组成,根据定位尺寸完整与否,可分为三类。

(1) 已知线段:由尺寸可以直接画出的线段,即有足够的定形尺寸和定位尺寸的线段;如图 1-42 中的 $\phi22$、$\phi28$、28、$R11$、98 和 149 等。

(2) 中间线段:只有定形尺寸和一个定位尺寸,而缺少一个定位尺寸的线段,如图 1-43 中的 $R104$。

(3) 连接线段:只有定形尺寸而无定位尺寸的线段,如图 1-43 中尺寸 $R60$ 为连接线段。

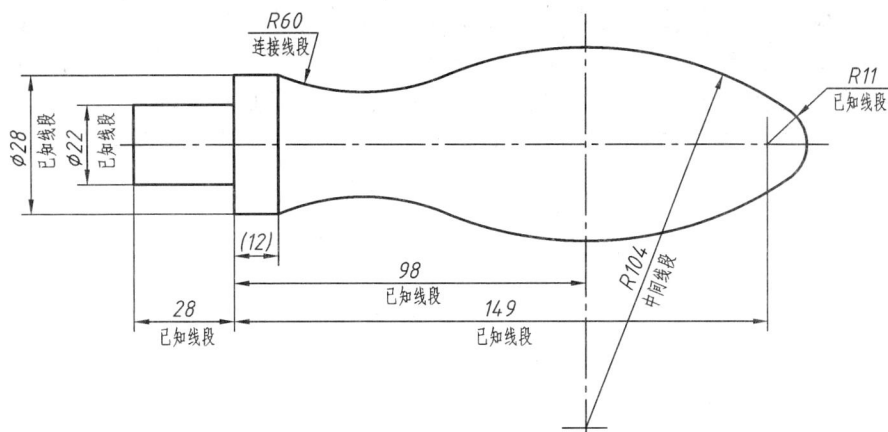

图 1-43　手柄(2)

3．平面图形的作图步骤

平面图形的作图步骤如下：

(1) 分析图形，画出基准线，并根据定位尺寸画出定位线。

(2) 画出已知线段，即那些定形尺寸、定位尺寸齐全的线段。

(3) 画出连接线段，即那些只有定形尺寸，定位尺寸不齐全或无定位尺寸的线段。

注：这些线段必须在已知线段画出之后，依靠它们和相邻线段的关系画出。

(4) 校核作图过程，擦去不必要的图线，标注尺寸，按线型描深。

四、任务实施

本节要求绘制手柄的平面图形，如图 1-42 所示。

1. 手柄平面图形的尺寸分析

尺寸基准：图 1-42 所示为两个方向的主要基准。

定形尺寸：$\phi20$ mm、$\phi5$ mm、$R12$ mm、$R15$ mm、$R50$ mm、$R10$ mm。

定位尺寸：75 mm、15 mm、8 mm、45 mm。

2. 手柄平面图形的线段分析

已知线段：$R10$ mm、$R15$ mm、$\phi20$ mm、$\phi5$ mm、15 mm。

中间线段：$R50$ mm。

连接线段：$R12$ mm。

3. 绘制底稿

如图 1-44 所示，画底稿的步骤如下：

(1) 画出基准线，并根据各个封闭图形的定位尺寸画出定位线。

(2) 画出已知线段。

(3) 画出中间线段。

(4) 画出连接线段。

画底稿时，应注意以下几点：

(1) 画底稿时用 H 或 2H 铅笔，笔芯应经常修磨以保持尖锐。

(2) 底稿上要分清线型，但线型均暂时不分粗细，并要画得很轻很细，作图力求准确。

(3) 在不影响画图的情况下，画错的地方可先做记号，待底稿完成后一起擦掉。

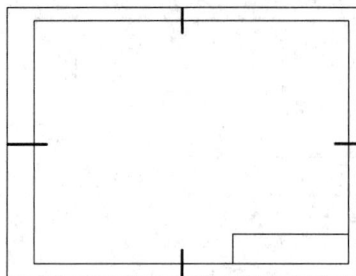

(a) 画图框和标题栏

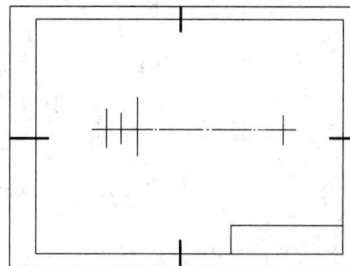

(b) 合理、匀称地布图，画出基准线

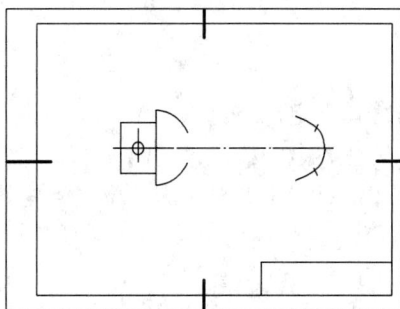

(c) 画出已知线段

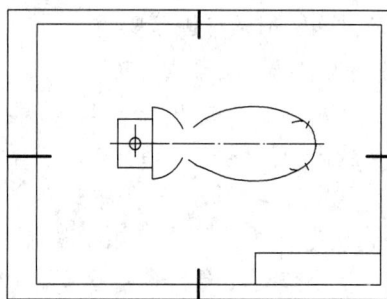

(d) 画出中间线段

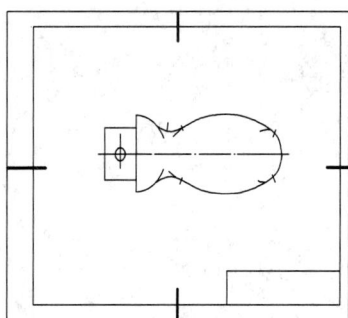

(e) 画出连接线段

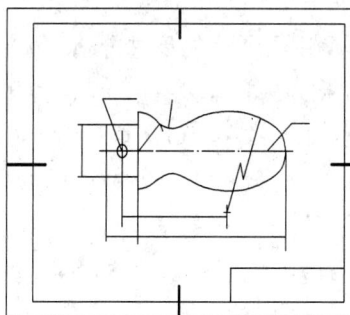

(f) 校对修改图形，画尺寸界线、尺寸线

图 1-44　画底稿的步骤

4．铅笔描深底稿

在铅笔描深之前，必须检查底稿，把画错的线条及作图辅助线用软橡皮轻轻擦掉。加深后的图纸应整洁、没有错误，线型层次清晰，线条光滑、均匀，并浓淡一致。

加深步骤：应先曲后直，先粗后细；先用丁字尺画水平线，后用三角板画竖、斜的直线；最后画箭头，填写尺寸数字、标题栏。

项 目 小 结

通过本项目的学习，读者可基本掌握《技术制图》和《机械制图》国家标准中关于图纸的幅面格式、比例、字体、图线等内容。绘制平面图形时，能正确地分析平面图形的尺寸和线段，拟定正确的作图步骤，能清晰、完整、正确地标注图形尺寸。要能正确地使用绘图工具和仪器，养成良好的绘图习惯。

项目二　点、直线、平面的投影

任务一　投影法及三视图的形成

一、学习目标

(1) 了解投影的基本概念。
(2) 理解正投影的基本性质。
(3) 掌握三视图之间的对应关系。

二、工作任务

写出如图 2-1 所示三视图反映物体的位置关系：

主视图反映物体的_____和_____；

左视图反映物体的_____和_____；

俯视图反映物体的_____和 _____。

三、相关理论知识

(一) 投影法的基本知识

图 2-1　三视图

1. 投影法的概念

在日常生活中，物体在阳光或灯光的光线照射下，就会在地面或墙壁上产生影子。这个影子在某些方面反映出物体的形状特征，这就是日常生活中常见的投影现象。

人们根据这种现象，总结其几何规律，提出了形成物体图形的方法——投影法。这就解决了如何将三维空间的物体表达在二维平面的图纸上的问题。

如图 2-2 所示，光源 S 称为投影中心，预定平面 P 称为投影平面，在 P 面上所得到的图形称为投影。这种将投射线通过物体，向选定的投影面投射并在该面上得到图形的方法称为投影法。

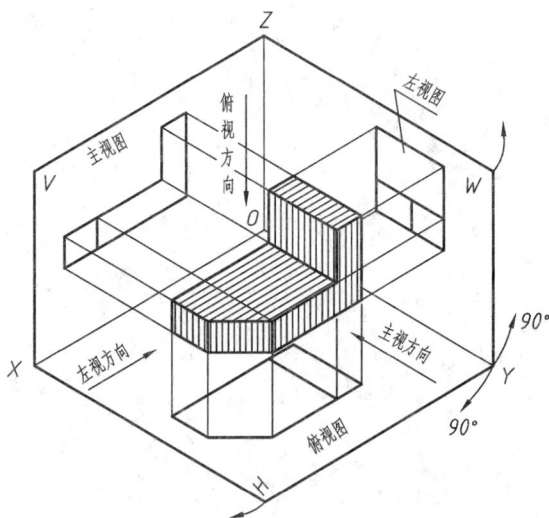

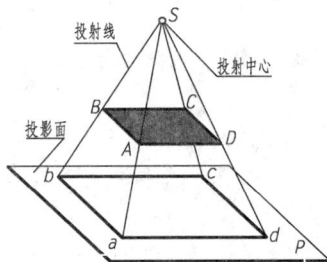

图 2-2　中心投影法

2. 投影法的分类

投影法可分为中心投影法和平行投影法两种。

1) 中心投影法

投射线交于一点的投影法称为中心投影法，如图 2-2 所示。中心投影法的原理和人眼成像的原理一样，因此，用中心投影法绘制的图形具有立体感，但这种图样不能真实地反映物体的形状和大小，故机械图样中很少采用。

2) 平行投影法

若将图 2-2 的投射中心 S 移至无穷远处，则投射线互相平行，这种投射线互相平行的投影法称为平行投影法。

(1) 斜投影法——投射线与投影面斜交(见图 2-3)。

(2) 正投影法——投射线与投影面垂直(见图 2-4)。

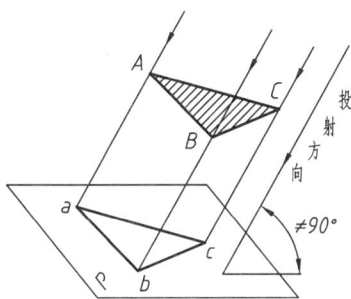

图 2-3　斜投影法　　　　　　　　　　　图 2-4　正投影法

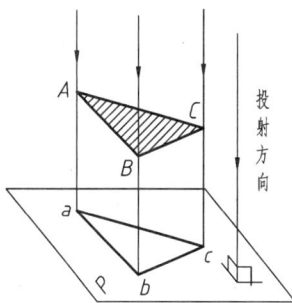

正投影可以准确地反映物体的大小、形状，方便度量与作图，所以工程上广泛应用。它的缺点是立体感不强。机械图样通常采用正投影法绘制。

3. 正投影的基本性质

1) 实形性

当线段或平面平行于投影面时，其平行投影反映实长或实形，如图 2-5 所示。

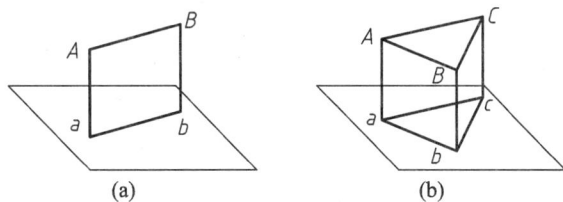

图 2-5　平行投影的实形性

2) 积聚性

当平面或直线图形垂直于投射线时，其投影分别积聚成直线或点，如图 2-6 所示。

3) 类似性

当直线或平面图形与投影面倾斜时，直线的投影是直线，平面图形的投影是原图形的类似图形，如图 2-7 所示。

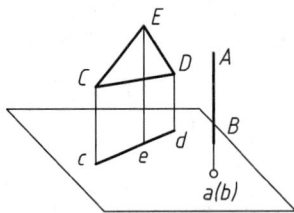

图 2-6　平行投影的积聚性

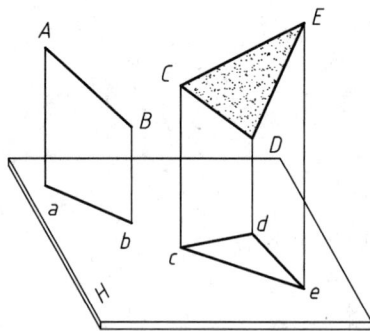

图 2-7　平行投影的类似性

(二) 三视图的形成及其对应关系

1. 视图的基本概念

利用正投影法，将人的视线替代投射线，将物体向投影面作正投影所得到的图形称为视图，如图 2-8 所示。

2. 三视图的形成

在图 2-9 中，分别从物体的前面、上面和左侧面三个方向进行投影，需要建立三个互相垂直的投影面。三个投影面分别如下：

正立投影面，简称正面，用 V 表示；

水平投影面，简称水平面，用 H 表示；

侧立投影面，简称侧面，用 W 表示。

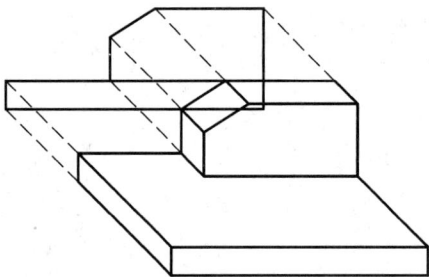

图 2-8　物体视图的形成

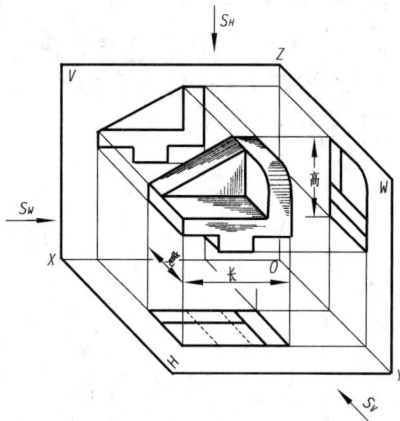

图 2-9　物体在三投影面体系中的投影

将物体放在三投影面体系中，按正投影法向各投影面进行投射，分别可以得到物体的 V 面、H 面和 W 面，如图 2-10 所示。每两个投影面的公共交线称为投影轴，如 OX、OY、OZ 分别简称为 X 轴、Y 轴、Z 轴。三个投影轴相互垂直，其交点 O 称为原点。为了方便画图，将与 V 面垂直的两个投影面旋转 90° 展开在同一个平面上。方法如下：V 面不动，将 H 面绕 OX 轴向下旋转 90°，将 W 面绕 OZ 轴向右旋转 90°，如图 2-10(a)所示，分别重合到正立投影面上，如图 2-10(b)所示。

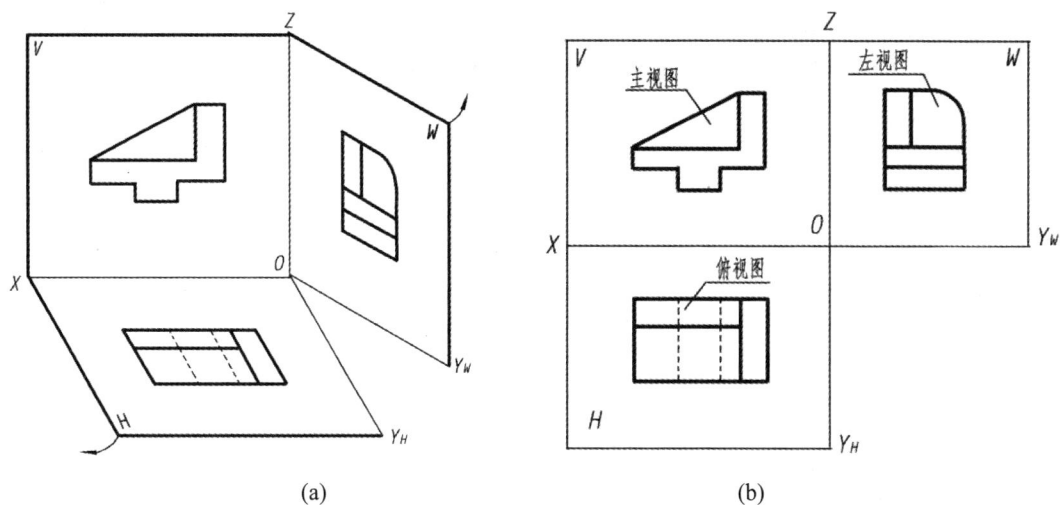

(a)　　　　　　　　　　　　　　　　(b)

图 2-10　三投影面的展开图

3. 三视图之间的对应关系

由图 2-11 可知，三个视图分别反映物体在三个不同方向上的大小和形状。

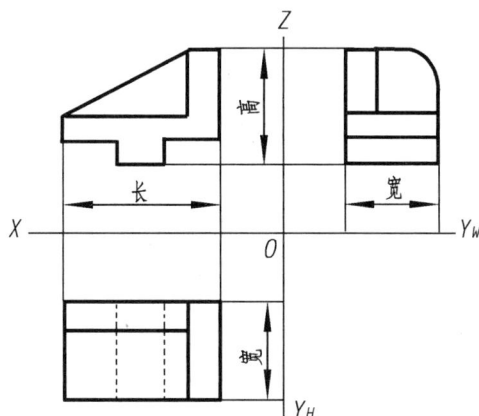

图 2-11　物体的三视图

1) 视图配置关系

左视图在主视图的正右方，俯视图在主视图的正下方。

2) "三等"关系

从三视图的形成过程中可总结出物体的长、宽、高在三视图间的"三等"关系(见图 2-11)：

主、俯视图——长对正；

主、左视图——高平齐；

俯、左视图——宽相等。

我们可以得出结论，无论是物体的局部还是整个物体，都必须符合"长对正，高平齐，宽相等"的"三等"规律。

3) 六个方位在三视图中物体的对应关系

物体在三投影面内的投影展开后，其在三视图中的前后、左右和上下的位置关系也就明确地反映出来了，如图 2-12 所示。

主视图——展示物体的上、下和左、右关系；

俯视图——展示物体的左、右和前、后关系；

左视图——展示物体的上、下和前、后关系。

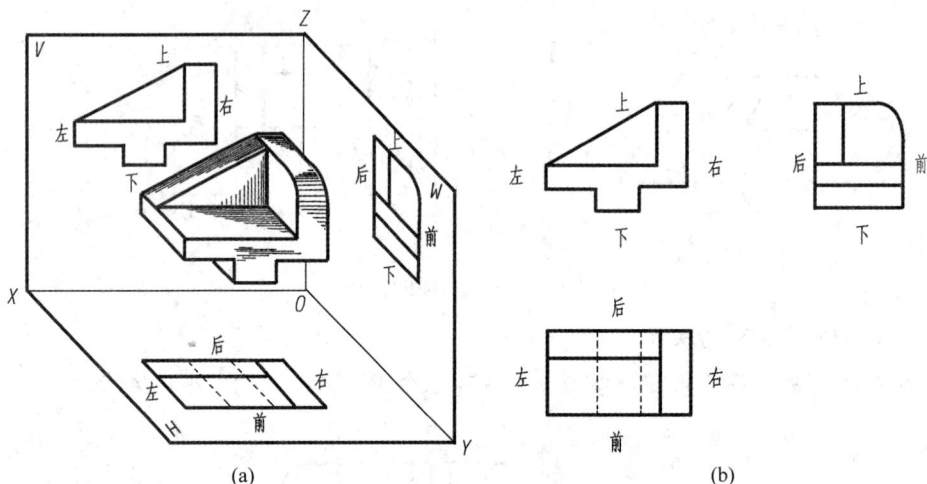

图 2-12　三视图中物体的方位关系

必须将三视图中任两视图组合起来看图，才能完全看清楚物体的上、下、左、右、前、后六个方位的对应位置关系。

4. 画物体三视图的步骤

1) 构形分析

要准确、快速地画出物体视图，就要对物体进行构形分析，明确物体的相对位置以及相邻表面之间的关系。

2) 确定主视图

主视图应尽量反映物体的几何特征，物体在投影体系中的安放位置决定其主视图的投影方向。为了便于画图和看图，物体应按自然位置放平，尽量使其主要平面或轴线处于投影体系的特殊位置，选择结构信息量最多、不可见轮廓最少的投影方向作为主视图的投影方向。

3) 选比例，定图幅

根据物体的大小和复杂程度，选用适当的绘图比例及图纸幅面。显然，选用 1∶1 的比例画图较为方便。

4) 布图，画中心线

根据图纸幅面和各视图的外廓尺寸均衡地布置各视图在图纸上的位置，画出各视图的主要中心线或定位线。

5) 画底稿

用细线逐一画出各物体三视图的底稿，画图时，应先画主体部分，后画依附部分。

6) 检查、描深

先逐一检查是否正确地画出了物体的三视图，查漏补缺，最后按标准规定的线型描深各种图线。

四、任务实施

分析下列物体三视图的形成(见图 2-13)及各视图之间的对应关系(见图 2-14)。

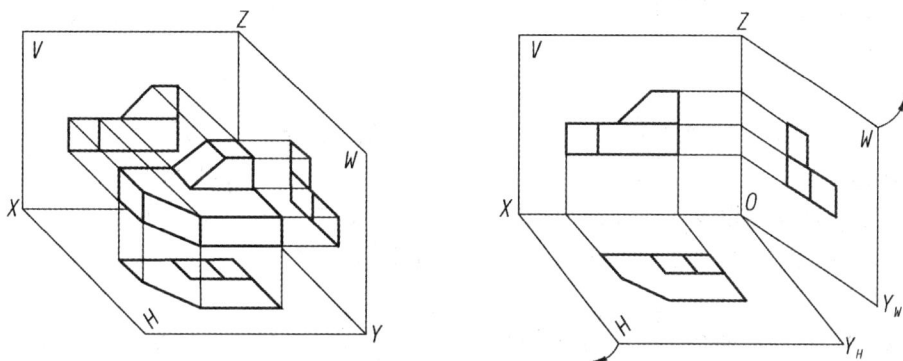

图 2-13　物体三视图的形成

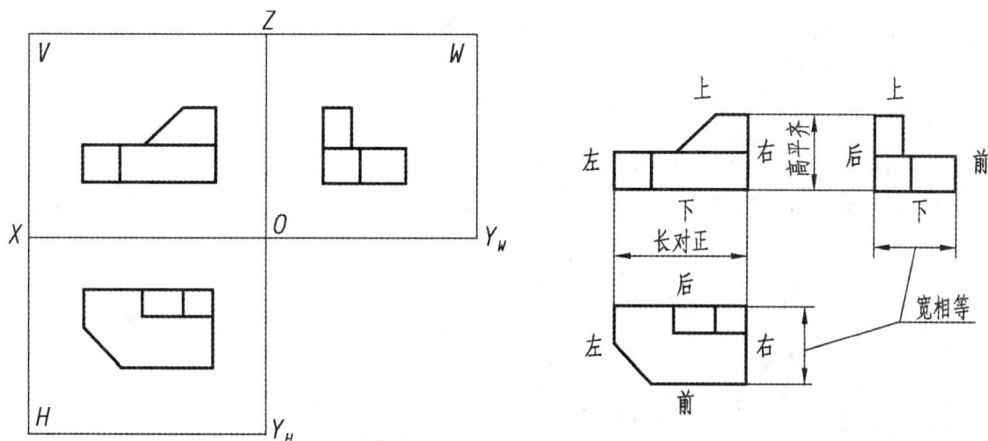

图 2-14　物体三视图之间的对应关系及反映的方位

任务二　点 的 投 影

一、学习目标

(1) 理解点的三面投影规律。

(2) 掌握两点之间的相对位置关系。

二、工作任务

已知点 A 的坐标(20,15,10)，点 B 的坐标(30，10，0)，点 C 的坐标(15，0，0)，作出点的三面投影。

三、相关理论知识

任何物体都是由点、线、面等几何元素构成的，只有学习和掌握了几何元素的投影规律和特征，才能正确地绘制和阅读立体的投影，并透彻理解机械图样所表示物体的具体结构形状。要想完整正确地画出物体的三视图，必须掌握点的投影规律。

(一) 点的三面投影

如图 2-15(a)所示，假设在三面投影体系中有一空间点 A，过点 A 分别向 H 面、V 面和 W 面作垂线，得到三个垂足 a、a′、a″，即为空间点 A 在三个投影面上的投影。

为了区别空间点以及该点在三个投影面上的投影，规定用大写字母(如 A、B、C 等)表示空间点，它的水平投影、正面投影和侧面投影分别用相应的小写字母(如 a、a′ 和 a″)表示。

令 V 面不动，H 面绕 OX 轴向下旋转 90° 与 V 面重合，W 面绕 OZ 轴向右旋转 90° 与 V 面重合，去掉投影面的边框，得到如图 2-15 所示的点 A 的三面投影图。在投影图上，OY 轴被一分为二，随 H 面旋转至 OZ 轴负方向的称为"OY_H 轴"，随 W 面旋转至 OX 轴负方向的称为"OY_W 轴"。点 A 的三面投影与其空间坐标的关系如下：

点 A 的水平投影 a 由 X_A、Y_A 两坐标值确定；

点 A 的正面投影 a′ 由 X_A、Z_A 两坐标值确定；

点 A 的侧面投影 a″ 由 Y_A、Z_A 两坐标值确定。

由此，从解析角度可证明：已知空间点的两个或三个投影，能唯一地确定该点的空间位置。

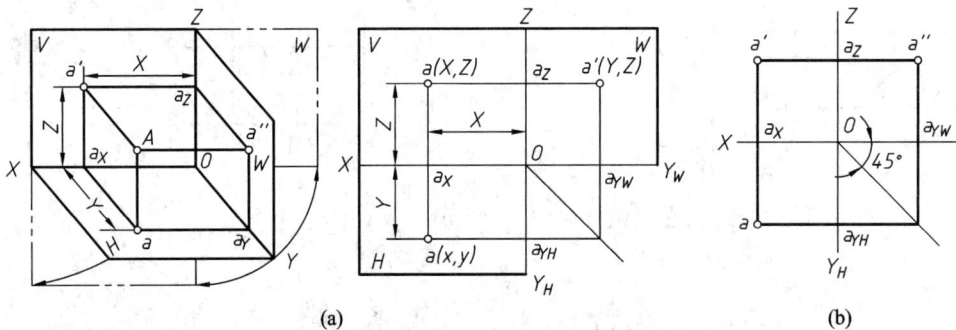

图 2-15 点的三面投影

综上所述，可得出三面正投影体系中点的投影规律：

(1) 点的正面投影与水平投影的连线垂直于 OX 轴；点的正面投影与侧面投影的连线垂直于 OZ 轴。即 a′a⊥OX，a′a″⊥OZ。

(2) 点的水平投影到 OX 轴的距离与点的侧面投影到 OZ 轴的距离相等。即 $aa_X = a″a_Z = Aa′ = y_A$。

显然，点的投影规律与前面讲的三视图的三等关系"长对正、高平齐、宽相等"是一致的。利用点的投影规律，可根据点的两个投影作出第三投影。

(二) 点的三面投影规律

点 A 在 H 面上的投影 a 叫作点 A 的水平投影，它是由点 A 到 V、W 两个投影面的距离所决定的。

点 A 在 V 面上的投影 a' 叫作点 A 的正面投影，它是由点 A 到 H、W 两个投影面的距离所决定的。

点 A 在 W 面上的投影 a'' 叫作点 A 的侧面投影，它是由点 A 到 V、H 两个投影面的距离所决定的。

由此可知：空间点 A 在三投影面体系中有唯一确定的一组投影(a、a'、a'')，若已知点的投影，则可知道点到三个投影面的距离，并可以完全确定点在空间的位置。反之，若已知点的空间位置，也可以画出点的投影。

由图 2-15 还可以得到点的三面投影规律：

(1) 点的正面投影和水平投影的连线垂直于 OX 轴，即 $a'a \perp OX$。

(2) 点的正面投影和侧面投影的连线垂直于 OZ 轴，即 $a'a'' \perp OZ$。

(3) 点的水平投影 a 到 OX 轴的距离等于侧面投影 a'' 到 OZ 轴的距离，即 $aa_X = a''a_Z$(可以用 45°辅助线或以原点为圆心作弧线来反映这一投影关系)。

根据上述投影规律，若已知点的任何两个投影，就可求出它的第三个投影。

例 2-1 已知点 A 的正面投影 a' 和侧面投影 a''(见图 2-16)，求作其水平投影 a。

注意：一般在作图过程中，应自点 O 作辅助线(与水平方向的夹角为 45°)，以表明 $aa_X = a''a_Z$ 的关系。

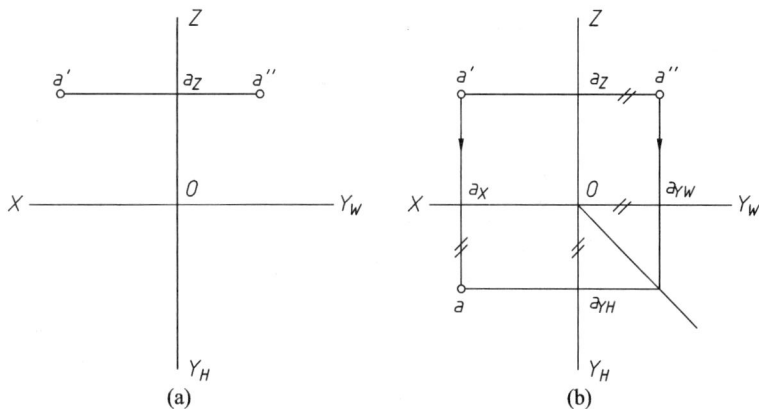

图 2-16 已知点的两个投影求第三个投影

(三) 点的三面投影与直角坐标

投影面体系可以看成是一个空间直角坐标系，因此可用直角坐标确定点的空间位置。投影面 H、V、W 作为坐标面，三条投影轴 OX、OY、OZ 作为坐标轴，三轴的交点 O 作为坐标原点。

由图 2-17 可以看出 A 点的直角坐标与其三个投影的关系：

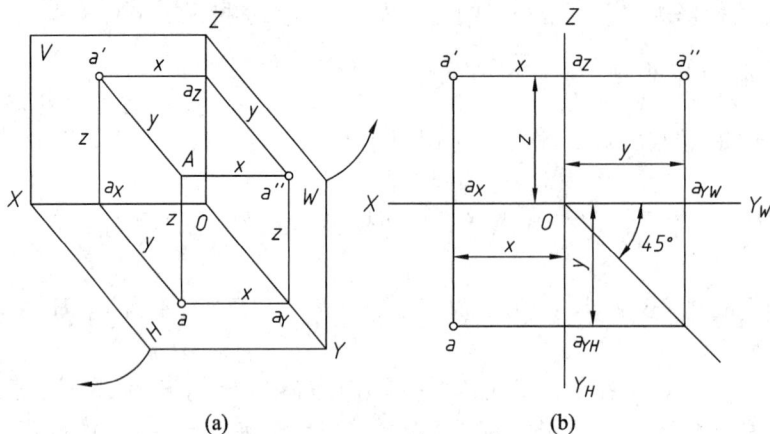

(a)　　　　　　　　　(b)

图 2-17　点的三面投影与直角坐标

点 A 到 W 面的距离 $= Oa_X = a'a_Z = aa_Y = x$ 坐标；

点 A 到 V 面的距离 $= Oa_Y = aa_X = a''a_Z = y$ 坐标；

点 A 到 H 面的距离 $= Oa_Z = a'a_X = a''a_Y = z$ 坐标。

用坐标来表示空间点的位置比较简单，可以写成 $A(x，y，z)$ 的形式。

由图 2-17(b)可知，坐标 x 和 z 决定点的正面投影 a'，坐标 x 和 y 决定点的水平投影 a，坐标 y 和 z 决定点的侧面投影 a''，若用坐标表示，则为 $a(x，y，O)$，$a'(x，O，z)$，$a''(O，y，z)$。

因此，已知一点的三面投影，就可以知道该点的三个坐标；相反地，已知一点的三个坐标，就可以知道该点的三面投影。

例 2-2　已知点 A 的坐标为 $(20，10，18)$，作出点的三面投影。其作图方法与步骤如图 2-18(a)、(b)、(c)所示。

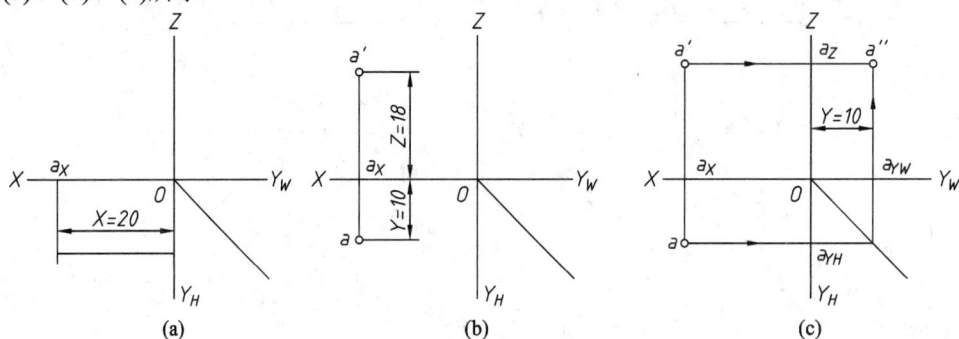

(a)　　　　　　　　(b)　　　　　　　　(c)

图 2-18　点的三面投影

(四) 各种位置点的投影

1. 在投影面上的点(有一个坐标为 0)

有两个投影在投影轴上，另一个投影和其空间点本身重合。如在 V 面上的点 A，如图 2-19(a)所示。

2. 在投影轴上的点(有两个坐标为 O)

有一个投影在原点上,另两个投影和其空间点本身重合。如在 OZ 轴上的点 A,如图 2-19(b)所示。

3. 在原点上的空间点(三个坐标都为 O)

它的三个投影必定都在原点上。如在原点上的点 A,如图 2-19(c)所示。

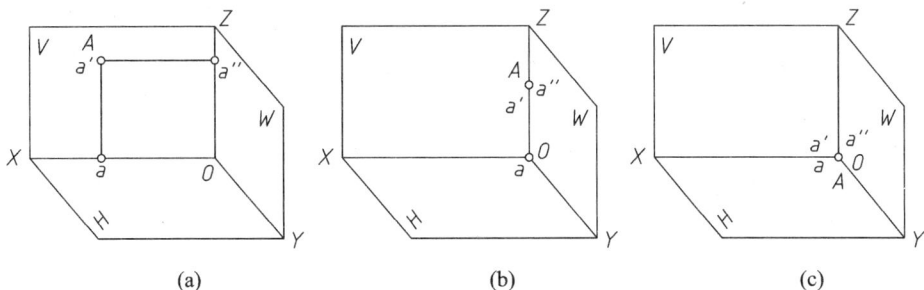

(a)　　　　　　　　(b)　　　　　　　　(c)

图 2-19　各种位置点的投影

(五) 两点的相对位置

1. 两点的相对位置

两点的相对位置由两点的坐标差决定。

已知空间点 A,若点 A 由原来的位置向上(或向下)移动,则 Z 坐标随着改变,也就是 A 点对 H 面的距离改变。

若点 A 由原来的位置向前(或向后)移动,则 Y 坐标随着改变,也就是 A 点对 V 面的距离改变。

若点 A 由原来的位置向左(或向右)移动,则 X 坐标随着改变,也就是 A 点对 W 面的距离改变。

综上所述,对于空间两点 A、B 的相对位置:

(1) 距 W 面远者在左(X 坐标大),近者在右(X 坐标小)。

(2) 距 V 面远者在前(Y 坐标大),近者在后(Y 坐标小)。

(3) 距 H 面远者在上(Z 坐标大),近者在下(Z 坐标小)。

例 2-3　如图 2-20 所示,若已知空间两点的投影,即点 A 的三个投影 a、a'、a'' 和点 B 的三个投影 b、b'、b'',则用 A、B 两点同面投影坐标差就可判别 A、B 两点的相对位置。

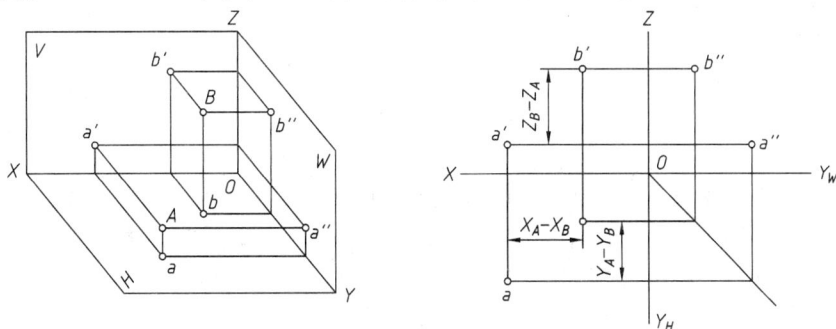

图 2-20　两点的相对位置

以 A 点为基准点，由于 $X_A > X_B$，表示 B 点在 A 点的右方；$Z_B > Z_A$，表示 B 点在 A 点的上方；$Y_A > Y_B$，表示 B 点在 A 点的后方。总的来说，就是 B 点在 A 点的右、后、上方。

2. 重影点

若空间两点在某一投影面上的投影重合，则这两点是该投影面的重影点。这时，空间两点的某两坐标相同，并在同一投射线上。

当两点的投影重合时，就需要判别其可见性，即判断这两个点哪个可见，哪个不可见。应注意：对 H 面的重影点，从上向下观察，Z 坐标值大者可见；对 W 面的重影点，从左向右观察，X 坐标值大者可见；对 V 面的重影点，从前向后观察，Y 坐标值大者可见。在投影图上不可见的投影加括号表示，如 (a')。

例2-4　如图 2-21 所示，C、D 位于垂直于 H 面的投射线上，c、d 重合为一点，则 C、D 为对 H 面的重影点，Z 坐标值大者为可见，图中 $Z_C > Z_D$，故 c 可见，d 不可见，用 $c(d)$ 表示。

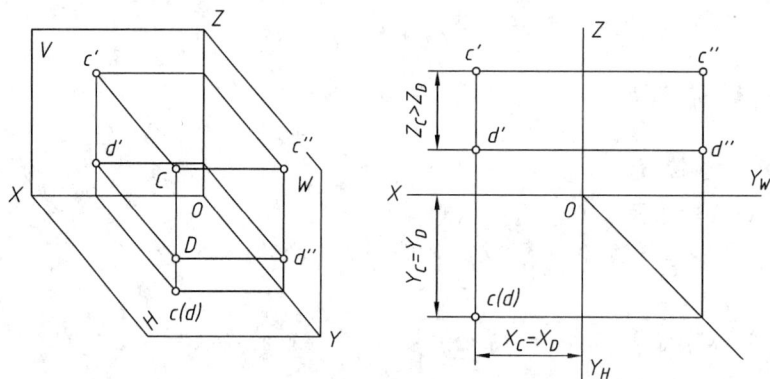

图 2-21　重影点及其可见性判别

四、任务实施

已知点 A 的坐标为(20，15，10)，点 B 的坐标为(30，10，0)，点 C 的坐标为(15，0，0)，作出点的三面投影。

分析：由于 $Z_B = 0$，故点 B 在 H 面上，又由于 $Y_C = 0$，$Z_C = 0$，故点 C 在 X 轴上。

作图：从 O 点向左在 X 轴 20 处作垂线 aa'，然后在 aa' 上从 X 轴向下向上分别取 $Y_A = 15$ 和 $Z_A = 10$，求出 a 和 a'，由 a' 作 Z 轴的垂线，然后从 Z 轴向右方取 15 得 a''，即作出了点 A 的三面投影(见图 2-22)。

其他从略。

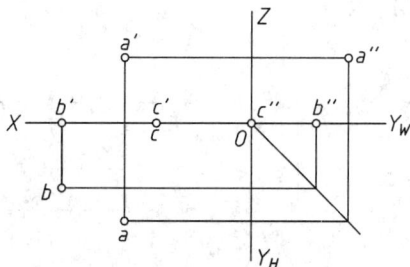

图 2-22　根据点的坐标作投影图

任务三　直线的投影

一、学习目标

(1) 了解投影的基本概念。
(2) 理解正投影的基本性质。
(3) 掌握三视图之间的对应关系。

二、工作任务

过 C 点作水平线 CD 与 AB 相交，如图 2-23 所示。

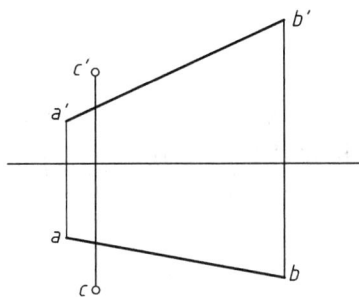

图 2-23　直线的投影

三、相关理论知识

(一) 直线的投影

直线的投影一般仍为直线，特殊情况下投影为点。直线在空间的位置可以由直线上任意两个点来确定或由直线上一点及直线方向定出。图 2-24(a)中，给出 A、B 两点的三面投影 a、a'、a'' 和 b、b'、b''。连接该两点在同一投影面上的投影(称为同面投影)得 ab、$a'b'$、$a''b''$，即为直线的三面投影，如图 2-24(b)、(c)所示。

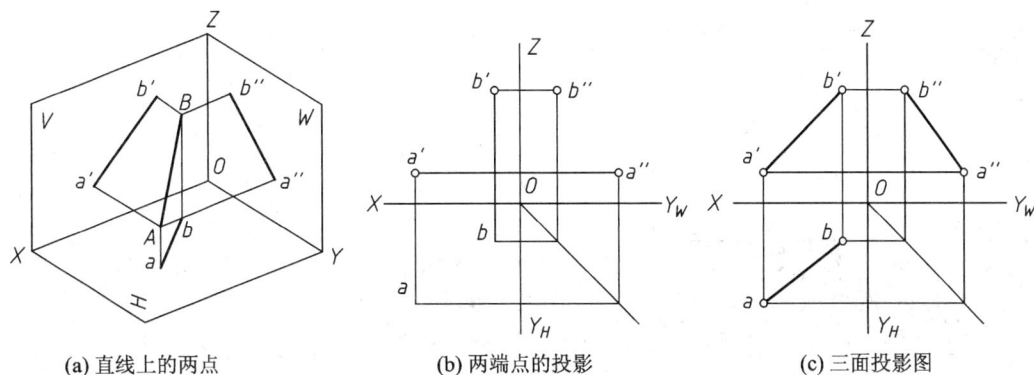

(a) 直线上的两点　　　　(b) 两端点的投影　　　　(c) 三面投影图

图 2-24　直线的投影

(二) 各种位置直线的投影特性

空间直线在三投影面体系中的位置有以下三种：

一般位置直线——与三个投影面都倾斜的直线。

投影面垂直线——垂直于一个投影面，与另外两个投影面平行的直线。

投影面平行线——平行于一个投影面，与另外两个投影面倾斜的直线。

后两类直线称为特殊位置直线。

1. 投影面垂直线

垂直于一个投影面(与另外两个投影面必定平行)的直线，称为投影面垂直线。

(1) 垂直于 V 面，平行于 H 面、W 面的直线——正垂线。

(2) 垂直于 H 面，平行于 V 面、W 面的直线——铅垂线。

(3) 垂直于 W 面，平行于 V 面、H 面的直线——侧垂线。

投影面垂直线的投影图及其投影特性见表 2-1。

对于投影面垂直线的辨认：直线的投影只要有投影积聚成一点，则该直线一定是投影面垂直线，并且一定垂直于其投影积聚为一点的那个投影面。

表 2-1　投影面垂直线的投影图及其投影特性

名称	正垂线(⊥V, //H 和 W)	铅垂线(⊥H, //V 和 W)	侧垂线(⊥W, //V 和 H)
直观图			
投影图			
应用举例			
投影特性	(1) 正面投影积聚成一点。 (2) 其他两个投影反映实长，且分别垂直于 *OX*、*OZ* 轴	(1) 水平投影积聚成一点。 (2) 其他两个投影反映实长，且分别垂直于 *OX*、*OY* 轴	(1) 侧面投影积聚成一点。 (2) 其他两个投影反映实长，且分别垂直于 *OY*、*OZ* 轴
	小结: (1) 在所垂直的投影面上的投影积聚成一点。 (2) 其他投影反映空间线段实长，且垂直于相应的投影轴		

2. 投影面平行线

平行于一个投影面而对另外两个投影面倾斜的直线，称为投影面平行线。

(1) 平行于 V 面，倾斜于 H、W 面的直线——正平线。

(2) 平行于 H 面，倾斜于 V、W 面的直线——水平线。

(3) 平行于 W 面，倾斜于 V、H 面的直线——侧平线。

投影面平行的投影图及其投影特性见表 2-2。

对于投影面平行线的辨认：若直线的投影有两个平行于投影轴，则该直线一定是投影面平行线，且一定平行于其投影为倾斜线的那个投影面。

表 2-2 投影面平行线的投影图及其投影特性

名称	正平线(∥V，倾斜于 H 和 W)	水平线(∥H，倾斜于 V 和 W)	侧平线(∥W，倾斜于 H 和 V)
直观图			
投影图			
应用举例			
投影特性	(1) 正面投影反映实长，位置倾斜。 (2) 其他两个投影均比空间直线缩短，且分别平行于 OX、OZ 轴。 (3) 正面投影与 OX、OZ 轴的夹角等于空间直线对 H 面、W 面的倾角	(1) 水平投影反映实长，位置倾斜。 (2) 其他两个投影均比空间直线缩短，且分别平行于 OX、OY 轴。 (3) 水平投影与 OX、OY 轴的夹角等于空间直线对 V 面、W 面的倾角	(1) 侧面投影反映实长，位置倾斜。 (2) 其他两个投影均比空间直线缩短，且分别平行于 OY、OZ 轴。 (3) 正面投影与 OY、OZ 轴的夹角等于空间直线对 H 面、V 面的倾角
	小结：(1) 在所平行的投影面上的投影为反映实长的斜线。 (2) 其他两个投影缩短，且平行于相应的投影轴。 (3) 反映实长的投影与投影轴的夹角等于空间直线对相应投影面的倾角		

注：空间直线对投影面的倾角规定，对 V 面的倾角用 β 表示，对 H 面的倾角用 α 表示，对 W 面的倾角用 γ 表示。

3. 一般位置直线

对三个投影面都倾斜的直线，称为一般位置直线，如图 2-24 所示，其投影特性如下：

(1) 三个投影的长度均不反映空间直线段的实长，且小于实长，但投影仍为直线。

(2) 三个投影均与投影轴倾斜。

对于一般位置直线的辨认：如果直线的三个投影相对于投影轴都是斜线，该直线必定是一般位置直线。

4. 一般位置直线的实长及对投影面的倾角

一般位置直线在三个投影面上的投影不反映实长和直线与三个投影面的真实夹角。但在工程上，往往要求用作图方法解决这一度量问题。此时可采用直角三角形法来解决这一问题。

1) 几何分析

图 2-25(a)所示为一处于 H/V 投影面体系中的倾斜线 AB，现过点 A 作 $AB_1//ab$ 即得一直角三角形 ABB_1，它的斜边 AB 即为其实长，$AB_1 = ab$，BB_1 为两端点 A、B 的 Z 坐标的差 $(Z_B - Z_A)$，AB 与 AB_1 的夹角即为 AB 对 H 面的倾角 α。由此可见，根据倾斜线 AB 的投影，求实长和对 H 面的倾角，可归结为求直角三角形 ABB_1 的实形。

如过点 A 作 $AB_2//a'b'$，则得另一直角三角形 ABB_2，它的斜边 AB 即为实长，$AB_2 = a'b'$，BB_2 为两端点 A，B 的 Y 坐标的差 $(Y_B - Y_A)$，AB 与 AB_2 的夹角即为 AB 对 V 面的倾角 β。因此，只要求出直角三角形 ABB_2 的实形，即可得到 AB 的实长和对投影面的倾角 β。

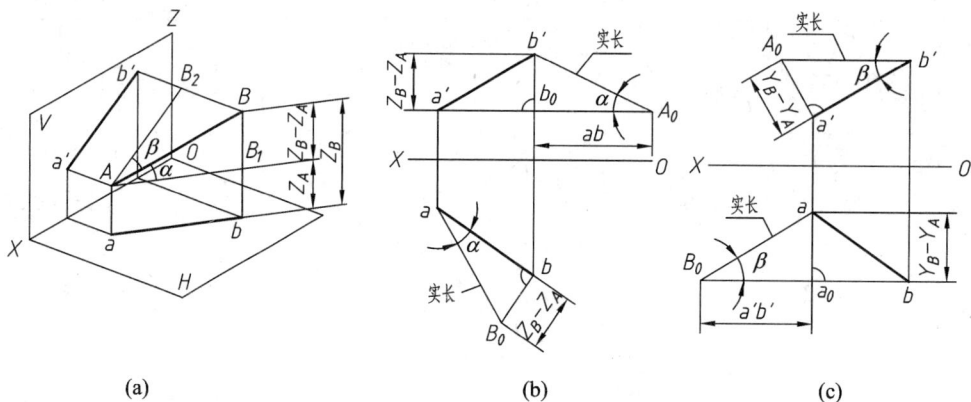

(a)　　　　　　　　(b)　　　　　　　　(c)

图 2-25　直角三角形法求实长及倾角

2) 作图方法

求直线 AB 的实长和对 H 面的倾角 α 可应用下列两种方式作图(见图 2-25(b))：

(1) 如图 2-25(b)所示，过 b 作 ab 的垂线 bB_0，在此垂线上量取 $bB_0 = Z_B - Z_A$，则 aB_0 即为所求直线的实长，$\angle B_0ab$ 即为 α 角。

(2) 过 a' 作 X 轴的平行线，与 $b'b$ 相交于 $b_0(b'b_0 = Z_B - Z_A)$，量取 $b_0A_0 = ab$，则 $b'A_0$ 也是所求直线的实长，$\angle b'A_0b_0$ 即为 α 角。

同理，可作出直线 AB 对 V 面的倾角 β，如图 2-25(c)所示。

(三) 直线上点的投影

1. 从属性

属于直线上的点，点的投影必定属于对应直线的同面投影，并符合点的投影特性。例如，图 2-26(a)中的点 C 在 AB 上，c、c'、c''分别在 ab、$a'b'$、$a''b''$上，且 $cc' \perp OX$，$c'c'' \perp OZ$，$cc_X = c''c_Z$ (见图 2-26(b))。

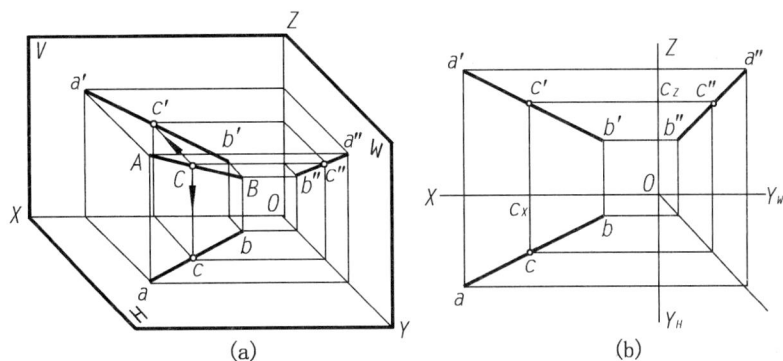

图 2-26 属于直线的点的投影特性

2. 定比性

点属于直线，点分线段之比，其投影保持不变。

如图 2-26 所示，点 C 在 AB 上，则有 $ac : cb = a'c' : c'b' = a''c'' : c''b'' = AC : CB$。

(四) 两直线的相对位置

空间两直线的相对位置有三种情况，即两直线平行、两直线相交和两直线交叉。前两种情况两直线位于同一平面上，称为同面直线；后一种情况两直线不位于同一平面上，称为异面直线。

1. 两直线平行

空间平行两直线的各组同面投影必定互相平行，反之，若两直线的三面投影都对应平行，则空间两直线也互相平行。如图 2-27 所示，空间两直线 $AB \parallel CD$，则 $ab \parallel cd$、$a'b' \parallel c'd'$。

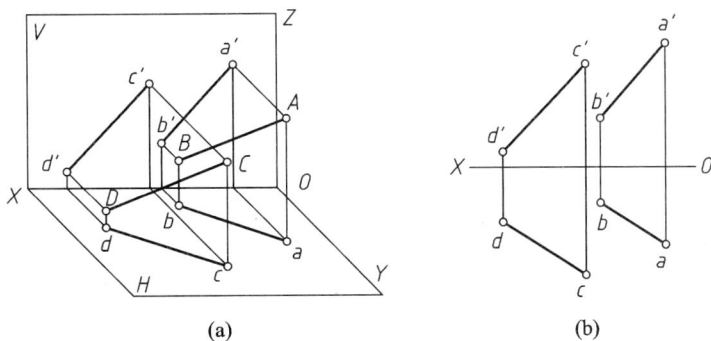

图 2-27 平行两直线的投影

2. 两直线相交

若两直线在空间相交，则它们的各同面投影必相交，且交点符合一个点的投影规律。反之，若两直线的各同面投影相交，且交点符合一个点的投影规律，则此两直线在空间必定相交。如图 2-28 所示，空间两直线 AB 与 CD 相交于 K 点，K 点即为两直线的共有点。因此 k 既在 ab 上，也在 cd 上，即 k 为 ab 与 cd 的交点。同理，k' 为 $a'b'$ 与 $c'd'$ 的交点，k'' 为 $a''b''$ 与 $c''d''$ 的交点。由于 k、k'、k'' 为 K 点的投影，因此 k、k'、k'' 必定符合点的投影规律。

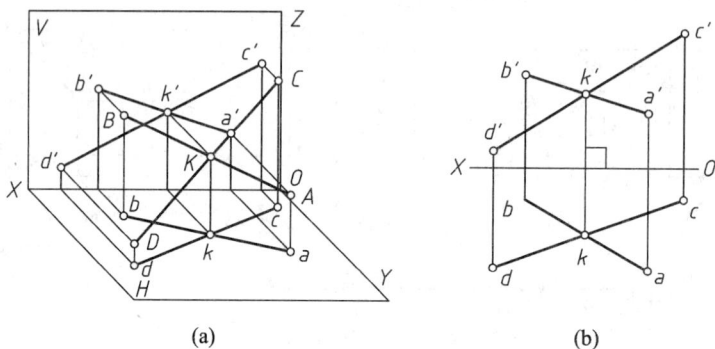

图 2-28　相交两直线的投影

3. 两直线交叉

若空间两直线既不平行，又不相交，则称为两直线交叉。如图 2-29 所示，交叉两直线不存在共有点，但必存在重影点。其同面投影表面为相交的点，不符合一个点的投影规律，实际是两直线在处于同一投射线上的两点(重影点)的投影(重影)。重影点在某一投影中的可见性，一定要相应地从另一投影中用"前遮后、上遮下、左遮右"来判别。

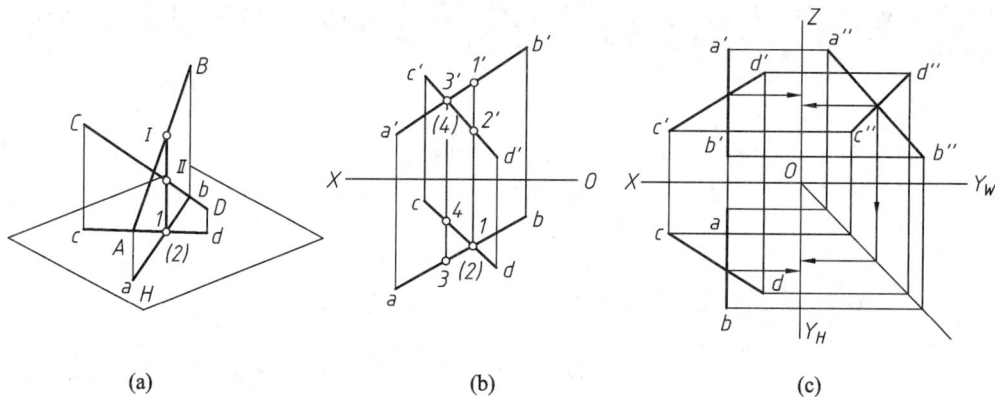

图 2-29　交叉两直线的投影

四、任务实施

过 C 点作水平线 CD 与 AB 相交，如图 2-23 所示。

作图：(1) 在 V 面过 c' 作水平线 $c'd'$ 交 $a'b'$ 于点 k'。

(2) 利用点的投影规律在 H 面找到 k 点。

(3) 连接 ck，延长交于 d 点，如图 2-30 所示。

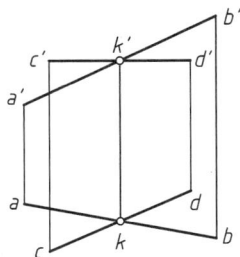

图 2-30　直线的投影

任务四　平面的投影

一、学习目标

(1) 了解平面的表示方法。

(2) 掌握各种位置平面的投影特性。

二、工作任务

已知一平面 ABCD，判别点 K 是否在平面上。已知平面上一点 E 的正面投影 e′，作出其水平投影 e(见图 2-31)。

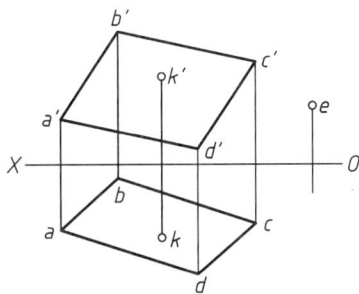

图 2-31　平面上的点

三、相关理论知识

(一) 平面的表示法

1. 用几何元素表示平面

不在同一直线上的三点可确定一平面，所以平面可以用图 2-32 中任何一组几何要素的投影来表示。

图 2-32 中各组几何元素所表示的平面可以互相转换。如连接图 2-32(a)中的 ab、a′b′，就转换为图 2-32(c)；再作 bd∥ac、b′d′∥a′c′，又成了图 2-32(d)。在投影图中，空间的

平面常用平面图形来表示。

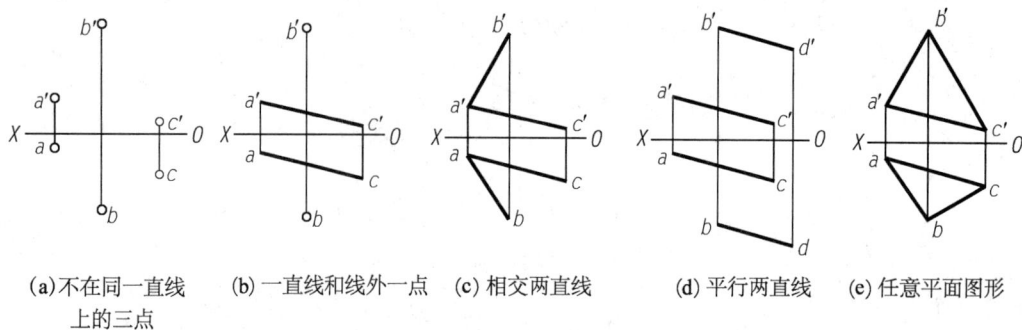

(a)不在同一直线　(b) 一直线和线外一点　(c) 相交两直线　(d) 平行两直线　(e) 任意平面图形
上的三点

图 2-32　用几何元素表示平面

2. 用迹线表示平面

迹线即空间平面与投影面的交线。

P 平面与 V 面的交线称为正投影面迹线——P_V。

P 平面与 H 面的交线称为水平投影面迹线——P_H。

P 平面与 W 面的交线称为侧投影面迹线——P_W。

如图 2-33 所示，既然任何两条迹线如 P_H 和 P_V 都是属于平面 P 的相交两直线，故可以用迹线来表示该平面。

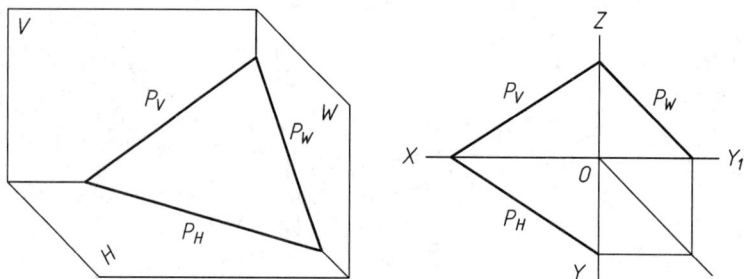

图 2-33　用迹线表示平面

(二) 各种位置平面的投影特性

在三投影面体系中，平面对投影面的相对位置有三种：一般位置平面、投影面垂直面、投影面平行面。后两种平面又称为特殊位置平面。

1. 一般位置平面

对三个投影面都倾斜的平面称为一般位置平面。如图 2-32(e)所示的 $\triangle ABC$ 就是一般位置平面。其投影特性为：平面的三个投影都是小于原平面的类似形。

对于一般位置平面的辨认：平面的三面投影都是类似的几何图形，该平面一定是一般位置的平面。

2. 投影面垂直面

垂直于一个投影面而与另外两个投影面倾斜的平面称为投影面垂直面。

(1) 垂直于 V 面，倾斜于 H 面、W 面的平面——正垂面；

(2) 垂直于 H 面，倾斜于 V 面、W 面的平面——铅垂面；

(3) 垂直于 W 面，倾斜于 V 面、H 面的平面——侧垂面。

各种垂直位置平面的投影图及其投影特性见表 2-3。

表 2-3　各种垂直位置平面的投影图及其投影特性

名称	正垂面(⊥V，倾斜于 H 和 W)	铅垂面(⊥H，倾斜于 V 和 W)	侧垂面(⊥W，倾斜于 H 和 V)
直观图			
投影图			
应用举例			
投影特性	(1) 正面投影积聚为斜直线，反映平面与 H 面、W 面的倾角。 (2) 其他两个投影缩小，为原平面图形的类似形	(1) 水平投影积聚为斜直线，反映平面与 V 面、W 面的倾角。 (2) 其他两个投影缩小，为原平面图形的类似形	(1) 侧面投影积聚为斜直线，反映平面与 H 面、V 面的倾角。 (2) 其他两个投影缩小，为原平面图形的类似形
	小结：(1) 在所垂直的投影面上的投影积聚为斜线，它与投影轴的夹角反映平面对其他两投影面的夹角。 (2) 其他两个投影缩小，为原平面图形的类似形		

画图时，对于投影面的垂直面(平面图形)，一般应先画有积聚性的那个投影，然后画出两个类似形线框的投影。读图时，只要给出平面图形的一个类似形线框的投影和一段积聚为斜线的投影，由这两个投影就可以判定该平面图形为投影面垂直面，且垂直于斜线所在的投影面。

3. 投影面平行面

平行于一个投影面而与另外两个投影面垂直的平面称为投影面平行面。

(1) 平行于 V 面，垂直于 H 面、W 面的平面——正平面。

(2) 平行于 H 面，垂直于 V 面、W 面的平面——水平面。

(3) 平行于 W 面，垂直于 V 面、H 面的平面——侧平面。

投影面平行面的投影图及其投影特性见表 2-4。

表 2-4　投影面平行面的投影图及其投影特性

名称	正平面(∥V，⊥H 和 W)	水平面(∥H，⊥V 和 W)	侧平面(∥W，⊥H 和 V)
直观图	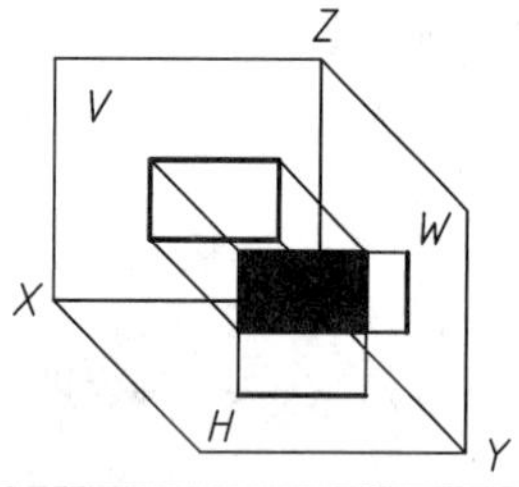	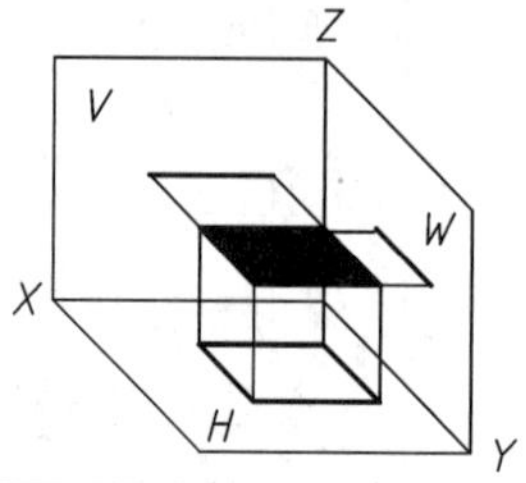	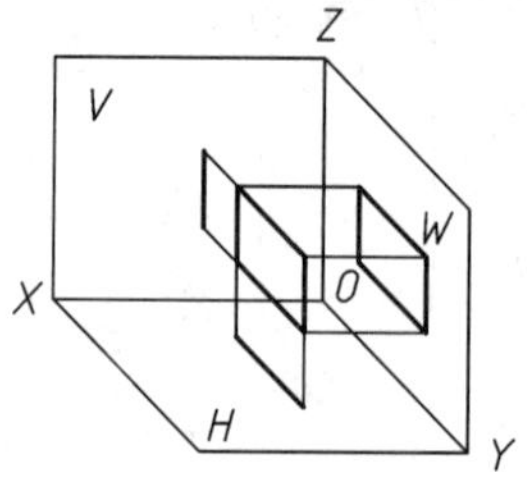
投影图	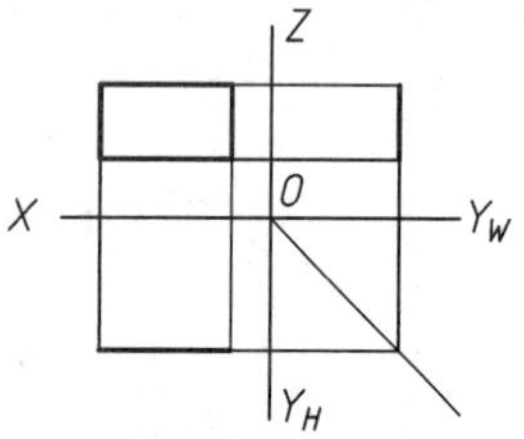	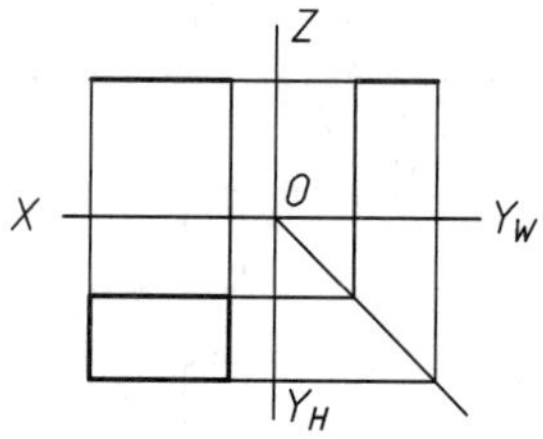	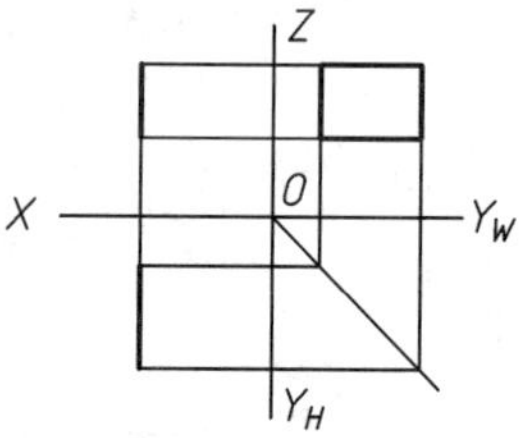
应用举例	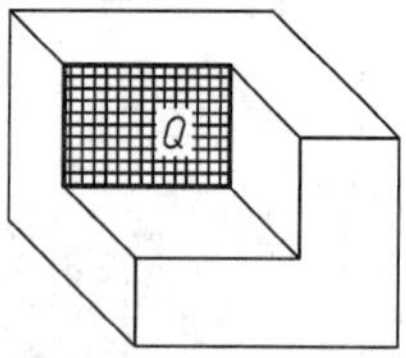	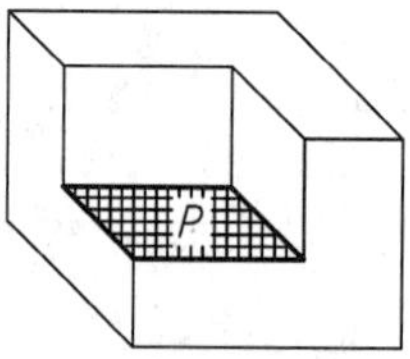	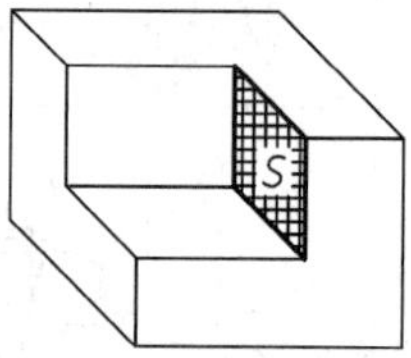
投影特性	(1) 正面投影反映实形。 (2) 其他两个投影积聚成直线，且分别平行于 OX、OZ 轴	(1) 水平投影反映实形。 (2) 其他两个投影积聚成直线，且分别平行于 OX、OY 轴	(1) 侧面投影反映实形。 (2) 其他两个投影积聚成直线，且分别平行于 OY、OZ 轴
	小结：(1) 在所平行的投影面上的投影反映实形。 (2) 其他两个投影积聚成直线，且分别平行于相应的投影轴		

画图时，对于投影面平行面，一般应先画出反映实形的那个投影。读图时，只要给出平面图形的一个线框和另一个平行投影轴的积聚投影，就可以判断其为投影面平行面，且平行于线框所在的投影面。

(三) 平面上的直线和点

1. 取属于平面的直线

若直线属于平面，则该直线必通过该平面内的两个点，或该直线通过该平面内的一个点，且平行于该平面内的另一已知直线；反之，若直线通过平面内的两个点，或该直线通过该平面内的一个点，且平行于该平面内的另一已知直线，则该直线必属于该平面。

如图 2-34(a)所示，平面 P 由相交两直线 AB、BC 确定，M、N 两点属于平面 P，故直线 MN 属于平面 P。在图 2-34(b)中，L 点属于平面 P，且 KL∥BC，因此，直线 KL 属于平面 P。

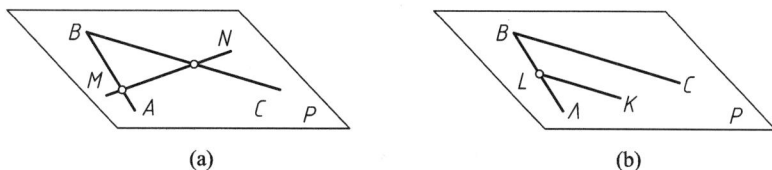

图 2-34　平面上的点和直线

例 2-5　作一从属于平面 ABC 的水平线(见图 2-35(a))。

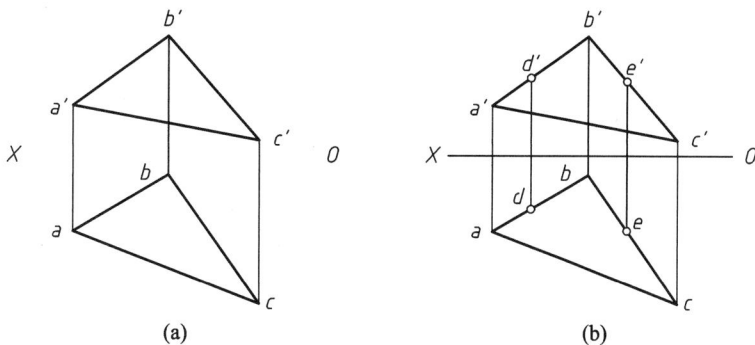

图 2-35　平面上的直线

作图分析：

(1) 由于水平线的正面投影平行于 X 轴，因此可先在 V 面投影图中任作一 X 轴的平行线。

(2) 该线交于平面 ABC 正面投影的两点为 d' 点和 e' 点，连接这两点。再按点的投影规律将此两点对应到 H 面投影图中相应的线上，得到 d 点和 e 点，连接此两点即为所求。

2. 取属于平面的点

点属于平面的几何条件是：若点属于平面的一条直线，则该点必属于该平面。因此，求属于平面的点，首先应找属于平面的线，再找属于该线的点。

例 2-6　已知△ABC 平面的点 E 的正面投影 e'，试求它的另一面投影(见图 2-36(a))。

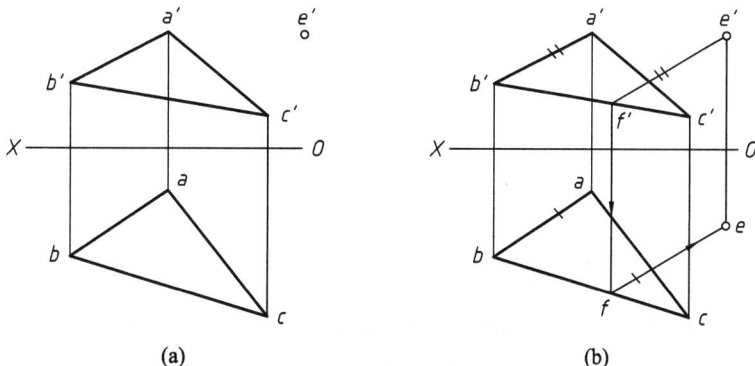

图 2-36　平面的点

分析：(1) 过点 E 作直线 EF 平行于 AB，即过 e' 作 $e'f'$ // $a'b'$，交 $b'c'$ 于 f'。

(2) 求出水平投影 f，过 f 作直线平行于 ab，与过 e' 作 OX 轴的垂线交于 e，即为 E 的水平投影(见图 2-36(b))。

四、任务实施

已知一平面 $ABCD$，判别点 K 是否在平面上；已知平面上一点 E 的正面投影 e'，作出其水平投影 e(见图 2-31)。

分析：判别一点是否在平面上以及在平面上取点，都必须先在平面上取直线。

作图(见图 2-37)：(1) 连接 $c'k'$，并延长与 $a'b'$ 交于 f'，由 $c'f'$ 求出其水平投影 cf，则 CF 是平面 $ABCD$ 上的一条直线。若点 K 在 CF 上，则 k、k' 应分别在 cf、$c'f'$ 上。从作图中得知 k 不在 cf 上，所以点 K 不在平面上。

(2) 连接 a'、e' 与 c'、d' 交于 g'，由 $a'g'$ 求出水平投影 ag，则 AG 是平面上的一条直线，若点 E 在平面上，则 E 应在 AG 上，所以 e 应在 ag 上，因此过 e' 作投影连线与 ag 延长线的交点 e 即为所求点 E 的水平投影。

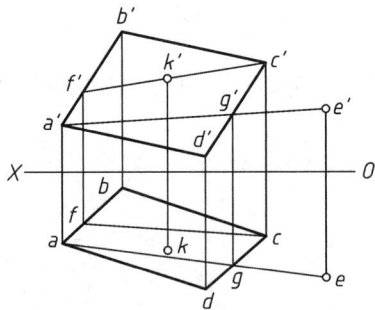

图 2-37　平面上的点

任务五　直线与平面及两平面之间的相对位置关系

一、学习目标

(1) 理解直线与平面平行的判别依据。

(2) 能判别直线与平面、两平面之间的相互位置关系。

二、工作任务

求一般位置平面△ABC 与 $DEFG$ 的交线，并判断可见性(见图 2-38)。

三、相关理论知识

(一) 直线与平面平行、两平面平行

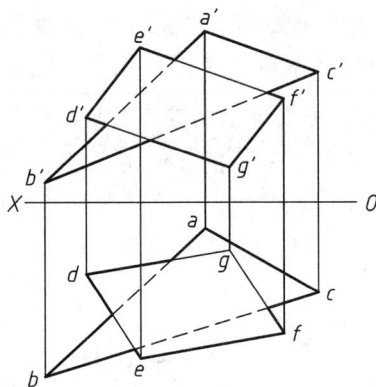

图 2-38　平面的交线

1. 直线与平面平行

直线与平面平行问题的作图依据：若一条直线平行于平面内的一条直线，则直线与该平面平行；反之，若直线与平面平行，则在该平面内定可作一条直线平行于此直线(见图 2-39)。

显然，若直线平行于投影面平行面或垂直面，那么平面具有积聚性的投影与该直线的同面投影必平行；反之亦然。

例 2-7　判断直线 AB 与△LMN 是否平行(见图 2-40)。

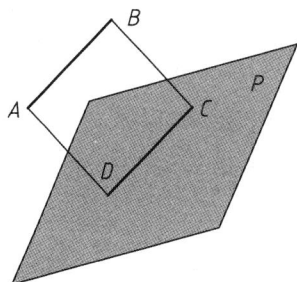

图 2-39　直线与平面平行　　　　　　　　图 2-40　判断直线 AB 与△LMN 是否平行

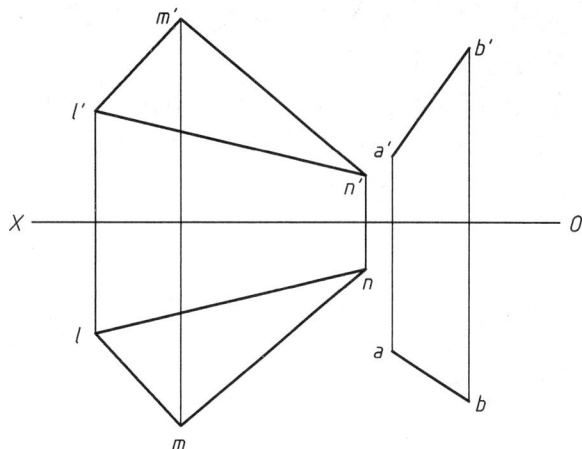

分析：在△LMN 上任作一条辅助直线 CD，使它的正面投影 c′d′∥a′b′，再求出水平投影 cd。然后判断 cd 与 ab 是否平行。若 cd 与 ab 平行，则直线 AB 平行于△LMN；若 cd 与 ab 不平行，则直线 AB 不平行于△LMN。

作图步骤：

(1) 在△LMN 正面投影上作 c′d′∥a′b′。

(2) 求出水平投影 cd，因 cd 与 ab 不平行，则可断定 AB 与△LMN 不平行。

例 2-8　过 A 点作一正平线平行于已知△BCD 面(见图 2-41)。

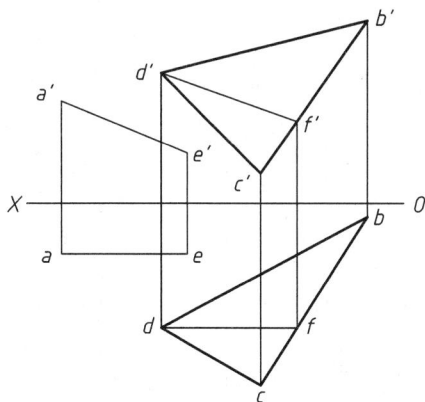

图 2-41　过 A 点作一正平线平行于已知△BCD 面

分析：过平面外一点可作无数条直线平行于该平面，但本题要作一正平线与△BCD 平行，所以在平面上与它平行的一定是平面上的正平线。

作图步骤：

(1) 在△ABC 面内作一条正平线 DF(使它的水平投影 df∥OX，并作出正面投影 d′f′)。

(2) 经过 A 点作直线 AE∥DF(作 ae∥df 和 a′e′∥d′f′)，AE 即为所求。

2. 平面与平面平行

平面与平面平行问题的作图依据：若一平面内两条相交直线对应地平行于另一平面内

的两条相交直线，则该两平面相互平行；反之，若一对相交直线对应平行，则每对相交直线所确定的平面平行(见图 2-42)。

显然，若两个投影面平行面或垂直面相互平行，那么它们具有积聚性的那组投影必平行。

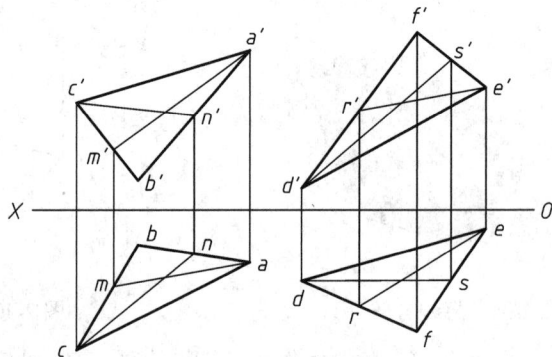

例 2-9 试判断两已知平面 ABC 和 DEF 是否平行(见图 2-43)。

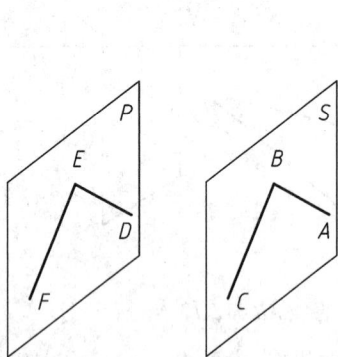

图 2-42　平面与平面平行　　　图 2-43　试判断两已知平面 ABC 和 DEF 是否平行

分析：先在 ABC 面上取两条相交直线，然后在 DEF 面上试图取两条对应平行的另两条相交直线，若成功则可判定这两个平面平行，否则不平行。为作图方便，这两条相交直线可取成水平线和正平线。

作图步骤：

(1) 在 ABC 面上作水平线 CN 和正平线 AM。

(2) 在 DEF 面上作一条水平线 ER，判断 ER // CN，再作一条正平线 DS，判断 DS // AM，由此可断定平面 ABC 和 DEF 是平行的。

例 2-10 AB 与 CD 决定一平面，过 K 点作一平面平行于已知平面(见图 2-44)。

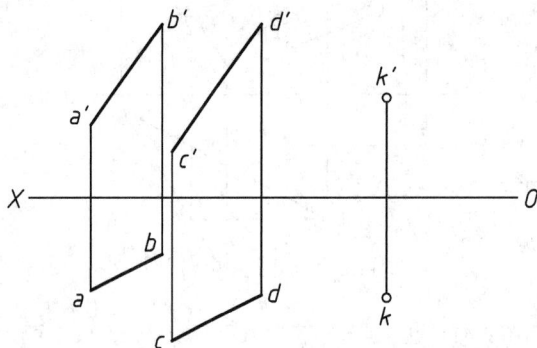

图 2-44　过 K 点作一平面平行于已知平面

分析：过 K 点作一对相交直线，只要是平行于已知平面的一对相交直线，所作的这对相交直线便可表示所求的平面。

作图步骤：

(1) 过 K 点作直线 EF // AB(ef // ab，e'f' // a'b')。

(2) 在已知平面上任作一直线 MN，过 K 点作直线 GH // MN(gh // mn，g'h' // m'n')。

(二) 直线与平面及两平面相交

1. 特殊位置的直线或平面相交

直线与平面相交只有一个交点，它是直线和平面的共有点，它既属于直线又属于平面。

特殊位置的相交问题是指相交的两要素(直线或平面)中至少其一是垂直于投影面的。此时该要素的一个投影具有积聚性，因此利用积聚性在该投影上可直接确定它们的交点或交线的位置。然后用直线上取点、平面上取点和线的作图方法求出交点、交线的另一投影。

1) 直线与平面相交

例2-11 求直线 MN 与铅垂面三角形 ABC 的交点，并判断可见性(见图2-45(a))。

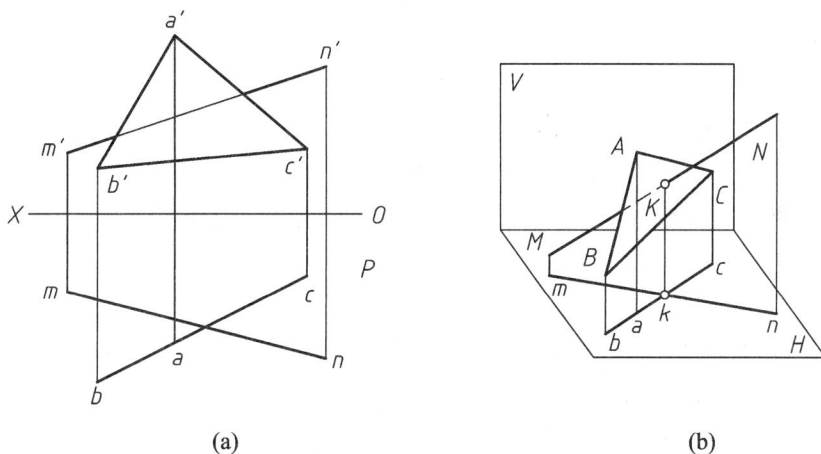

(a)   (b)

图2-45 直线与特殊位置平面的交点

分析：直线 MN 与铅垂面 $\triangle ABC$ 的交点 K 既属于 $\triangle ABC$ 又属于直线 MN，$\triangle ABC$ 在水平投影面上的投影积聚成一条直线。因此它们的交点 K 的水平投影为 MN 与 $\triangle ABC$ 水平投影 mn 与 abc 的交点 k，然后在 $m'n'$ 上找出对应于 k 的正面投影 k'。点 $K(k, k')$ 即为直线 MN 和 $\triangle ABC$ 的交点。

利用直线 MN 与 $\triangle ABC$ 对正面投影的重影点 Ⅰ、Ⅱ 判断它们正面投影的可见性。由水平投影可以看出，属于 $\triangle ABC$ 的点 Ⅰ 在前、属于直线 MN 的点 Ⅱ 在后，故直线 MN 上交点右侧可见，画实线；左侧不可见，画虚线。

2) 平面与平面相交

例2-12 求一般位置平面 $\triangle ABC$ 与铅垂面 $\triangle DEF$ 的交线，并判断可见性(见图2-46(a))。

分析：由空间分析可知，当两平面相交时，分别求出一个平面上的两条直线和另一个平面的交点，两交点的连线即为两平面的交线。因此，本题将分别求出 $\triangle ABC$ 上的直线 BC 和 AC 与铅垂面 $\triangle DEF$ 的交点 K、L，连接 KL 即为所求(见图2-46(b))。

利用 $\triangle ABC$ 与 $\triangle DEF$ 对正面投影的重影点 Ⅰ、Ⅱ 判断它们正面投影的可见性。由水平投影可以看出，属于 $\triangle ABC$(上的 BC)的点 Ⅰ 在前、属于 $\triangle DEF$(上的 DF)的点 Ⅱ 在后，故在交线右侧 $\triangle ABC$ 可见，画实线；而左侧不可见，画虚线。

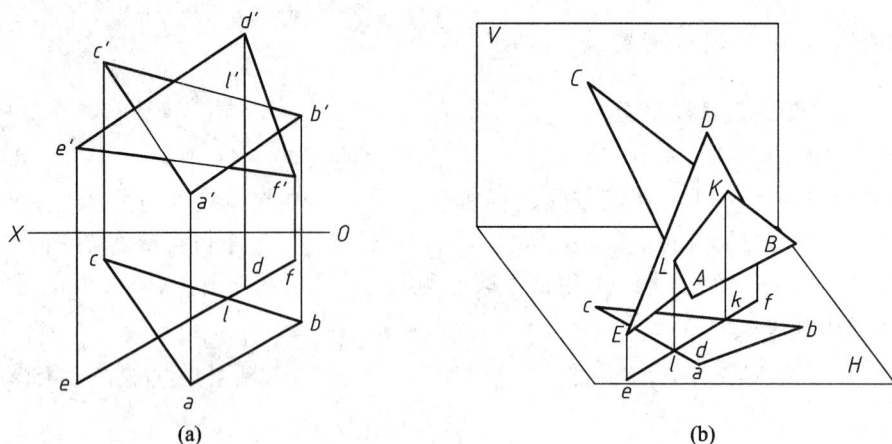

(a)　　　　　　　　　(b)

图 2-46　一般位置平面与特殊位置平面的交线

2. 一般位置的直线或平面相交

一般位置的直线或平面相交问题是指相交的两要素(直线或平面)均不垂直于投影面，它们的投影都没有积聚性，因此在投影图上不能直接定出交点或交线，而必须采用辅助平面法求解。

1) 直线与平面相交

例 2-13　求直线 DE 与一般位置平面 $\triangle ABC$ 的交点，并判断可见性(见图 2-47)。

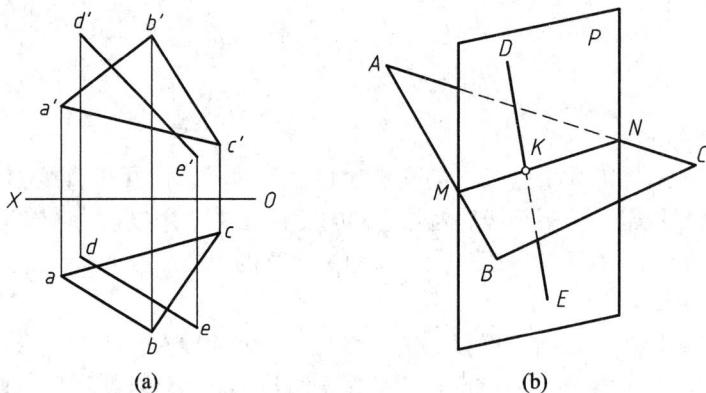

(a)　　　　　　　　　(b)

图 2-47　一般位置直线与平面的交点

分析：假设点 K 为直线 DE 与平面 $\triangle ABC$ 的交点，则点 K 必属于 $\triangle ABC$ 面上过 K 点的无数条直线(如 MN、FG、LV 等)，只要过 DE 任作一辅助平面 P，求出平面 P 与已知平面的交线(如 MN)，则直线 DE 与交线 MN 的交点即为所求。为了便于作图，应选辅助平面为特殊位置平面。

作图步骤：

(1) 包含 DE 作铅垂面 P，用迹线表示。

(2) 求铅垂面 P 和 $\triangle ABC$ 的交线 MN。

(3) 求交线 MN 和 DE 的交点 K，即为所求直线与平面的交点(见图 2-47(b))。

(4) 判断可见性。

求出交点 K 后，直线和平面在 V、H 面投影的可见性必须分别进行判断。

判断 V 面投影的可见性：在直线 DE 和△$ABC(AC)$上取对 V 面的重影点Ⅲ、Ⅳ，在 H 面投影 3 在 4 之前，则点Ⅲ在点Ⅳ之前，因此以交点为界在重影点一侧△ABC 在前，可见，DE 在后，不可见，另一侧相反。

判断 H 面投影的可见性：在直线 DE 和△$ABC(AC)$上取对 H 面的重影点Ⅱ、Ⅵ，在 V 面投影 2 在 5 之上，则点Ⅱ在点Ⅵ之上，因此以交点为界在重影点一侧△ABC 在上，可见，DE 在下，不可见，另一侧相反。

2) 平面与平面相交

平面与平面相交，交线为直线，它是两平面的共有线。交线可以由两平面的两个共有点或一个共有点及交线的方向确定。

用辅助平面法求两平面的共有点有以下两种思路：

(1) 利用求一般位置的直线与平面交点的方法。

此方法是在相交两平面内取两条直线，分别求出它们与另一平面的交点，连接这两个交点，该直线即为两平面的交线。

(2) 运用"三面共点"的原理作辅助面法。

图 2-48 为用三面共点求两平面的共有点的示意图。为求两平面的共有点，取任意辅助平面 P 与已知平面 R、S 分别相交于直线Ⅰ Ⅱ和Ⅲ Ⅳ，其交点 K_1 为三面所共有，当然是 R、S 两平面的共有点。同理，作辅助平面 Q 可再找出一个共有点 K_2。K_1K_2 即为 R、S 两平面的交线。为方便作图，辅助平面一般要作成特殊位置平面。

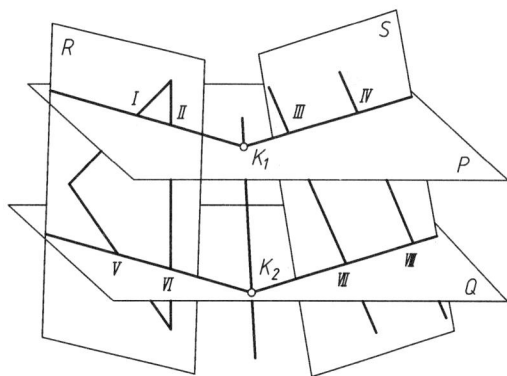

图 2-48 用三面共点法求两平面的共有点的示意图

四、任务实施

求一般位置平面△ABC 与 $DEFG$ 的交线，并判断可见性(见图 2-38)。

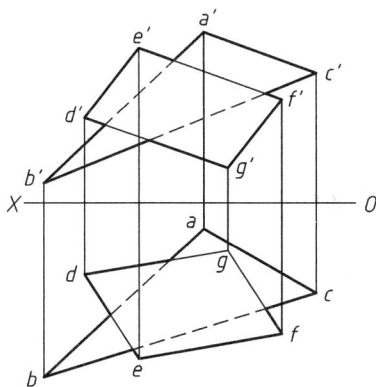

图 2-38 两一般位置平面的交线

作图步骤:

(1) 过直线 AB 作正垂面 P_1,求得直线 AB 与四边形 $DEFG$ 平面的交点 K_1。

(2) 过直线 BC 作正垂面 P_2,求得直线 BC 与四边形 $DEFG$ 平面的交点 K_2。

(3) 连接 K_1K_2 即为所求交线。

(4) 判别可见性。

判断 V 面投影的可见性: 在 $\triangle ABC(AB)$ 和 $DEFG(EF)$ 上取对 V 面的重影点 I、II,在 H 面投影 1 在 2 之前,则点 I 在点 II 之前,因此以交线为分界线在重影点一侧 $DEFG$ 在前,可见,$\triangle ABC$ 在后,不可见,另一侧相反。

判断 H 面投影的可见性: 在 $\triangle ABC(AC)$ 和 $DEFG(DE)$ 上取对 H 面的重影点III、IV,在 V 面投影 3 在 4 之上,则点III在点IV之上,因此以交线为分界线在重影点一侧 $DEFG$ 在上,可见,$\triangle ABC$ 在下,不可见,另一侧相反。

项 目 小 结

本项目介绍了正投影的基本知识、点的投影、直线的投影、面的投影,在深入理解并掌握点、线、面的投影规律的同时,应注意利用直线和平面相对关系的特性绘制投影图,为后续课程的学习创造良好的条件。

项目三 立体的投影

任务一 基本体的投影及表面取点

一、学习目标

(1) 掌握基本体的投影。

(2) 掌握在基本体表面取点的方法。

二、工作任务

能灵活运用知识在基本体表面取点。例如，已知图 3-1 圆锥表面上点的投影 1′、2′，求其他两面投影。

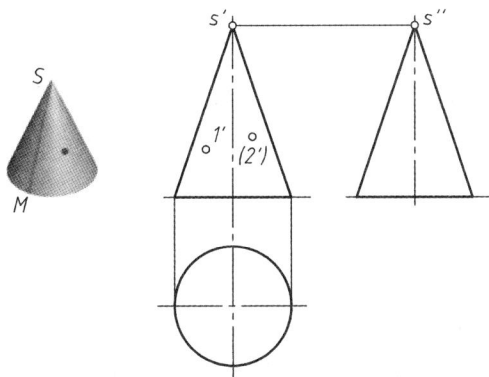

图 3-1 圆锥表面取点

三、相关理论知识

机器上的零件(如图 3-2 所示)有各种各样的结构形状，但不管它们的形状如何复杂，都可看成是由一些简单的基本几何体组合起来的。

按一定规律形成的单一几何体称为基本体。基本体根据其表面的几何性质分为平面立体与几何立体两类。

平面立体是由平面围成的实体，其表面都是平面，如棱柱、棱锥等。

曲面立体是由曲面或者平面和曲面围成的实体，其表面是

图 3-2 零件示例

曲面或者平面和曲面, 机器零件中常见的曲面立体是回转体, 如圆柱、圆锥、圆环、球等。一般画立体的三视图时不画投影轴, 只需要保证立体各点三视图之间符合"长对正、高平齐、宽相等"的投影关系即可。

(一) 平面立体投影及表面上取点

1. 棱柱

1) 棱柱的形成

棱柱是由两个全等的多边形底面、顶面和矩形(直棱柱时)或平行四边形(斜棱柱时)的侧棱面围成的。棱线互相平行且垂直于上下底平面的棱柱称为直棱柱, 上下底平面为正多边形的直棱柱称为正棱柱。

2) 作图步骤

(1) 分析。

因为正六棱柱的顶面和底面为水平面, 所以其水平投影重合为反映实形的正六边形, 正面投影和侧面投影分别积聚为平行于相应投影轴的水平直线段; 前、后两个侧棱面为正平面, 其正面投影反映实形且重合, 水平投影和侧面投影分别积聚为平行于相应投影轴的水平直线段和铅垂直线段; 其余侧棱面都为铅垂面, 它们的水平投影分别积聚成斜线段并重合在正六边形的边上, 正面投影和侧面投影均为类似形(矩形)。

(2) 作图。

① 画对称中心线;

② 画出反映顶、底面实形(正六边形)的水平投影;

③ 根据棱柱的高度按三视图的投影关系画出其余两视图, 如图 3-3 所示。

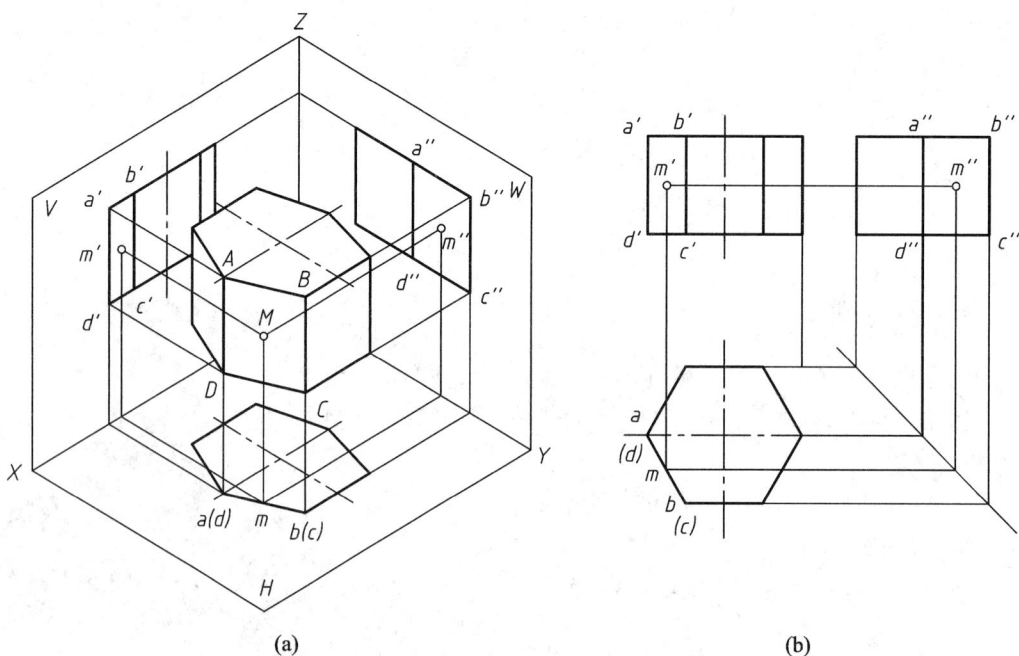

(a)　　　　　　　　　　　(b)

图 3-3　正六棱柱

3) 棱柱表面上的点

由于棱柱的各表面均为特殊位置平面，因此，属于棱柱表面的点的投影，可以利用特殊位置平面投影的积聚性求得。

例 3-1 已知点 M 属于五棱柱表面，并知 M 点的正面投影 m'，求作其他两投影面的投影 m 和 m''。

如图 3-3 所示，首先由 m' 的位置和可见性分析得知，M 点所在的平面 $ABCD$ 是六棱柱的前左侧棱面，该棱面为铅垂面，其水平投影积聚为一条倾斜于 X 轴的斜线，V 面、W 面的投影为两个类似形。因此，M 点的水平投影 m，根据长对正的投影对应关系，必积聚于该棱面的水平投影，M 点的侧面投影 m''，则根据 M 的水平投影 m 和 M 点的正面投影 m'，由高平齐、宽相等的投影对应关系求出。再来判断 M 点投影的可见性，判断的依据是：若点所在表面的投影可见，则点的同面投影也可见；反之不可见。由于该左侧棱面的侧面投影可见，故 m'' 也可见。

2. 棱锥

1) 棱锥的形成

棱锥由几个三角形的侧棱面和一个多边形的底面围成。各侧棱面为共顶点的三角形。

2) 作图步骤

(1) 分析。

以四棱锥为例，如图 3-4(a)所示，四棱锥的底面是水平面，俯视投影反映实形，即矩形，四个侧面分别是侧垂面和正垂面，分别在左视图和主视图积聚为直线，另外两个投影是类似形，即三角形。

(2) 作图。

① 画出四棱锥的对称中心线和底平面的三个投影图，以确定各视图的位置，如图 3-4(b)所示。

② 根据四棱锥的高度，确定锥顶的投影，如图 3-4(c)所示。

③ 作底平面各点与锥顶同名投影的连线，即为四棱锥的三面投影图，如图 3-4(c)所示。

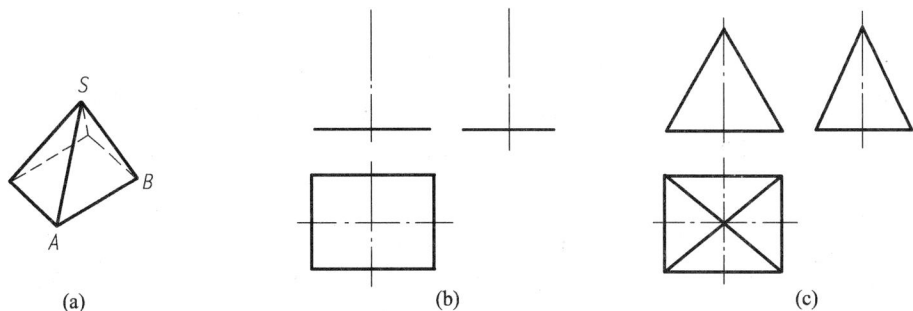

(a)   (b)   (c)

图 3-4 四棱锥

3) 棱锥表面的点的投影

和棱柱不同的是，棱锥每个平面不一定都是特殊位置平面。因此，求属于棱锥表面上点的投影时，首先要判断点所在的棱锥表面是属于什么位置的平面。若点属于特殊位置平面，则求点的投影时就要利用平面投影的积聚性；若点属于一般位置平面，则利用点属于平面的条件，通过作辅助线的方法求得点的投影。

例 3-2   已知点 M 和点 N 属于三棱锥表面，并知 M 点的正面投影 m' 及 N 点的水平投影 n，求作 M 点和 N 点的其他两面投影 m 和 m'' 及 n' 和 n''。

作图：通过分析 m' 的位置可知，M 点所在的表面△SAB 属于一般位置平面，其投影特性在三个投影面的图形都不反映实形的三角形，均没有积聚性。

作图过程：如图 3-5 所示，过顶点 S 作一连接 M 点的辅助线 $S1$，根据直线属于平面的条件，可以求出辅助线 $S1$ 的三面投影，根据点属于直线的投影特性，以及长对正、高平齐的投影关系，求出 M 点的侧面投影 m'' 及水平投影 m。根据 n 的位置和可见性分析可知，N 点所在的棱面△SAC 是一个侧垂面，n'' 就在棱面△SAC 的侧面投影的斜线上，另外两个投影均为不反映实形的三角形。因此 N 点的投影作图过程是：利用平面投影的积聚性，根据宽相等的对应关系，可以求出 N 点的侧面投影图，再根据 n 和 n'' 按三等的对应关系求出 n' 的投影位置。最后判断 M 点、N 点投影的可见性，因为 M 点所在平面的投影都可见，所以 M 点的三个投影都可见。而 N 点所在平面的正面投影不可见，所以 n' 不可见。

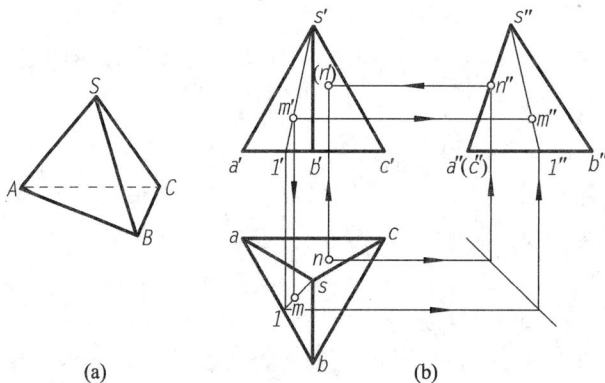

图 3-5   三棱锥及投影

(二) 回转体投影及表面上取点

1. 圆柱

1) 圆柱的形成

圆柱是由一条与轴线平行的母线绕轴线旋转一周形成的，如图 3-6(a)所示。

2) 作图步骤

(1) 分析。

圆柱体的表面构成较为简单。按图中圆柱的摆放位置，上下底为水平面。其水平投影反映实形，V、W 面投影积聚为直线。

由于圆柱面上所有的素线都是铅垂线，因此圆柱面的水平投影积聚为圆。其 V、W 面投影为矩形线框，如图 3-6(b)所示。

(2) 作图。

① 画俯视图的中心线及轴线的正面和侧面投影，如图 3-6(c)所示。

② 画出投影为圆的俯视图。

③ 根据圆柱体的高画出另外两个视图，如图 3-6(d)所示。

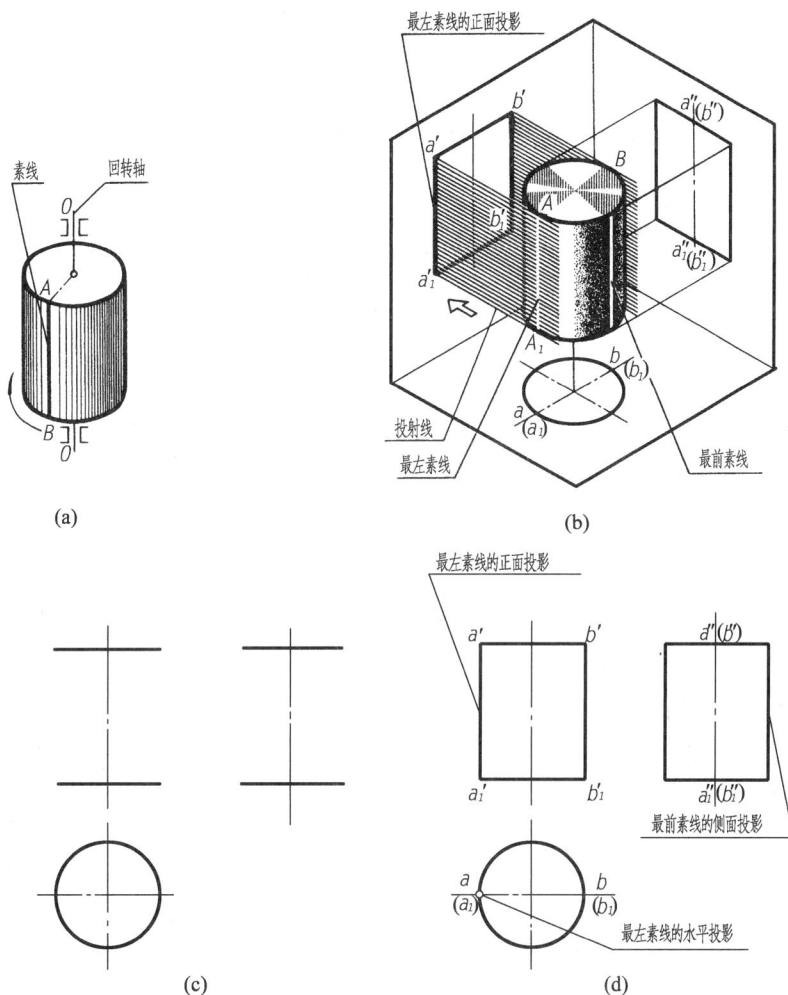

图 3-6 圆柱

3) 属于圆柱表面的点的投影

圆柱共有三个表面，至少有一个投影有积聚性，因此，当求属于圆柱表面的点的投影时，无论其在哪个表面上，都可以利用积聚性求得。

例 3-3 已知圆柱面上 A、B 两点的正面投影 a' 和 b'，求水平投影和侧面投影，如图 3-7 所示。

作图： 由给定的 a' 的位置和可见性，可以判定 A 点位于上前四分之一圆柱面上，所以求 M 点投影的作图过程是：首先利用圆柱面在 W 面的投影的积聚性，

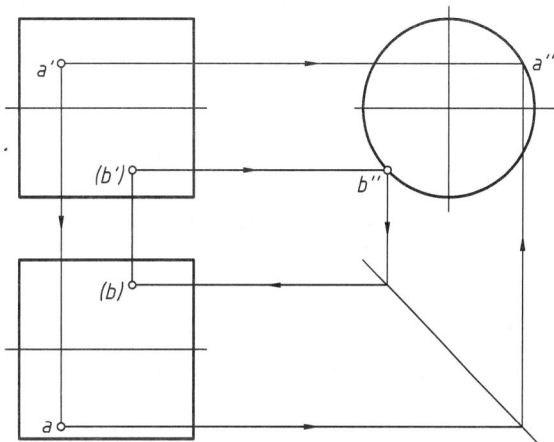

图 3-7 圆柱表面取点

按高平齐的投影对应关系求出积聚于圆周的 a''，然后分别由 a 及 a''，按长对正、宽相等的投影对应关系求出 a。求 B 点的投影作图过程可参考上例自行分析。其投影的可见性如图 3-7 所示。

2. 圆锥

1) 圆锥的形成

圆锥的表面是由圆锥面与底面平面所组成的。圆锥面是由一直母线绕与其相交的轴线回转形成的，如图 3-8(a)所示。

2) 作图步骤

(1) 分析。

如图 3-8(b)所示，圆锥底面是水平面，俯视图为圆，圆锥面俯视图投影重影在圆锥底面投影上，其主视图和左视图为等腰三角形，其两腰分别为圆锥表面上的最左、最右、最前、最后一素线，是圆锥表面在主视图和左视图上可见性的分界线。

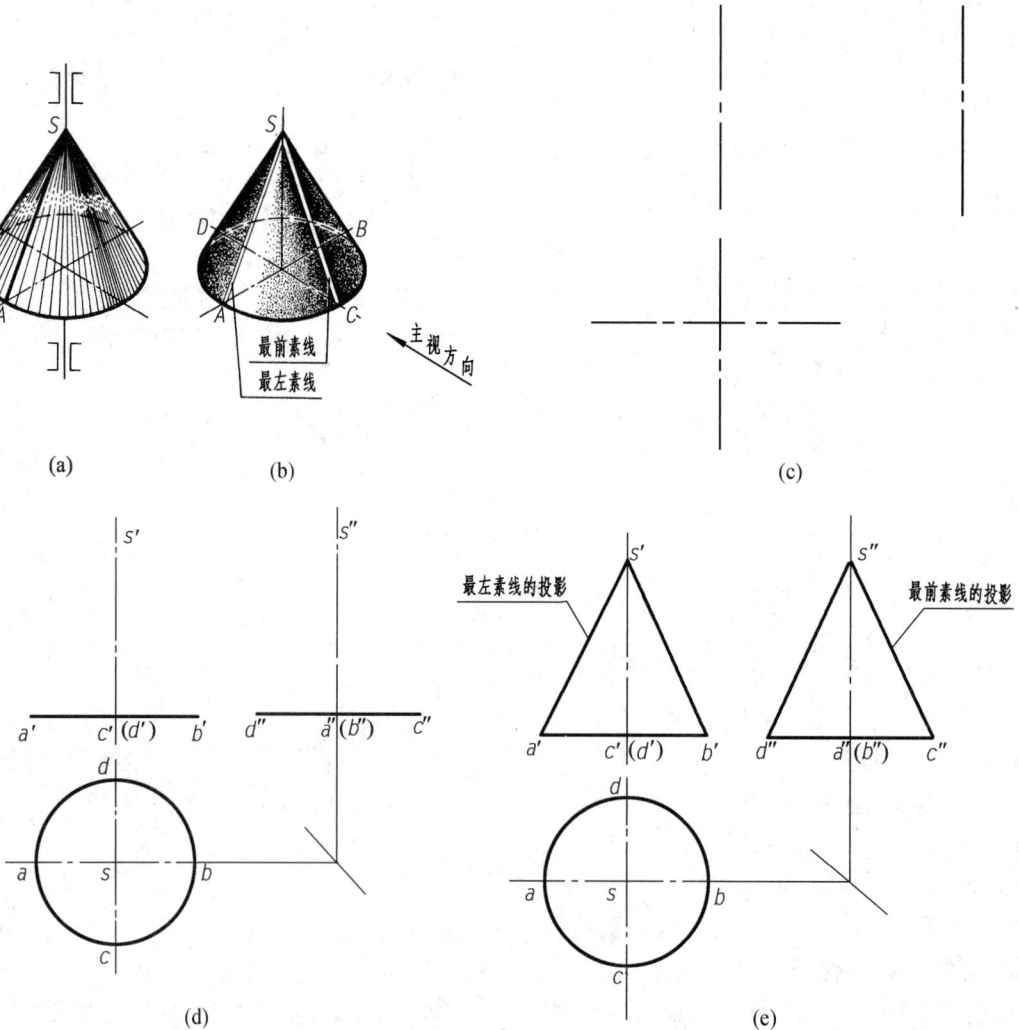

图 3-8　圆锥

(2) 作图。

首先，画出圆锥的轴线、圆的中心线的三个投影，以确定圆锥各图形的位置，如图 3-8(c) 所示。

其次，画出底平面的三个投影图及锥顶的投影图，如图 3-8(d) 所示。

最后，画出圆锥面各转向轮廓线的 V 面投影和 W 面投影，如图 3-8(e) 所示。

由圆锥的投影图可知，其图形特征是：一个投影为圆，其他两个投影为两个相等的等腰三角形。

3) 圆锥表面取点

根据圆锥表面的结构特点，求属于圆锥表面的点的投影时，要根据给定的条件，分析清楚点是位于底平面，还是圆锥面。若点位于底平面，则要利用底平面是特殊位置平面，其投影图形有积聚的特点求得点的投影；若点位于圆锥面，由于圆锥表面的投影图没有积聚性，则要用辅助素线法或者辅助圆法求得点的投影，如图 3-9、图 3-10 所示。

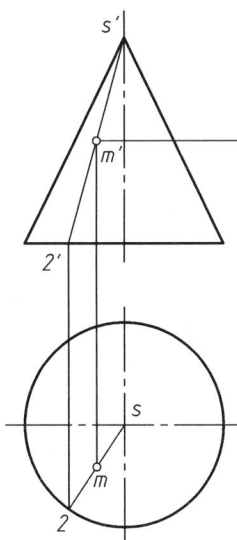

图 3-9　辅助素线法　　　　　　　　图 3-10　辅助圆法

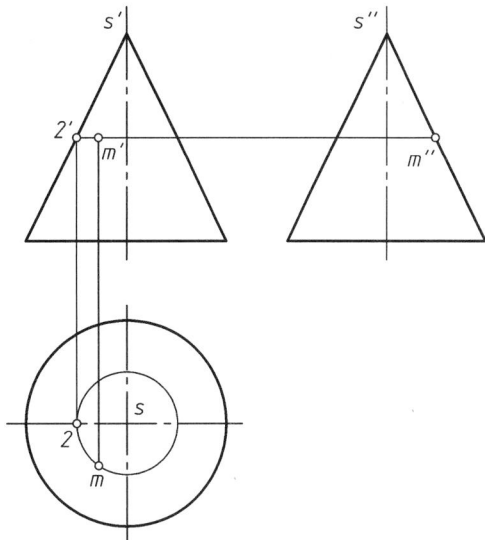

(1) 辅助素线法。

过圆锥的顶点 s' 和 m' 作直线并延长交于底边一点 $2'$，求出 Ⅱ 点的水平投影 2，过 s 和 2 连接直线，M 点的水平投影必然在此直线上，可根据投影规律求出 m'。已知两面投影可根据投影规律求出第三面投影。

(2) 辅助圆法。

辅助圆法可以认为是将圆锥表面任意位置点转化为圆锥底边上的点。很显然，如果点在圆锥的底边，则其投影可直接求出，这是辅助素线法的基础。过所求点作垂直于圆锥轴线的平面，截出一个小圆锥，所求点在小圆锥的底边上。小圆锥的底边的水平投影为以 s 为圆心，以底边的正面投影的长度为直径的圆，从而可求出点的水平投影。

例 3-4　以 B 点为例，已知 b'，求 b，b''，如图 3-11 所示。

作图：(1) 用辅助素线法。

如图 3-11(a)，先过 b' 作出辅助素线的正面投影 $s'p'$，再作出辅助素线的水平投影 sp，接着在 sp 上作出 B 点的水平投影 b，根据 B 点投影之间的对应关系，求出 b''，并判别 b、b'' 的可见性。

(2) 用辅助圆法。

如图 3-11(b)，先过 c' 作辅助纬圆的正面投影，再根据辅助纬圆的投影特点作出其水平投影，接着作出 c，然后根据 C 点投影之间的对应关系，即可求出投影 c''，并判别 c、c'' 的可见性。

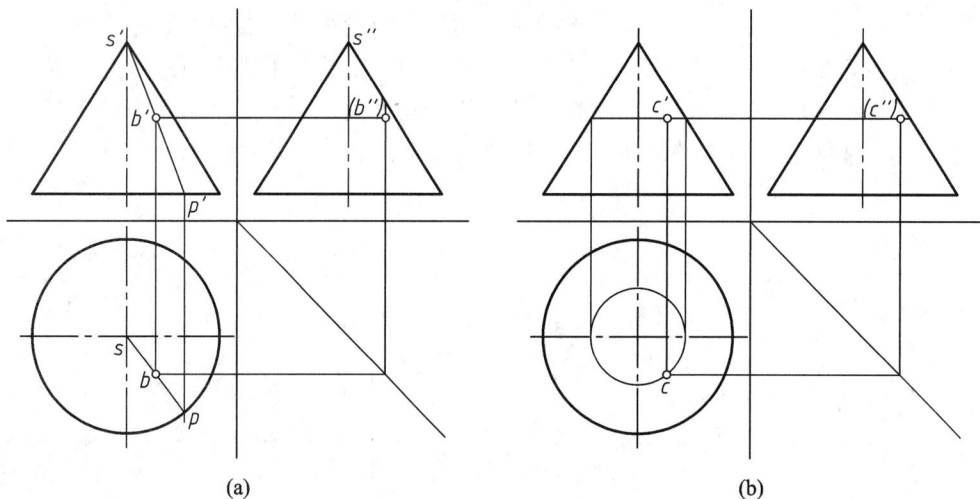

(a)   (b)

图 3-11 圆锥表面上取点

3. 球

1) 圆球的形成

球面可看成是以一圆为母线，以其直径为轴线旋转而成的，如图 3-12 所示。圆球投影图的特征是：三个投影面的投影都是直径相等的圆。

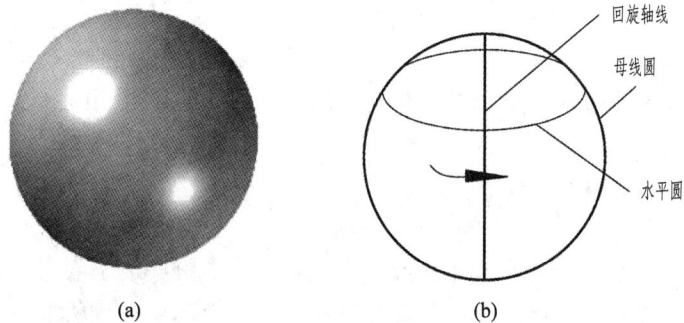

(a)   (b)

图 3-12 圆球的形成

2) 作图步骤

(1) 分析。

如图 3-13(a)，球的三个视图都是与球直径相等的圆，它们分别是球的三个投影的转向轮廓线，也是球面上平行于三个投影面的最大圆的投影。

(2) 作图。

先画出三个圆的中心线，用以确定投影图形的位置，如图 3-13(b)所示。再画出球的各分界圆的图形，如图 3-13(c)所示。

3) 球表面点的投影

由圆球投影图形可知，圆球表面的三个投影图形都没有积聚性，可利用辅助圆法求取属于其表面的点的投影，如图 3-13(d)所示。

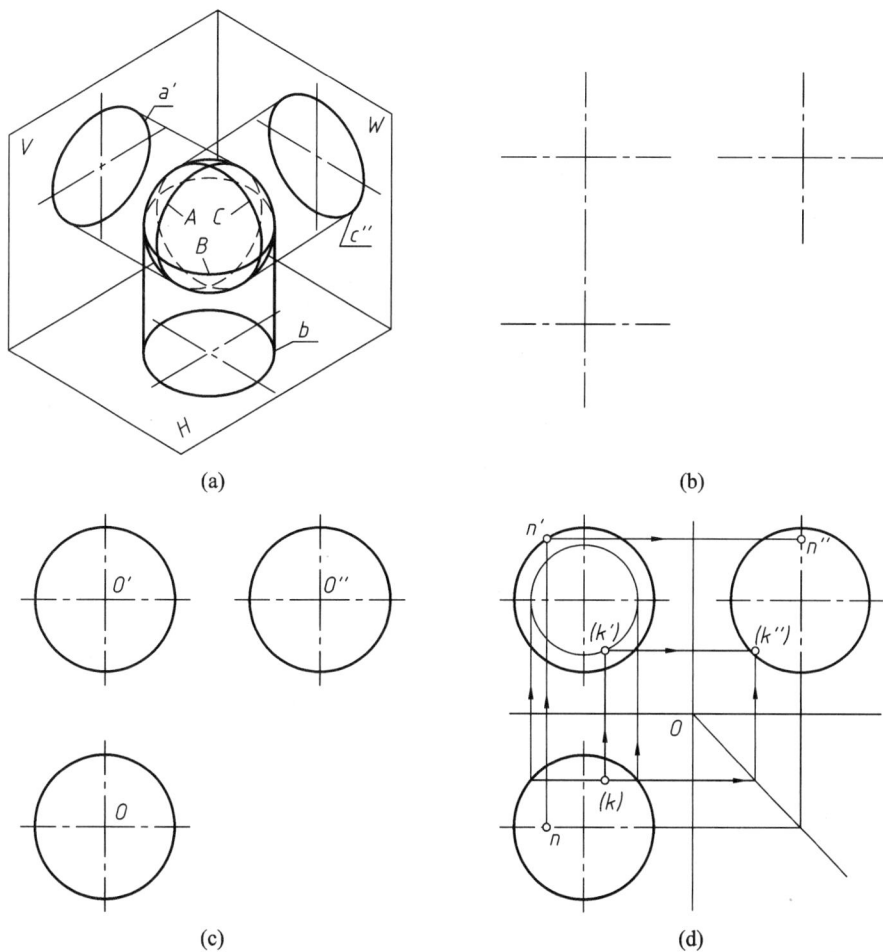

图 3-13　圆球

例 3-5　已知两点 K、N 属于圆球表面，并知 K、N 点的水平投影分别为 k、n，分别求其他投影面的投影，如图 3-13(d)所示。

作图：根据已知条件可知，K 点位于下半球右后位置，利用辅助圆法，过点 K 在球面上作一平行于 V 面的辅助圆，然后过(k)作与 Y 轴平行的直线交 V 面辅助圆于(k')，最后利用三等关系求出 W 面的投影。求 N 点的投影作图过程可参考上例自行分析，如图 3-13(d)所示。

四、任务实施

已知图 3-1 圆锥表面上点的投影 1′、2′，求其他两面投影。

作图：(1) 用辅助素线法。

如图 3-14 所示,过 1′作出辅助素线的正面投影 s′m′,再作出辅助素线的水平投影 sm,接着在 sm 上作出 1 点的水平投影，根据 1 点投影之间的对应关系，求出 1″，并判别 1、1″的可见性。

(2) 用辅助圆法。

如图 3-14 所示，先过 2′作辅助纬圆的正面投影，再根据辅助纬圆的投影特点作出其水平投影，接着作出 2，然后根据 2 点投影之间的对应关系，即可求出投影 2″，并判别 2、2″的可见性。

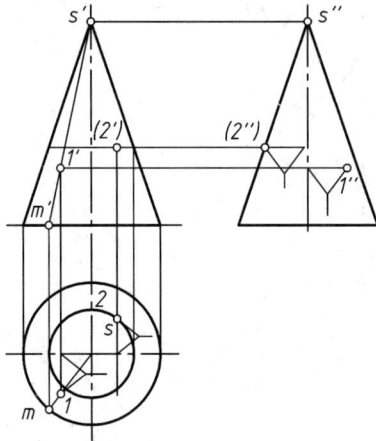

图 3-14   圆锥表面取点

任务二   平面与立体的表面交线(截交线)

一、学习目标

(1) 能绘制平面与平面立体的截交线。
(2) 能绘制平面与回转体的截交线。

二、工作任务

完成图 3-15 所示带缺口三棱锥的俯视图及左视图。

三、相关理论知识

工程上常会遇到这样的机件,它的结构是由基本体被截平面截去一部分或几部分而成的(见图 3-16)。基本体被截平面截切后的部分叫作截断体,截切立体的平面叫作截

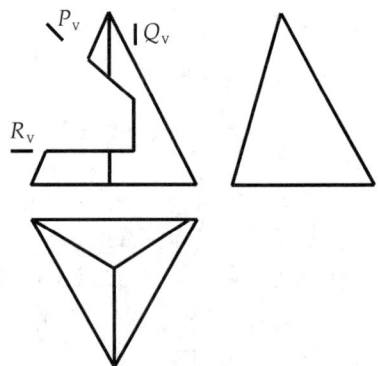

图 3-15   手柄的平面图形

平面，截平面与基本体表面的交线称为截交线。

图 3-16 零件示例

1. 截交线的性质

(1) 共有性：截交线为截平面与立体表面的共有线，交线上的点为截平面与立体表面的共有点。

(2) 封闭性：立体表面是封闭的，所以立体与平面的交线是封闭的平面图形。

截交线的形状主要取决于立体的形状和平面与立体的相对位置，平面与平面立体的交线一般为折线围成的多边形，截平面与曲面立体的交线为直线和曲线，或曲线围成的平面图形。

2. 求空间截交线的方法和步骤

根据截交线的性质，先求截交线的投影，即求出截平面与截断体表面的全部共有点的投影，然后依次光滑连线，则为截交线的投影。

(一) 平面与平面立体的截交线

平面立体的截交线是一个平面多边形，多边形的各个顶点是截平面与平面立体的棱线的交点，截平面与平面立体各棱面的交线是多边形的每一条边，所以求平面立体截交线的投影就是求属于平面的点和线的投影。

1. 棱柱的截交线

已知切口的正面投影，完成图 3-17 所示被切正四棱柱的三视图。

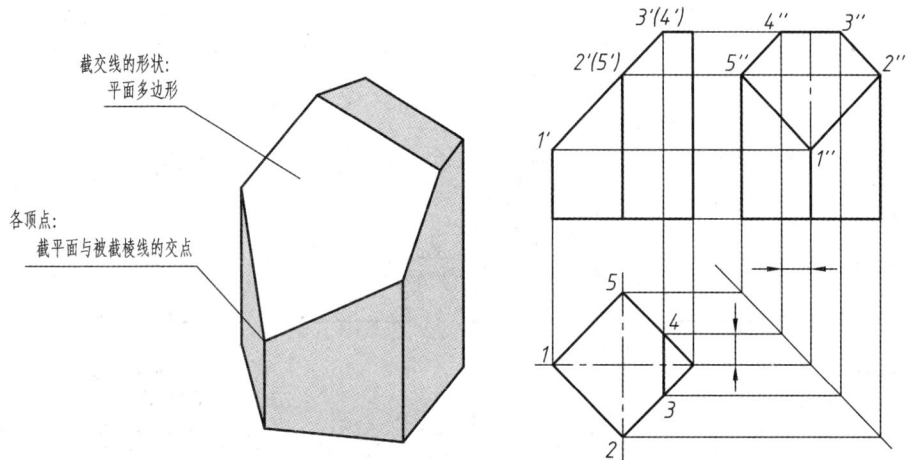

图 3-17 正四棱柱的截交线

作图：(1) 求出截断面各顶点的正面投影；

(2) 求出各点的水平投影、侧面投影；

(3) 整理轮廓线;

(4) 判别可见性,连接同面投影。

2. 棱锥的截交线

例 3-6   求作图 3-18 所示正六棱锥被正垂面截切后的投影。

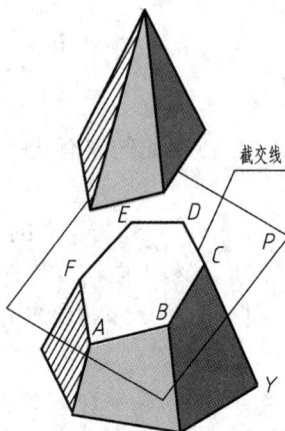

图 3-18   棱锥的截交线

作图步骤:

(1) 分析。

如图 3-18 所示,截交线属于 P 平面,截平面 P 是正垂面,所以它的正面投影有积聚性。因此,只需要作出截交线的侧面投影和水平投影,且其投影为不反映实形边数相等的多边形。

(2) 作图。

首先画出正六棱锥的三视图,由于截平面具有积聚性投影,因此可以找出截交线各顶点的正面投影 a'、b'、…,如图 3-19(a)所示。

根据属于直线的点的投影特性,可以求出各顶点的侧面投影 a''、b''、…及水平投影 a、b、…,如图 3-19(b)所示。依次连接各顶点的同面投影,则为截交线的投影,如图 3-19(c)所示。

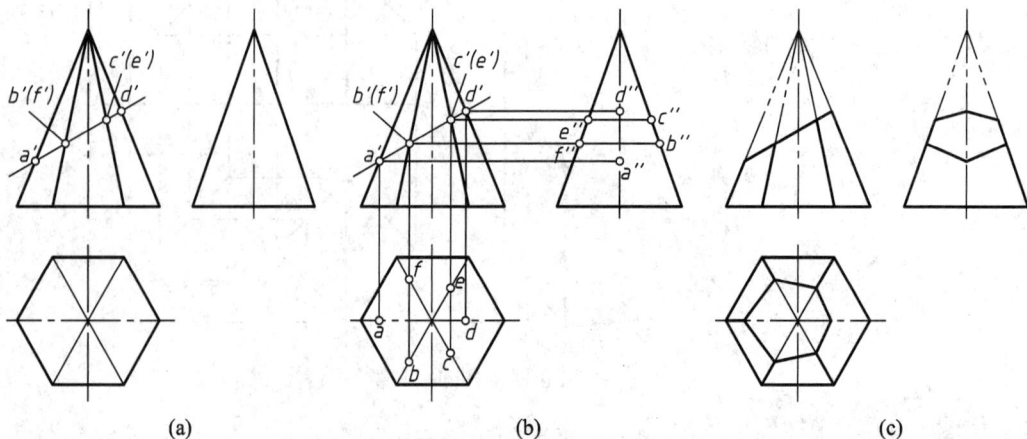

(a)   (b)   (c)

图 3-19   正六棱锥的截交线

(二) 平面与回转体的截交线

曲面立体的表面是由曲面或曲面和平面组成的,它们切割后的截交线一般是封闭的平面曲线或平面曲线和直线围成的平面图形。因此,求曲面立体的截交线,就是求截平面与曲面立体上被截各素线的交点,然后依次光滑连接各点即可。

1. 圆柱的截交线

平面截切圆柱时,根据截平面与圆柱轴线相对位置的不同,截交线有三种情况,见表 3-1。

表 3-1　平面与圆柱相交的三种情况

截平面的位置	平行于轴线	垂直于轴线	倾斜于轴线
截交线的形状	两平行直线	圆	椭圆
立体图			
投影图			

例 3-7　完成被正垂面截切后的圆柱的三视图,如图 3-20 所示。

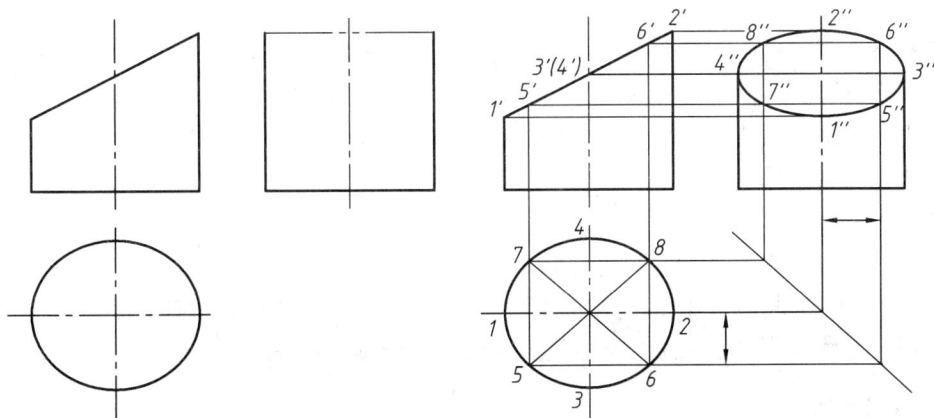

图 3-20　正垂面截切圆柱体

(1) 分析。

截交线的正面投影积聚成直线；俯视图中圆柱面的投影具有积聚性，故截交线的水平投影与圆柱面的积聚投影重合。侧面投影一般情况下为椭圆，其长短轴要根据截平面与轴线的夹角而定(特殊情况即截平面与轴线的夹角为 45° 时，左视图投影为圆)。

(2) 作图。

① 求作特殊点 1、2、3、4。

② 求作一般点 5、6、7、8。

③ 整理轮廓线。

④ 判断可见性，光滑连接各点。

例 3-8　如图 3-21 所示，已知圆柱上通槽的正面投影，求其水平投影和侧面投影。

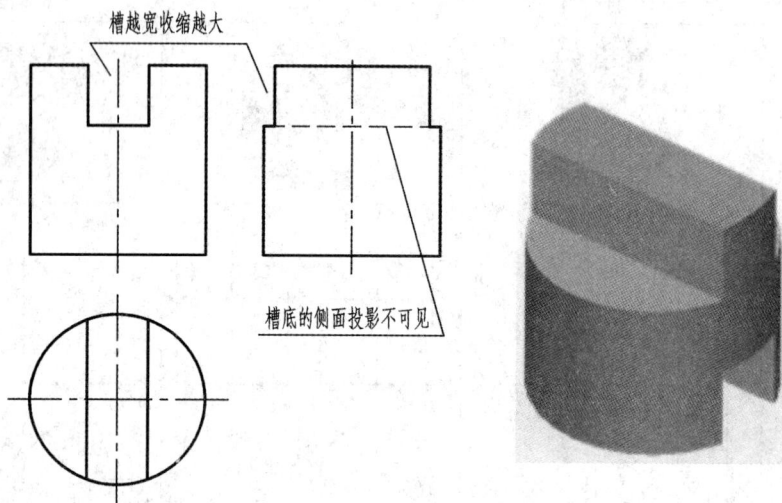

图 3-21　圆柱的截交线

作图步骤：

(1) 分析。

圆柱体上部的槽是由三个截平面形成的，左右对称的两个截平面是平行于圆柱轴线的侧平面，它们与圆柱面的截交线均为两条直素线，与上底面的截交线为正垂线。另一个截平面是垂直于圆柱轴线的水平面，它与圆柱面的截交线为两段圆弧。三个截平面间产生了两条交线，均为正垂线。

(2) 作图。

在水平投影上和正面投影上找出特殊点 1、2、3、4、5、6 和 1′、2′、3′、4′、5′、6′，根据点的投影规律作出 1″、2″、3″、4″、5″、6″，按顺序依次连接各点。

判别可见性：截平面交线的侧面投影不可见，应画成虚线。

2．圆锥的截交线

根据截平面与圆锥轴线的相对位置不同，其截交线有五种不同的形状，见表 3-2。

表 3-2　圆锥的五种截交线

截平面位置	与轴线垂直	过圆锥顶点	平行于任一素线	与轴线倾斜(不平行于任一素线)	与轴线平行
立体图					
投影图					

当截平面与圆锥的截交线为直线或者圆时，求截交线的作图方法很简单。但当截交线为椭圆、双曲线、抛物线时，因为圆锥面的三个投影都没有积聚性，求属于截交线的多个点的投影时，就需要用辅助素线法或者辅助平面法。

例 3-9　求如图 3-22 所示圆锥的截交线的投影。

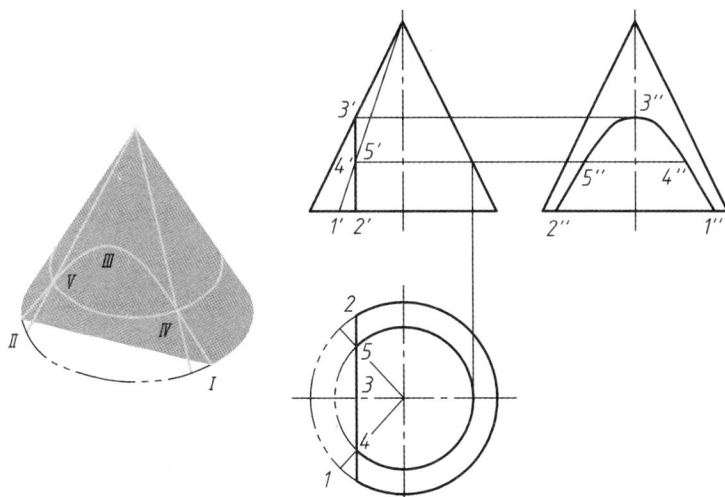

图 3-22　圆锥的截交线

(1) 分析。

因为侧平面与圆锥轴线平行，所以截交线为双曲线。双曲线的正面投影和水平投影分别在侧平面的正面和水平积聚投影上，侧面投影反映实形。

(2) 作图。

用表面取点法求出双曲线的顶点 3(正面投射轮廓线上的点)的侧面投影 3″和Ⅰ、Ⅱ两点(截交线上的最低点)的侧面投影 1″2″，再求出若干一般位置点的投影，如点Ⅳ、Ⅴ的投影 4″、5″。按 1″—4″—3″—5″—2″的顺序连接成光滑曲线，即是截交线的侧面投影。

3．球体的截交线

一个截平面和球体相交只能得到圆弧和圆两种情况，且一般用辅助圆法找各点(见图 3-23)。

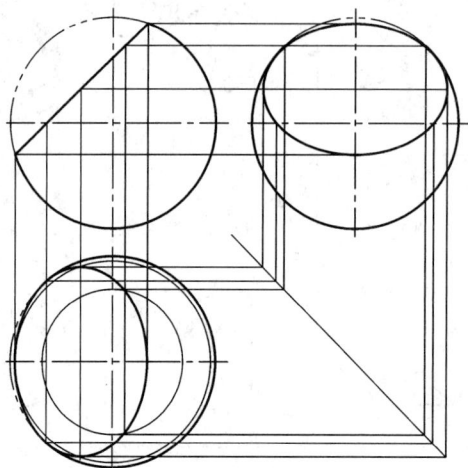

图 3-23　圆球的截交线

例 3-10　已知主视图，完成如图 3-24 所示开槽半圆球的三视图。

(1) 分析。

开槽半圆球的槽的两侧面是侧平面，它们与半圆球的截交线为两段圆弧，侧面投影反映实形；槽底是水平面，与半圆球的截交线也是两段圆弧，水平投影反映实形。

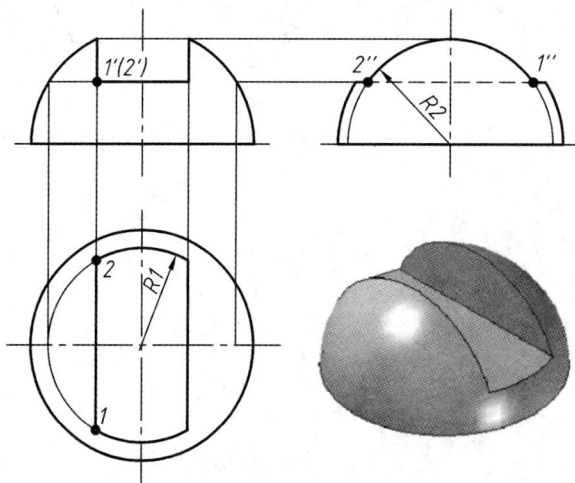

图 3-24　半圆球的截交线

(2) 作图。

① 完成半圆球的三视图。

② 作矩形槽的水平投影，R1 由主视图所示槽深决定。

③ 作矩形槽的侧面投影，R2 由主视图所示槽宽决定。槽底投影的中间部分 1″2″ 不可见，应画成虚线。

四、任务实施

完成图 3-15 所示带缺口三棱锥的俯视图及左视图。

分析过程：(1) 由已知的主视图可知，棱锥的缺口是被 P、Q、R 三个平面截割而成的。

(2) 平面 P 是正垂面，平面 Q 是侧平面，平面 R 是水平面；三棱锥的后棱面是侧垂面，另外两个棱面是一般位置平面。因而可以预见：各个截断面的正面投影分别积聚在 P_V、Q_V 及 R_V 上；由 P 面产生的截断面的水平投影及侧面投影有类似性；由 Q 面产生的截断面的侧面投影反映实形，水平投影是与 Q_V 对应的竖线；由 R 面产生的截断面的水平投影反映实形，侧面投影有积聚性，是与 R_V 对应的一条横线。

(3) 平面 P 与 Q，Q 与 R 各有一条正垂线的交线，所以它们的侧面投影为两条反映实长的横线，水平投影为两条反映实长的竖线。

(4) P 面与棱锥的三个棱面均有交线，其交线的正面投影已知，即 1′—2′、2′—3′ 和 1—(4′)，交线的侧面投影 1″—4″ 和 1″—2″ 容易确定，进而可确定水平投影 1—2 和 1—4；延长 2′—3′ 得点 p_c'，由此作出 2″—p_c''，根据点的投影规律可得 3″ 和 3，因而可得侧面投影 2″—3″ 和水平投影 2—3。

(5) 作 Q 面与棱锥的交线。Q 面与棱锥的两个棱面有交线，其交线的正面投影已知，即 3′—5′ 和 (4′)—(6′)，交线 4″—6″ 容易确定(在后棱面的积聚性侧面投影上)，进一步可确定其水平投影 4—6；延长交线的水平投影 3—5 得点 q_c，根据点的投影规律，由 q_c 可得点 q_c''，根据直线上取点的方法可得 5″ 点，进一步可得水平投影 5，从而可确定交线的水平投影 3—5。

(6) 作 R 面与棱锥的交线。R 面与棱锥的三个棱面均有交线，其交线的正投影和侧面投影均是确定的，根据直线投影规律可确定交线的水平投影。

(7) 作截平面之间的交线。平面 P 与 Q 的交线为 $\text{III}-\text{IV}$，平面 Q 与 R 的交线为 $\text{V}-\text{VI}$，均为正垂线。

作图过程及结果如图 3-25 所示。

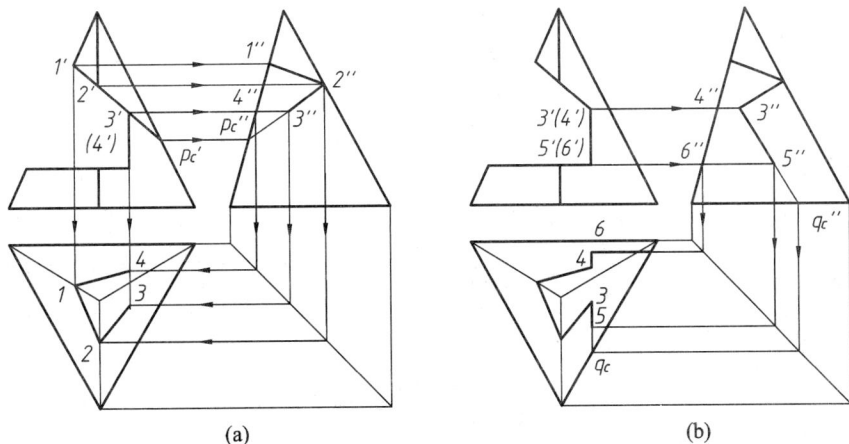

(a)   (b)

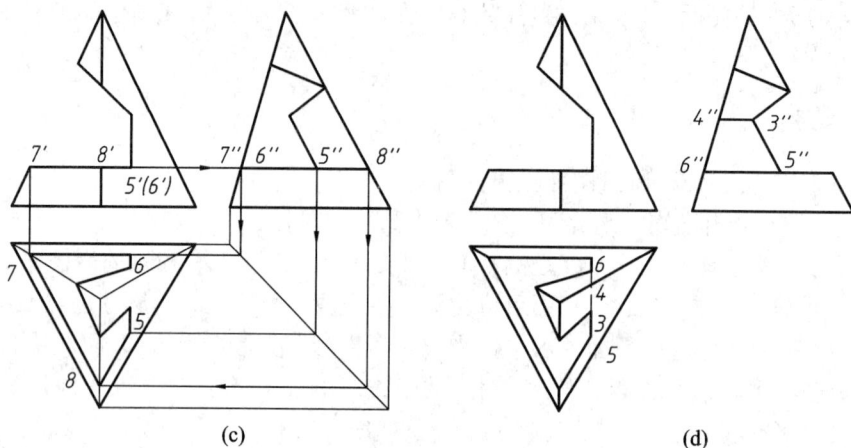

(c)　　　　　　　(d)

图 3-25　作图过程

任务三　回转体的表面交线(相贯线)

一、学习目标

(1) 掌握利用积聚性求作相贯线的方法。

(2) 掌握利用辅助平面求作相贯线的方法。

(3) 了解相贯线的简化画法。

二、工作任务

已知主视图、俯视图,补画图 3-26 所示的左视图。

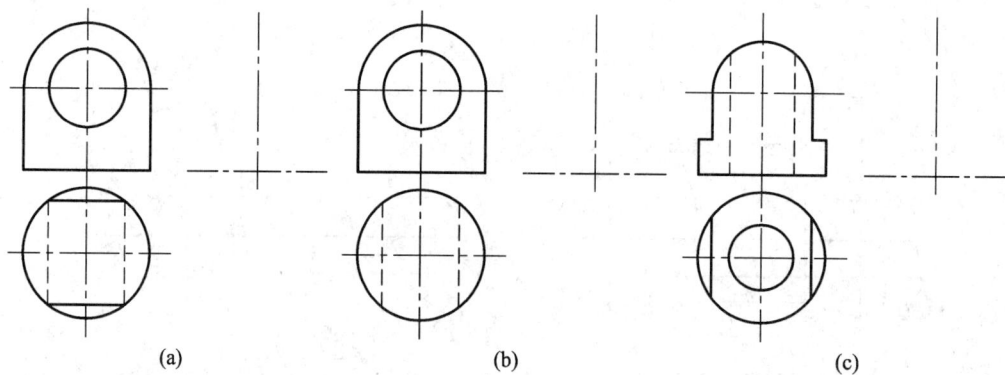

(a)　　　　　　　(b)　　　　　　　(c)

图 3-26　补画左视图

三、相关理论知识

(一) 相贯线的性质及求法

1. 相贯线的形成

两立体相交在两立体表面所产生的交线称为相贯线，如图 3-27 所示。

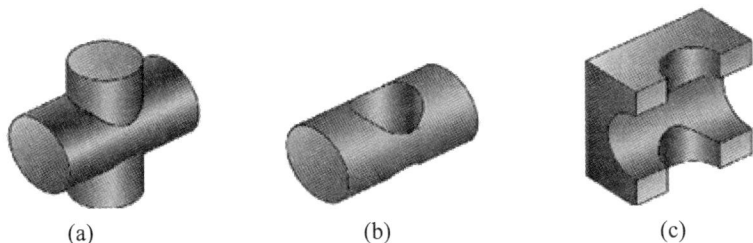

图 3-27 相交立体的表面交线

2. 相贯线的性质

(1) 封闭性：相贯线一般为闭合的空间曲线，特殊情况下是平面曲线或者直线。

(2) 共有性：相贯线是相交两基本体表面共有的线，相贯线上的点都是两曲面立体表面上的共有点。

3. 求相贯线的方法和步骤

求相贯线时，首先对其进行空间及投影分析，分析两相交立体的几何形状、相对位置关系。弄明白相贯线是空间曲线还是平面曲线或者直线。一般情况下，当相贯线为封闭的空间曲线时，可以利用积聚性和辅助平面法；在特殊情况下，当相贯线为封闭的平面曲线时，相贯线可由投影作图直接得出。

1) 利用积聚性求相贯线

因为相贯线是相交两基本体表面的共有线，所以它既属于一个基本体的表面，又属于另一个基本体的表面。若基本体的投影有积聚性，则相贯线的投影一定积聚于该基本体有积聚性的投影上。

例 3-11 已知相交两圆柱直径不等，且轴线垂直正交，求作其相贯线的投影。

作图步骤：

(1) 分析。

直径不同的两圆柱轴线垂直相交，相贯线为前后左右对称的空间曲线。大圆柱的轴线垂直于 W 面，小圆柱的轴线垂直于 H 面。交线在水平面和侧平面上均具有积聚性。

(2) 作图。

首先，利用点的积聚性作出特殊位置(最左、最前、最右、最后)的点(1、2、3、4)的投影，如图 3-28(b)所示。

其次，作出一般位置的点的投影，如图 3-28(c)所示。

然后，判断可见性并光滑连接各点，如图 3-28(d)所示。

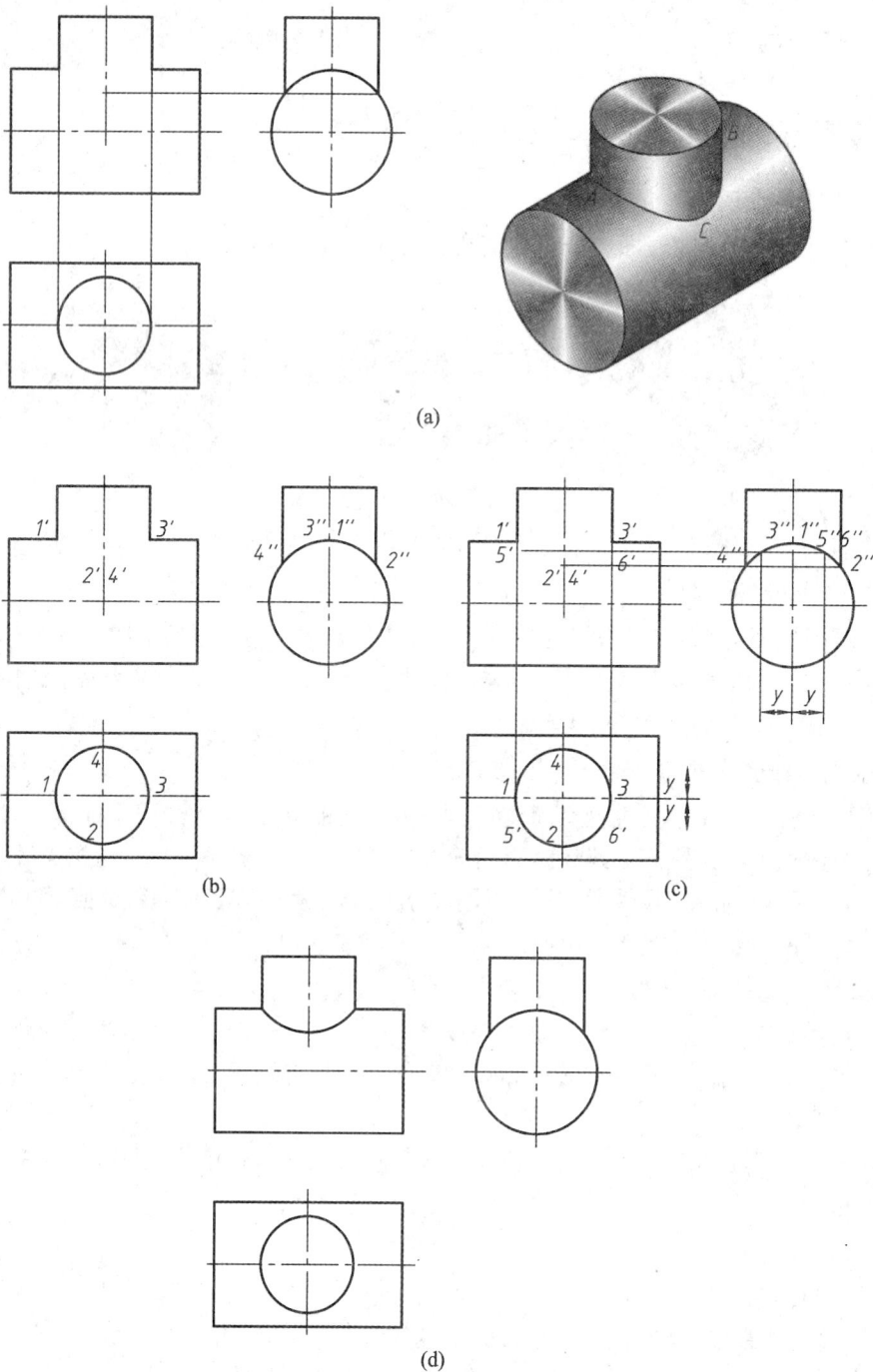

(a)

(b)   (c)

(d)

图 3-28   利用积聚性求相贯线的投影

最后，整理轮廓线，完成全图。

除了两实心圆柱相交外，还有圆柱孔与实心圆柱相交、两圆柱孔相交。其相贯线的形状和作图方法都是相同的，如图 3-29 所示。

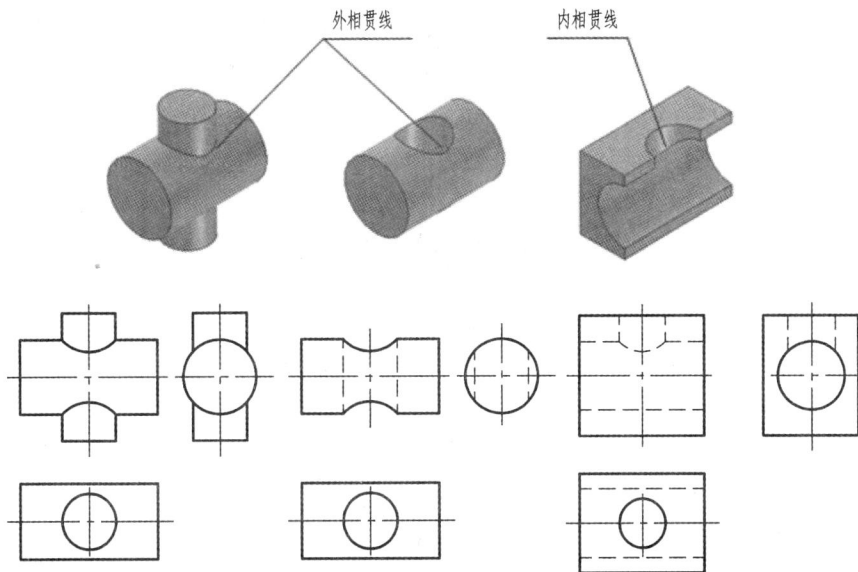

图 3-29　两圆柱相贯 1

两圆柱相对大小的变化对相贯线的影响如图 3-30 所示。

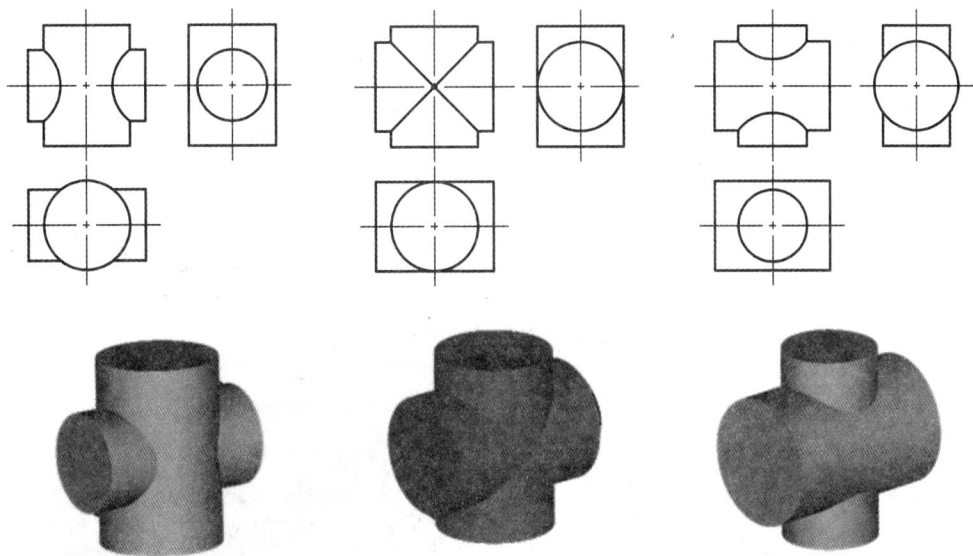

图 3-30　两圆柱相贯 2

2) 利用辅助平面法求相贯线

辅助平面法是求相贯线的基本方法,它是利用三面共点原理求出共有点的。

作一辅助平面,使其同时与相贯的两回转体相交,分别作出辅助平面与两回转体的截交线,这两条截交线的交点必为两形体表面的共有点,即为相贯线上的点。若作出一系列辅助平面,即可得相贯线上的若干个点,依次连接各点,就可得到相贯线。

通常多选用与投影面平行的平面作为辅助平面,如图 3-31 所示。

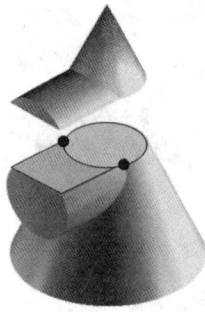

图 3-31 辅助平面法求相贯线的投影

例 3-12 求作图 3-32 所示的圆柱与半圆球的相贯线。

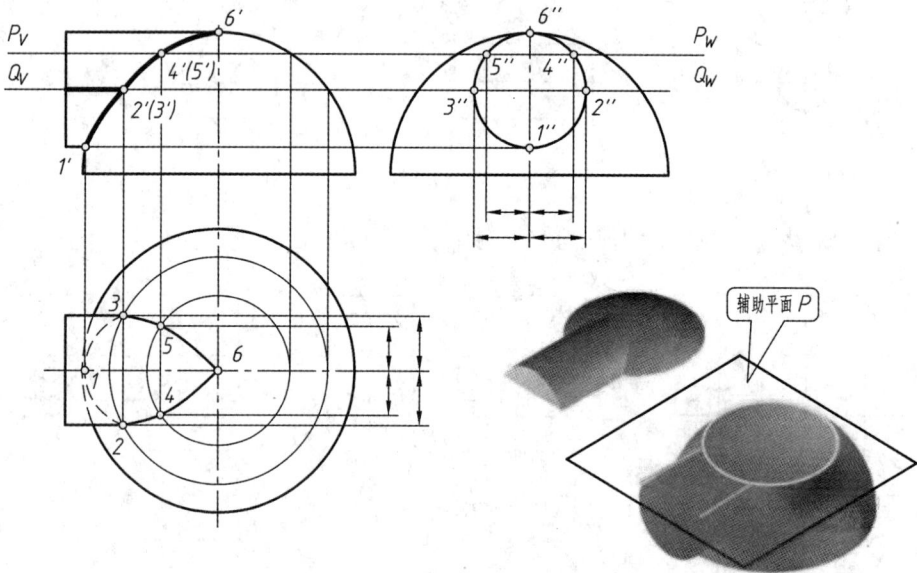

图 3-32 圆柱与半圆球的相贯线

作图步骤:

(1) 分析。

圆柱全部穿入球体,圆柱轴线是一条侧垂线,但是不通过球心,并且它们有公共的前后对称面,因此,相贯线是一条前后对称的空间曲面,侧面投影积聚于圆柱的侧面投影圆上,正面投影和水平投影就必须用辅助作图法求出。

(2) 作图。

① 求特殊点:如图 3-32 所示,因为圆柱侧面投影有积聚性,所以相贯线的侧面投影是圆。从相贯线的侧面投影可知,$1''$、$2''$、$3''$、$6''$ 是相贯线上的特殊点,即最高、最低、最前、最后点。那么可以由点的投影规律求出点 1 和 6。点 2、3 的水平投影可以通过过圆柱轴线作水平面 P 求出(因辅助平面 P 与圆柱交线为圆柱最前和最后素线,是圆柱水平投影的轮廓线,与半球相交为圆,它们的水平交点即为所求的点 2、3)。根据 2、3、$2''$、$3''$ 可求出正面投影 $2'$、$3'$。

② 求一般点:点 $4''$、$5''$ 也可以通过作辅助平面 P 求得,由 4、5、$4''$、$5''$ 可求得正面

投影 4′、5′。同理可以求出其他一般点。

③ 光滑连接点在各面上的投影并判别可见性,即得相贯线的正面投影,如图 3-32 所示。

(二) 相贯线的特殊情况

1. 两相交回转体同轴

若两相交回转体同轴,则其相贯线为垂直于公共回转轴线的圆,如图 3-33 所示。

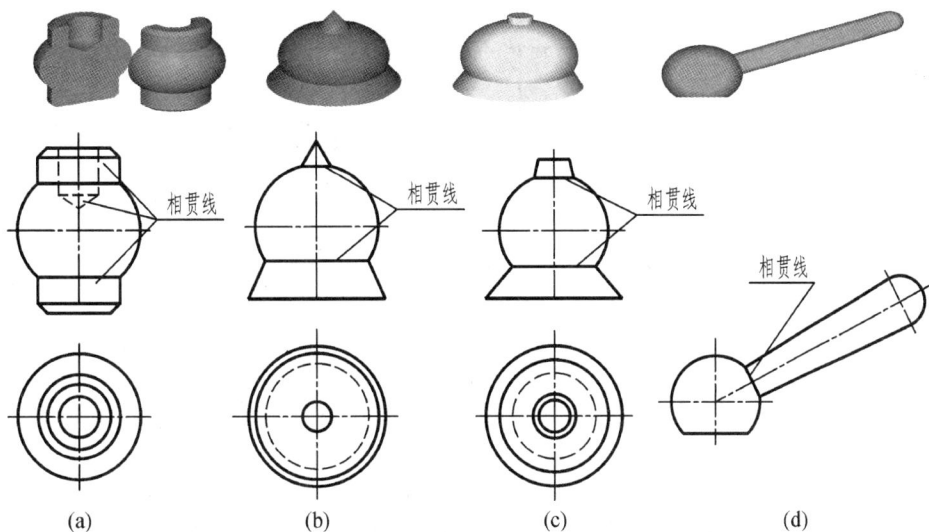

图 3-33 同轴回转体的相贯线

2. 公切于球的两圆柱或圆柱与圆锥相贯

若公切于球的两圆柱或圆柱与圆锥相贯,则其相贯线为椭圆,如图 3-34 所示。

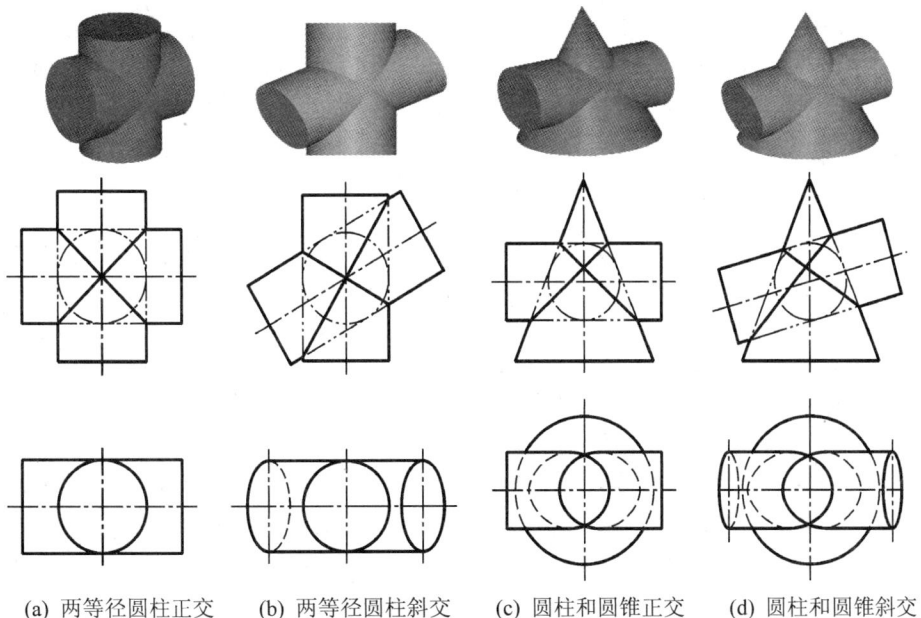

(a) 两等径圆柱正交　　(b) 两等径圆柱斜交　　(c) 圆柱和圆锥正交　　(d) 圆柱和圆锥斜交

图 3-34 公切于球的两圆柱或圆柱与圆锥的相贯线

(三) 相贯线的近似画法

机械制图中，当不需要精确画出相贯线时，可采用近似画法。如图 3-35 所示，若两圆柱的轴线垂直相交，且都平行于某投影面，则其相贯线在该投影面上的投影可用大圆柱半径所作的圆弧来代替。

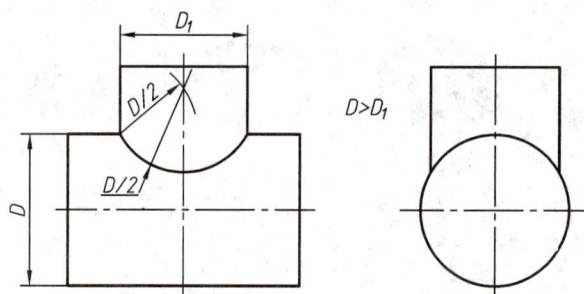

图 3-35　相贯线的近似画法

四、任务实施

已知主视图、俯视图，补画图 3-36 所示的左视图。

解题过程：图 3-36(a)中形体的下部分是圆柱体，上部分是一个与下部分圆柱体直径相等的半球，再沿前后方向钻出一个圆柱孔，圆柱孔与球体及圆柱体均产生相贯线(见图 3-36(a))。

图 3-36(b)中形体的下部分是圆柱体，上部分是与下部分圆柱直径相等的正垂半圆柱，也可认为上部分用半圆柱面切割下部分的圆柱，再由前向后钻出一个圆柱孔(见图 3-36(b))。

图 3-36(c)中形体的下部分是铅垂圆柱，上部分是正垂小圆柱，也可认为上部分用半圆柱面切割下部分的柱。另外，又在左、右两边切掉两块，再从上向下打出一个圆柱通孔(见图 3-36 (c))。

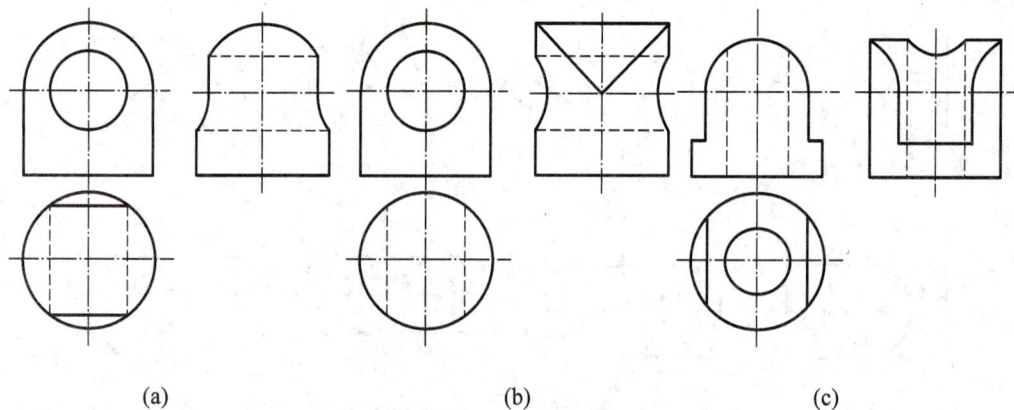

(a)　　　　　　　　　　(b)　　　　　　　　　　(c)

图 3-36　结果图

项 目 小 结

　　本项目介绍了立体的投影、立体表面上点或直线的投影、截交线和相贯线。平面体的表面由平面组成，其棱线是各表面的交线，绘制平面体的投影实际上是绘制各表面的投影。在平面体表面上取点、取线的方法与在平面上取点、取线的方法相同，需注意的是要先区分它们位于哪个表面上再求解。求截交线和相贯线是求各相交元素的共有线，最终转化为求共有点。

项目四　组　合　体

一、学习目标

(1) 了解组合体的各种组合形式。

(2) 掌握绘制组合体视图的方法和技巧。

(3) 掌握组合体视图尺寸标注的方法和技巧。

(4) 掌握识读组合体视图的方法和技巧。

(5) 能根据组合体绘制三视图。

(6) 能根据三视图想象出组合体视图。

二、工作任务

完成如图 4-1 所示轴承座的绘制与尺寸标注。

图 4-1　轴承座

三、相关理论知识

(一) 组合体概述

任何机器零件一般都可以看成是由若干个基本体构成的。由两个或两个以上的基本体组成的物体称为组合体。组合体是由单纯的几何形体向机器零件过渡的一个环节，其地位十分重要。

1. 组合体的组合形式

组合体有三种组合形式，即叠加式、切割式和综合式(见图 4-2)。组合体中单纯以叠加或切割方式组合而成的较少，大多数为综合式。

(a) 叠加式　　　　　(b) 切割式　　　　　(c) 综合式

图 4-2　组合体的组合形式

2．组合体间的表面连接关系

1) 形体表面平齐

当两个形体表面连接处平齐时，两个形体的表面相互构成了一个完整的平面，其连接处的轮廓线消失。在视图中，此处就不应该再画出轮廓线。图 4-3(a)中所示的组合体，其主视图在两个形体连接处没有轮廓线，说明两个形体的前后表面是平齐的。

2) 形体表面不平齐

当两个形体表面连接处不平齐时，在视图中应各自画线，如图 4-3(b)所示。

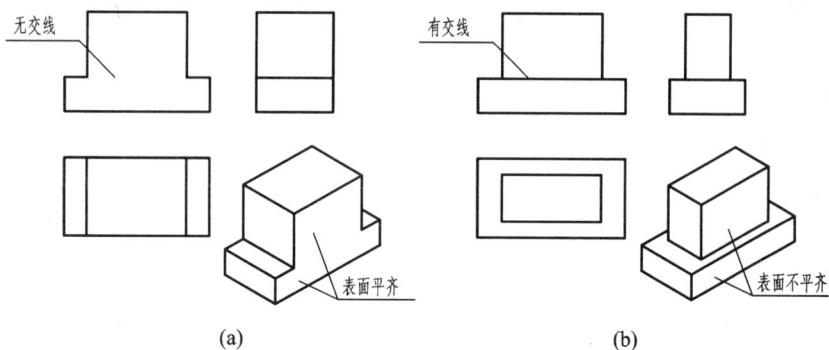

(a)　　　　　　　　　　　　　　　　(b)

图 4-3　表面平齐与表面不平齐

3) 两个形体表面相切

当两个形体表面连接处相切时，在视图中相切处不画切线。图 4-4 所示为两个形体相切情况下的图形画法。

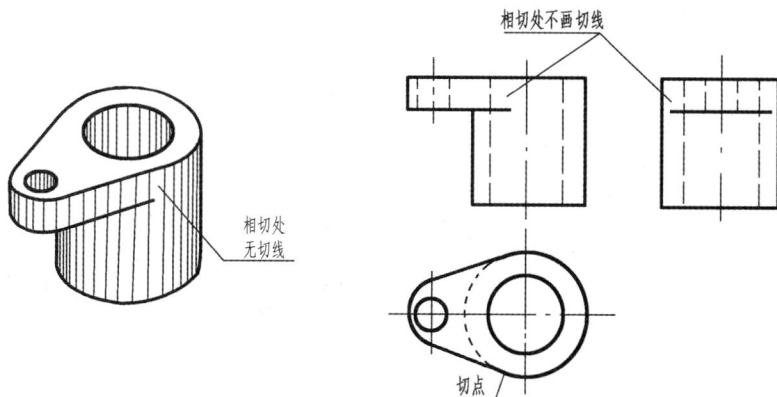

图 4-4　表面相切的画法

4) 两个形体表面相交

当两个形体表面连接处相交时，在相交处产生的交线是两个形体表面的相贯线，因此画图时要画出交线。图 4-5 所示为两个形体表面相交情况下的图形画法。

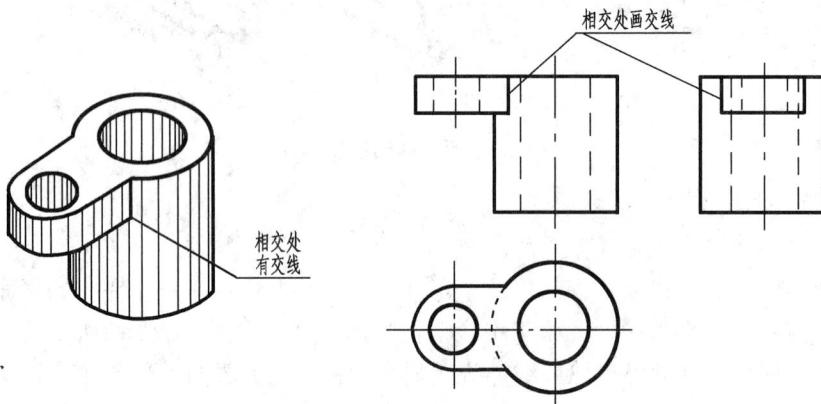

图 4-5　表面相交的画法

(二) 组合体三视图的画法

1. 作图步骤

(1) 形体分析。分析组合体由哪些基本体组成。

(2) 视图选择。主视图应尽量反映组合体的形状特征。

(3) 选比例，定图幅。

(4) 具体作图。轻画底稿，先主后次，先粗后细，先实后虚。

(5) 检查、描深、完成全图。

注意：相切的位置是光滑过渡的，不要画出切线；平齐时，不要画出两个表面的交线。

2. 作图实例

下面以轴承座为例，介绍画组合体三视图的方法和步骤。

(1) 形体分析，如图 4-6 所示。

假想把组合体分解为若干个基本体，分析各基本体的形状，并确定各组成部分间的组合方式和相对位置关系，从而产生对整个形体的形状的完整概念，这种分析方法称为形体分析法。

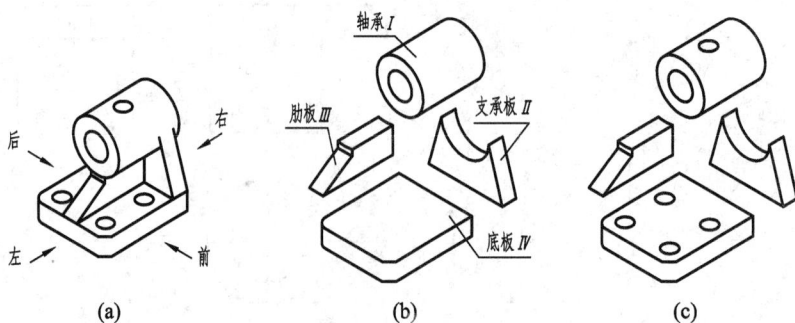

图 4-6　轴承座的形体分析

(2) 视图选择，如图 4-7 所示。

进行视图选择时应注意以下几点：

① 考虑组合体的安放状态。

② 以反映组合体形状特征及组合体间的相对位置的方位作为主视图的投射方向。

③ 使各视图中的虚线为最少。

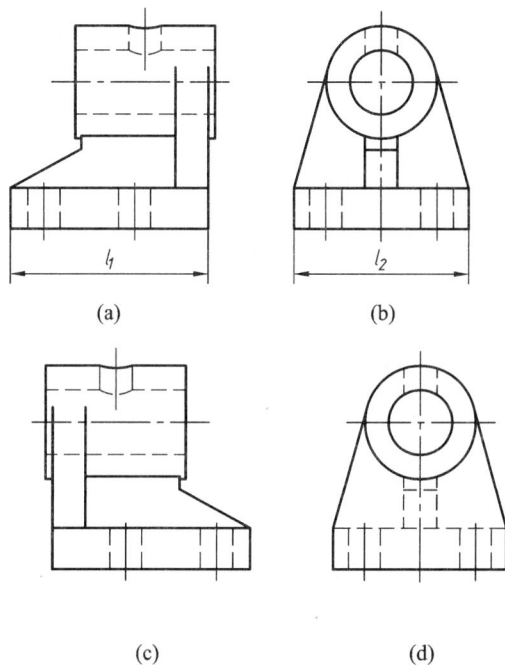

图 4-7　视图的选择

(3) 选比例，定图幅。

画图比例是根据所画组合体的大小和制图标准确定的，尽量选用 1∶1 的比例，必要时可采用其他适当的比例。

(4) 具体作图。

① 布图、画基准线，如图 4-8 所示。

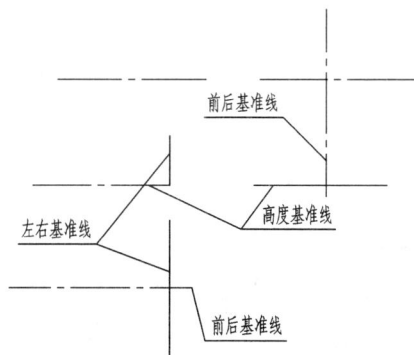

图 4-8　画基准线

② 逐个画出各形体的三视图，如图 4-9 所示。

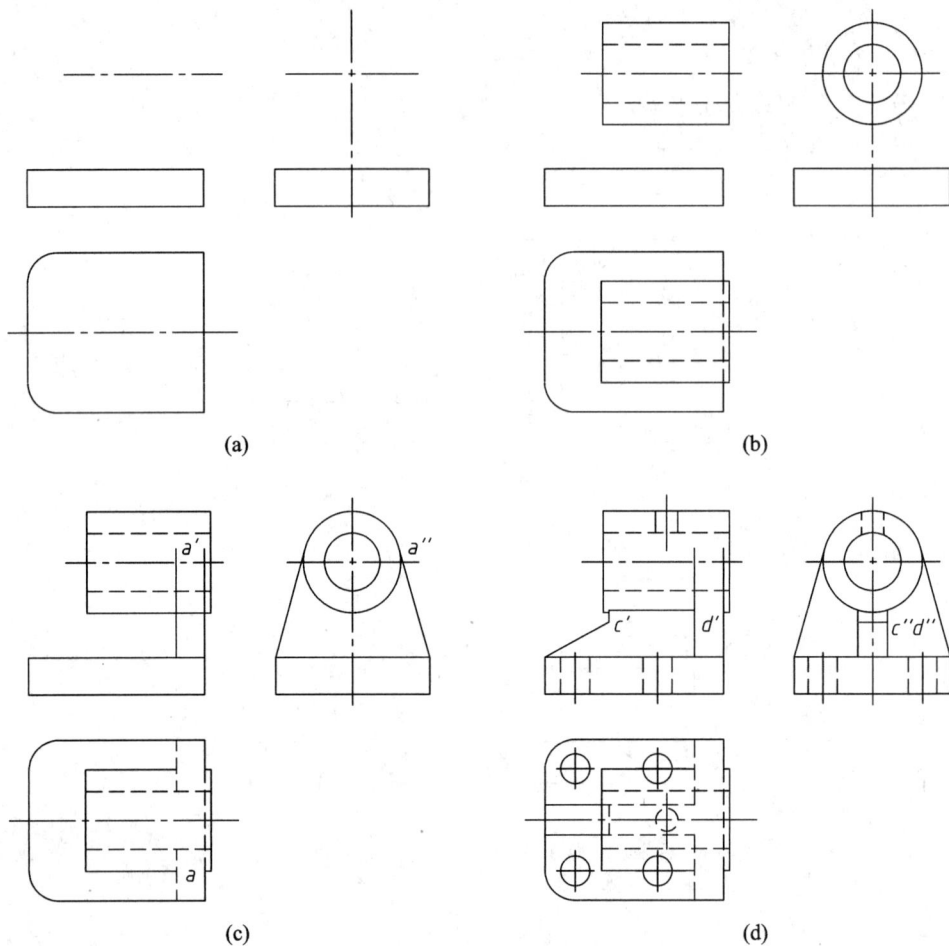

(a)　　　　　　　　　(b)

(c)　　　　　　　　　(d)

图 4-9　逐个画出各形体的三视图

(5) 检查、描深、完成全图，如图 4-10 所示。

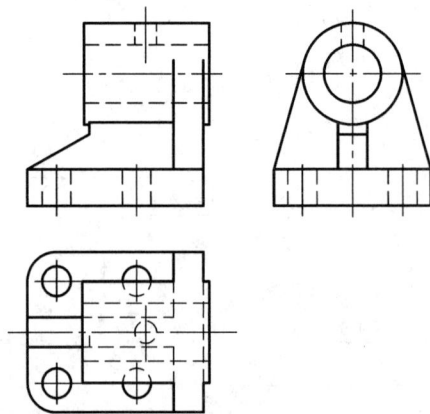

图 4-10　检查、描深、完成全图

绘图时应注意以下几点：

(1) 为保证三视图之间相互对正，提高画图速度，减少差错，应尽可能把同一形体的三面投影联系起来作图，并依次完成各组成部分的三面投影。不要孤立地先完成一个视图，再画另一个视图。

(2) 先画主要形体，后画次要形体；先画各形体的主要部分，后画次要部分；先画可见部分，后画不可见部分。

(3) 应考虑到组合体是由各个部分组合起来的一个整体，作图时要正确处理各形体之间的表面连接关系。

(三) 组合体视图的尺寸标注

1. 基本要求

由于视图只能表达形体的结构形状，不能表达形体的大小，还需要标注出尺寸才能准确地表示出组合体的确切形状及真实大小。视图中标注尺寸的基本要求如下：

(1) 正确。尺寸标注要符合国家标准的有关规定。

(2) 完整。尺寸标注必须齐全，既不重复，也不遗漏。

(3) 清晰。尺寸的布置应清晰、整齐，便于标注和看图。

(4) 合理。尺寸标注要符合设计和工艺要求，便于加工和测量。

2. 组合体的尺寸分类

1) 尺寸基准

标注尺寸的起点称为尺寸基准。组合体中的各基本体在长、宽、高三个方向上都需用定位尺寸确定其位置，并使所注尺寸与基准有所联系，这就需要组合体在长、宽、高三个方向上都有尺寸基准，如图 4-11 所示。

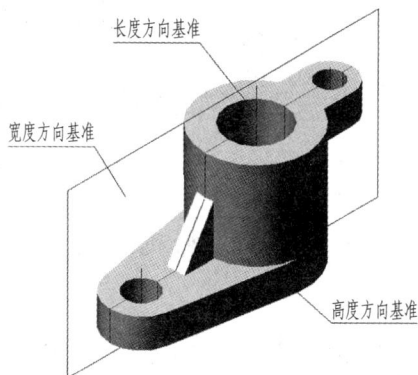

图 4-11　长、宽、高尺寸基准

尺寸基准通常选择组合体主要的基本体的底面、端面、对称平面以及回转体的轴线等。

2) 组合体的尺寸分类

(1) 定形尺寸。

确定各基本体形状大小的尺寸，如图 4-12 所示。

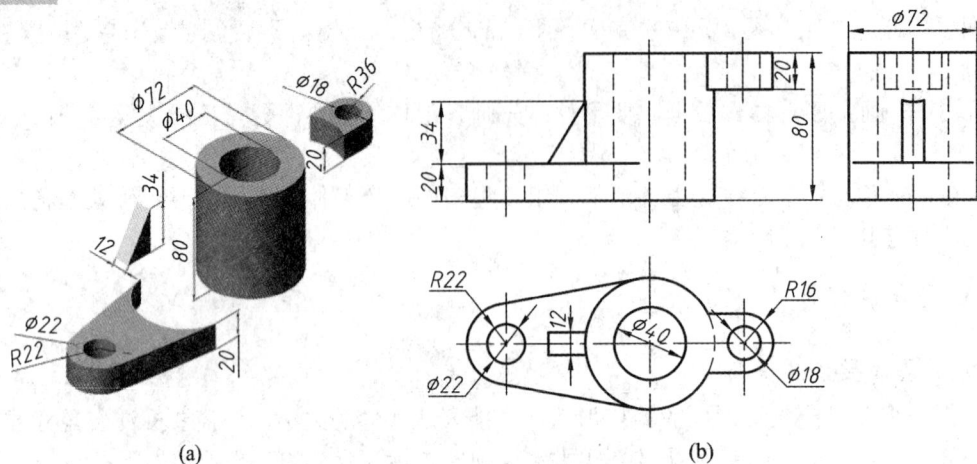

图 4-12   定形尺寸

(2) 定位尺寸。

确定各基本体之间相对位置的尺寸，如图 4-13 所示。

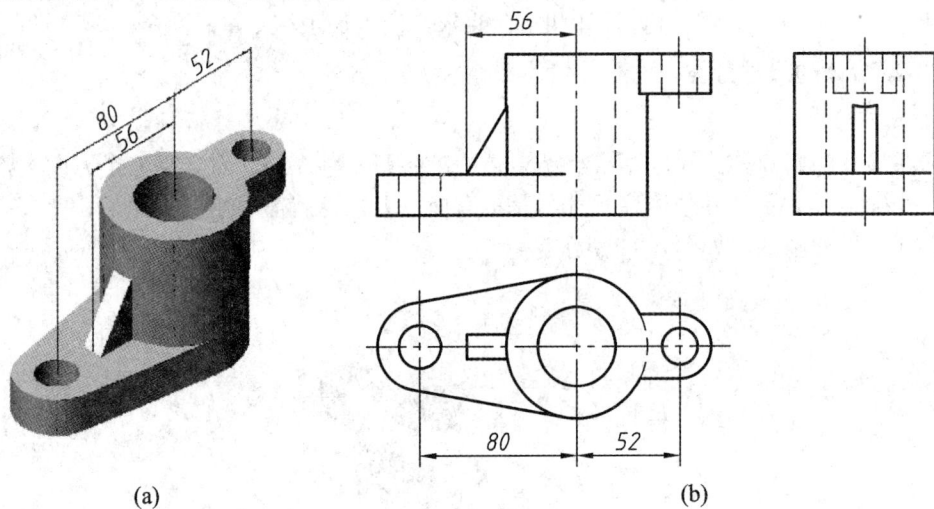

图 4-13   定位尺寸

(3) 总体尺寸。

确定组合体外形总长、总宽、总高的尺寸。

3. 组合体尺寸标注的方法与步骤

1) 平面立体的尺寸标注

平面立体应标注长、宽、高三个方向的尺寸。图 4-14 给出了棱柱、棱锥、棱台的尺寸标注方法。

棱柱、棱锥应注出确定底平面形状大小的尺寸和高度尺寸，棱台应注出上下底平面形状大小的尺寸和高度尺寸。标注正方形底面的尺寸时，可在正方形边长尺寸数字前加注符号"□"，也可以注成 16×16 的形式。

如图 4-14 所示，对正棱柱和正棱锥的尺寸进行标注时，需要考虑作图和加工方便，一般应注出其底面的外接圆直径和高度尺寸，也可以注成其他形式。

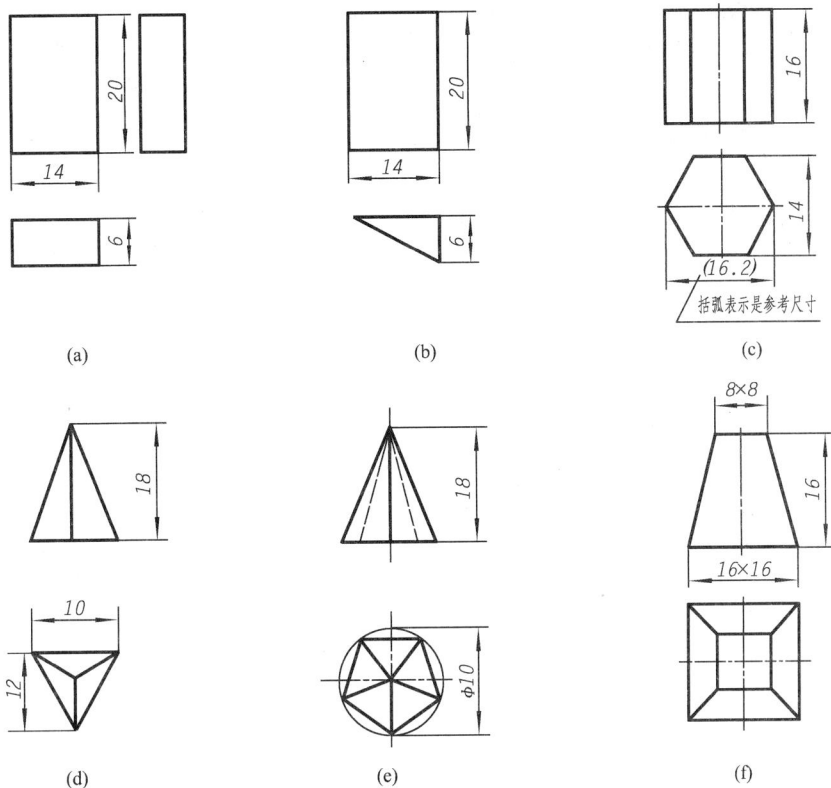

图 4-14　平面立体的尺寸标注方法

2) 曲面立体的尺寸标注

圆柱、圆锥应标注底圆直径和高度尺寸，直径尺寸最好注在非圆视图上。在直径尺寸数字前要加注"ϕ"，标注圆球体的直径或半径尺寸时，在"ϕ""R"前加注"S"(见图 4-15)。

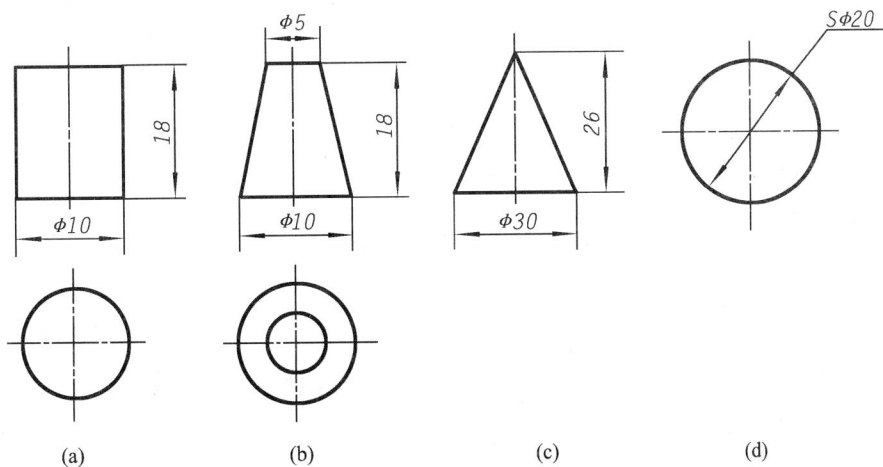

图 4-15　曲面立体的尺寸标注方法

3) 切口体的尺寸标注

平面立体被截切后的尺寸标注应先标注基本体长、宽、高三个方向的尺寸，再标注切口大小的尺寸和位置尺寸，如图 4-16 所示。

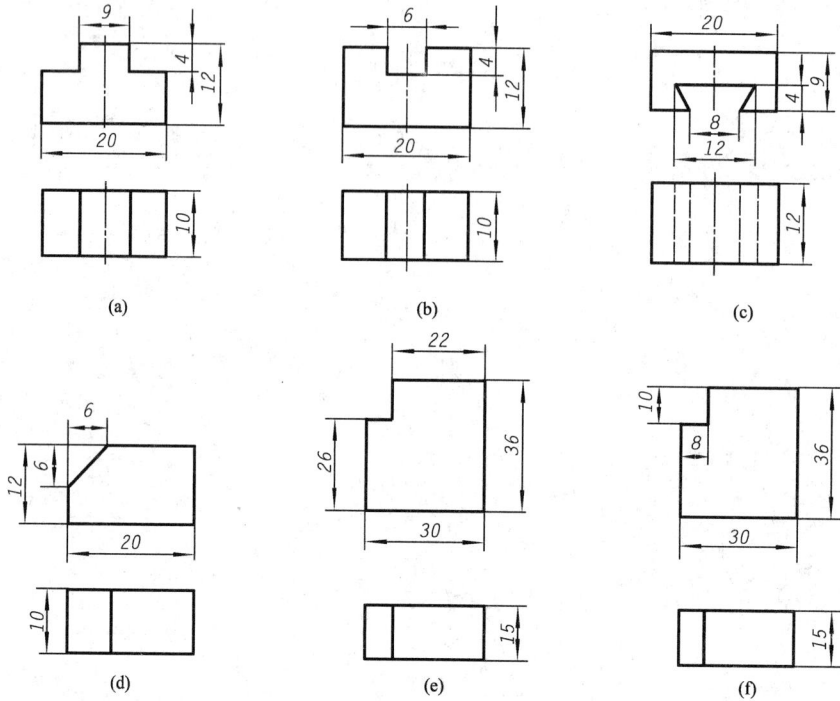

图 4-16　平面立体切口的尺寸标注方法

曲面立体被截切后的尺寸标注如图 4-17 所示。首先要标注出没有被截切时形体的尺寸，然后标注出切口的形状尺寸，对于不对称的切口还要注出确定切口位置的尺寸(见图4-17(c)、(e))。注意不能标注截交线和相贯线的尺寸。

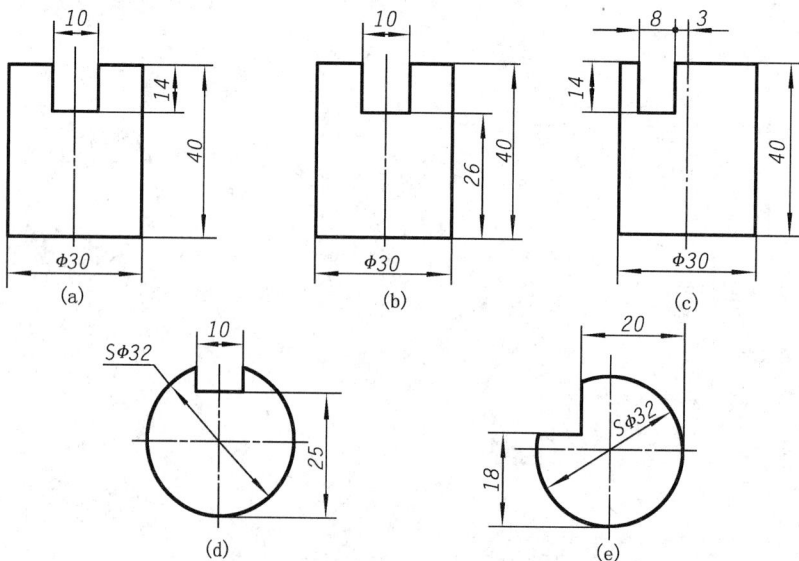

图 4-17　曲面立体切口的尺寸标注方法

4) 标注尺寸的步骤

下面以图 4-18 所示的座体为例,说明标注尺寸的步骤。

(1) 形体分析。通过对座体的形体分析将其分解为底板、立板、三角板,如图 4-18(a) 所示。

(2) 选择尺寸基准,如图 4-18(b)所示。

(3) 按形体分析法标注每个组成部分的定形尺寸。将图 4-18(a)中各部分的定形尺寸标注在图 4-18(c)中。

(4) 由尺寸基准出发标注确定各组成部分之间相对位置的尺寸,如图 4-18(c)中的尺寸 26、40、23、14。

(5) 标注总体尺寸。该座体的总长度尺寸(底板的长度尺寸)为 54,总宽度尺寸(底板的宽度尺寸)为 30,总高度尺寸为 38。

(6) 依次检查三类尺寸,保证正确、完整、清晰,并注意尺寸间的协调。

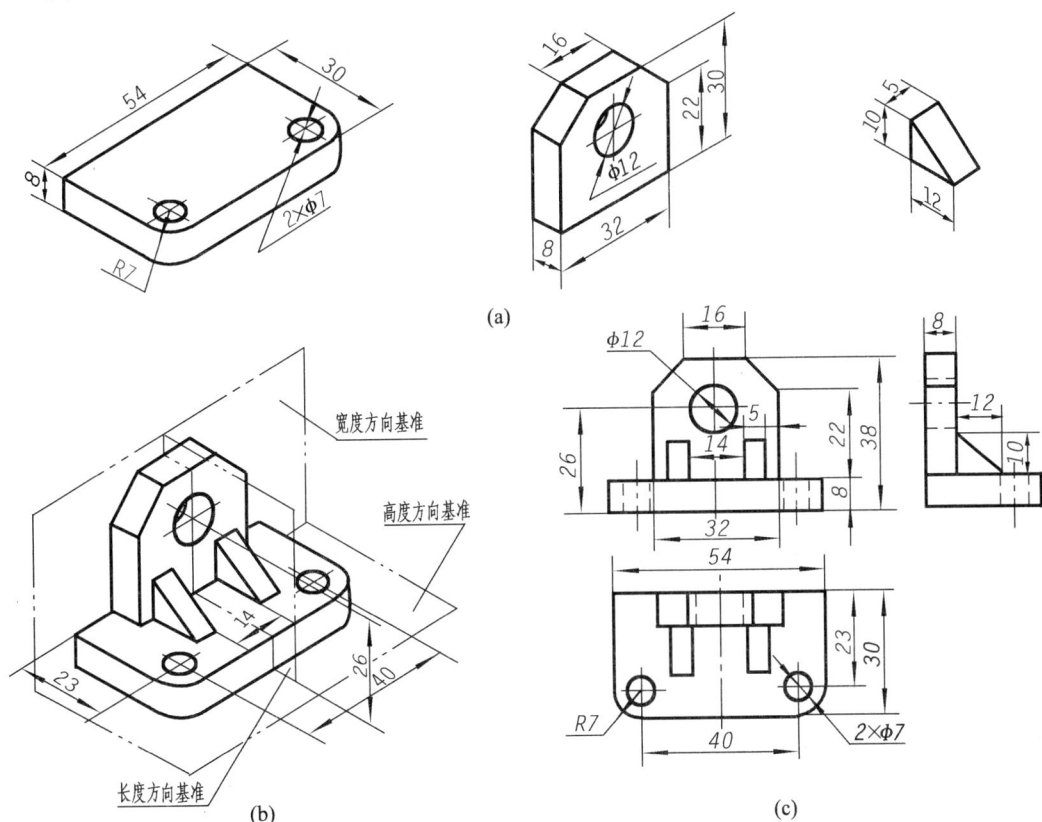

(a)

(b)

(c)

图 4-18 座体的尺寸标注步骤

5) 组合体尺寸标注中应注意的问题

(1) 尺寸应尽量标注在表示该形体形状特征最明显的视图上,如图 4-19 所示。

(2) 同一形体尺寸,应尽量标注在同一视图中。

(3) 回转体的直径尺寸最好标注在非圆视图中。

(4) 避免在虚线上标注尺寸。

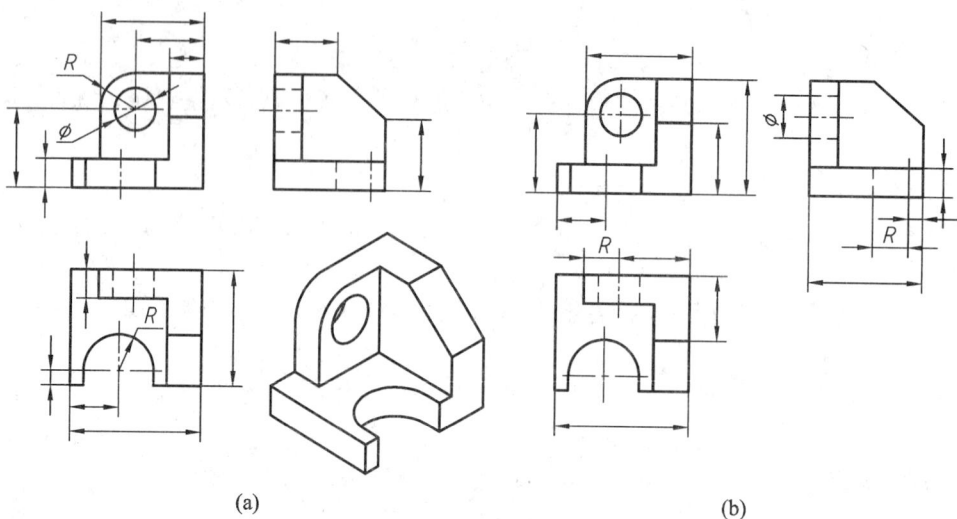

(a)

(b)

图 4-19　尺寸标注在形状特征明显的视图上

(5) 与两个视图有关的尺寸尽可能标注在两个视图之间，如图 4-20 所示。

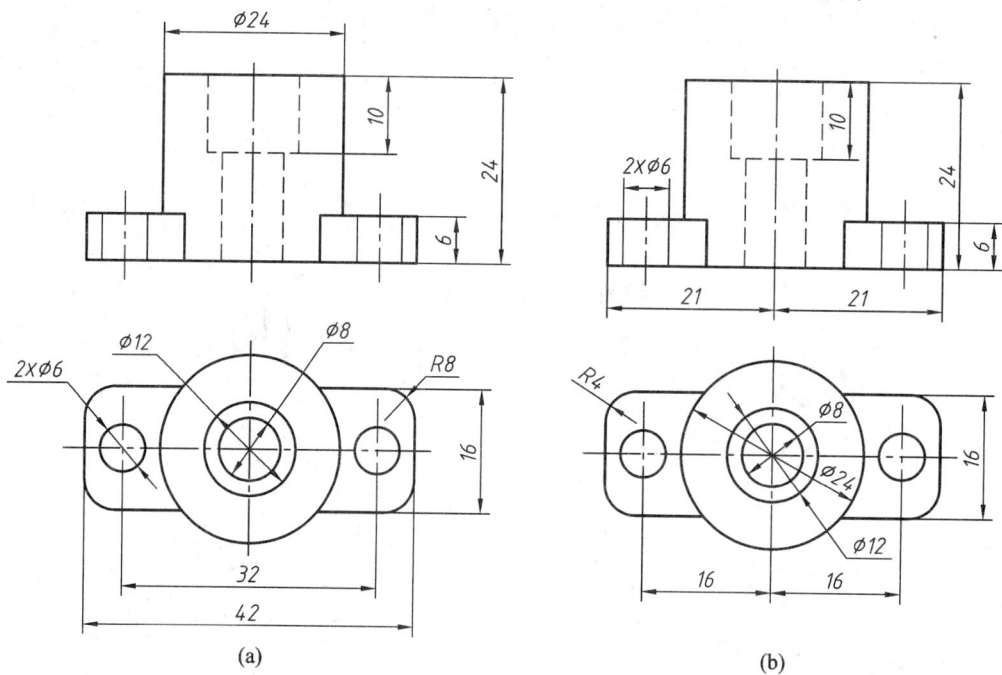

(a)　　　　　　　　　　　　　　　　(b)

图 4-20　尺寸标注在两个视图之间

(四) 读组合体视图

　　绘图和读图是学习机械制图的两个主要任务。绘图是运用正投影规律将物体进行投射并绘制出图形的过程，读图是根据已有的视图想象物体形状的过程。组合体的读图，就是在看懂组合体视图的基础上，想象出组合体各组成部分的结构形状及相对位置的过程。

1. 读图的要点

1) 读图必须抓特征

在组合体的三视图中，主视图是最能反映物体的形状和位置特征的视图，但由一个视图往往不能完全确定物体的形状和位置，必须按投影对应关系与其他视图配合对照，才能完整地、确切地反映物体的形状结构和位置。图 4-21 所示的五个物体的主视图完全相同，但从俯视图上可以看出五个物体截然不同，这些俯视图就是表达这些物体形状特征明显的视图。

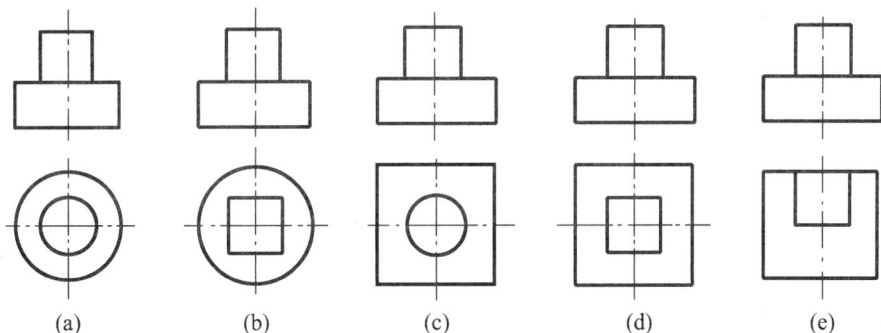

图 4-21　形状特征明显的视图

如图 4-22 (a)所示的物体，如果只有主视图、俯视图，就无法辨别其形体各个组成部分的相对位置，由于各组成部分的位置无法确定，因此该形体至少有图 4-22(c)所示的四种可能，而当与左视图配合起来看时，就很容易得知各形体之间的相对位置关系了，此时的左视图就是表达该形体各组成部分之间相对位置特征明显的视图。

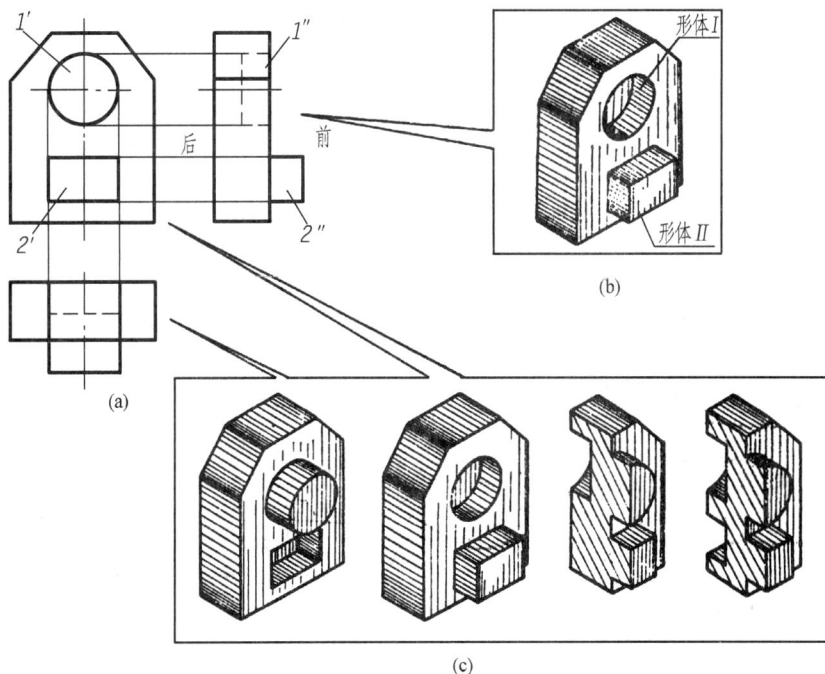

图 4-22　位置特征明显的视图

特别要注意的是，组合体各组成部分的特征视图往往在不同的视图上。从上面的分析可见，看图时必须抓住每个组成部分的特征视图，这对看图是十分重要的。

2) 读图需要对应线框

任何形体的视图都是由若干个封闭线框构成的，每个线框又由若干条图线围成。因此，看图时按照投影对应关系，厘清图形中线框和线条的含义是很有意义的。

(1) 线条的含义。

分析可知，视图上的一条线所代表的空间含义如下：

① 可能是回转体上一条素线的投影，如图 4-23 所示。

② 可能是平面立体上一条棱线的投影，如图 4-24 所示。

③ 可能是一个平面的积聚投影，如图 4-25 所示。

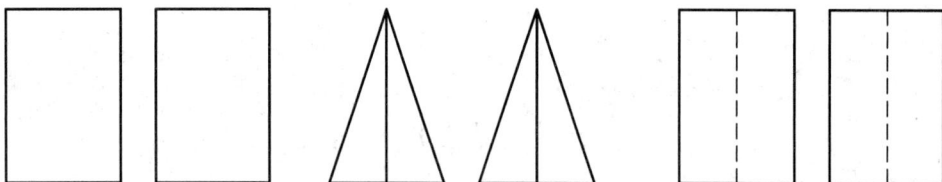

图 4-23　圆柱　　　　　图 4-24　四棱锥　　　　　图 4-25　长方体挖切

(2) 线框的含义。

① 一个封闭线框表示物体上一个表面(平面或曲面或平面和曲面的组合面)的投影。

② 两个相邻的封闭线框，表示物体不同位置平面的投影，如图 4-26 中的主视图。

③ 大封闭线框内套小封闭线框，表示物体是在大平面上凸起或凹下的小结构物体。

图 4-27 中俯视图的正方形线框和其内的圆，一个是凸起的，一个是凹下的。

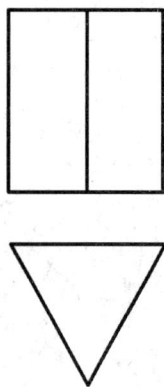
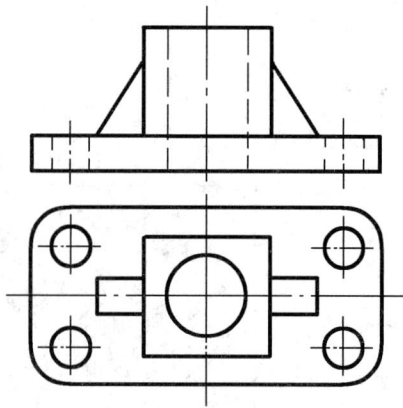

图 4-26　相邻线框的含义图　　　　　图 4-27　大线框套小线框的含义

3) 读图要记基本体

由于组合体是由若干个基本体组成的，因此看组合体的视图时，要时刻记住基本体投影的特征。

如图 4-28(a)所示物体的三视图，单从主视图、俯视图看，可以认为是棱锥和棱柱的叠加组合，但读左视图后可以确定其为四分之一圆锥和四分之一圆柱叠加而成的组合体。如图 4-28(b)所示物体的三视图，左视图同 4-28(a)，而主视图和俯视图却有很大的差别，它是由四分之一圆球和四分之一圆柱叠加而成的组合体。

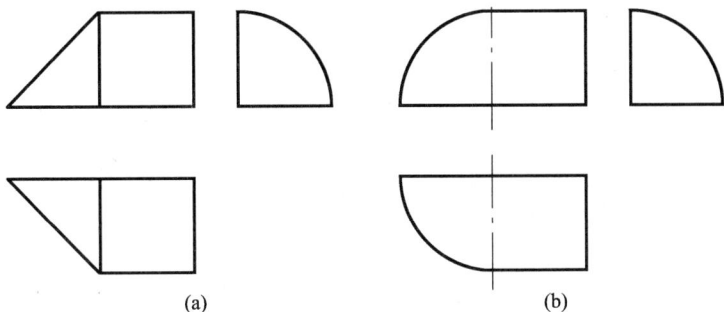

图 4-28 由基本体的投影特征看图

例 4-1 请补画出图 4-29(a)所示物体的三视图中所缺的线。

分析：若从主视图和俯视图看，可以认为组合体由两个基本体组成，但读完俯视图却发现该物体是由三个基本体组成的。由后向前分别是二分之一圆锥、四棱柱和二分之一圆柱。这样可以补画出左视图和俯视图中所缺的线，如图 4-29(b)所示。

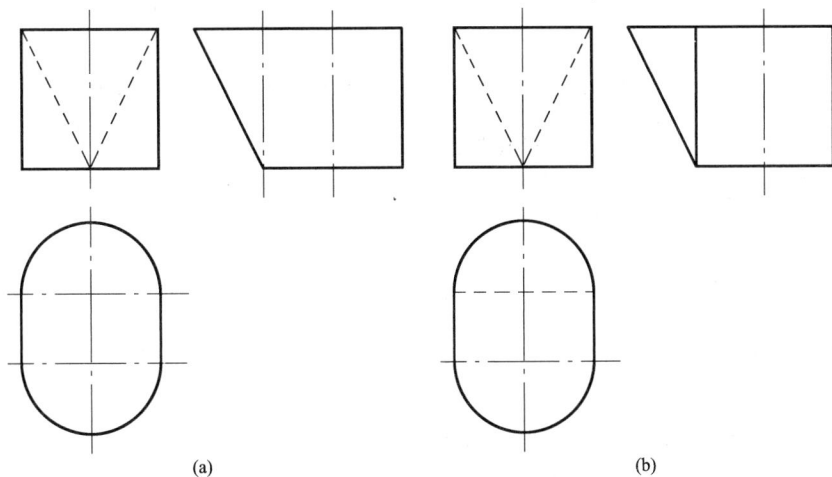

图 4-29 由基本体的投影特征补画图中缺线

2．读图的方法

1) 形体分析法

形体分析法既是画图、标注尺寸的基本方法，也是读图的基本方法。运用这种方法读图应按下面几个步骤进行：

(1) 对应投影关系将视图中的线框分解为几个部分。

(2) 抓住各部分的特征视图，按投影对应关系想象出每个组成部分的形状。

(3) 由图中的画法分析确定各组成部分的相对位置关系、组合形式以及表面的连接方式。

(4) 综合起来想象整体形状。

例 4-2 求作图 4-30(a)所示物体的左视图。

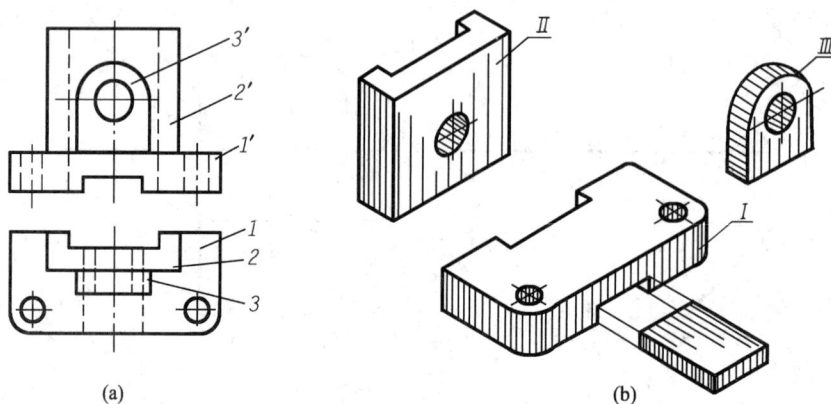

图 4-30 已知主视图、俯视图求作左视图

分析：(1) 对应投影关系将图形中的线框分解成三个部分，线框对应关系如图 4-30(a)所示。

(2) 从特征线框出发想象各组成部分的形状。线框 1 对应 1′，想象出底板Ⅰ的形状；线框 2′ 对应 2，想象出竖板Ⅱ的形状；线框 3′ 对应 3，想象出拱形板Ⅲ的形状(见图4-30(b))。

(3) 由主视图、俯视图看该形体的三个部分，可知该形体是叠加式组合体，其位置关系是：左右对称，形体Ⅱ、Ⅲ在Ⅰ的上面，形体Ⅲ在形体Ⅱ的前面，如图 4-31(a)所示。

作图：作图过程如图 4-31(b)所示。

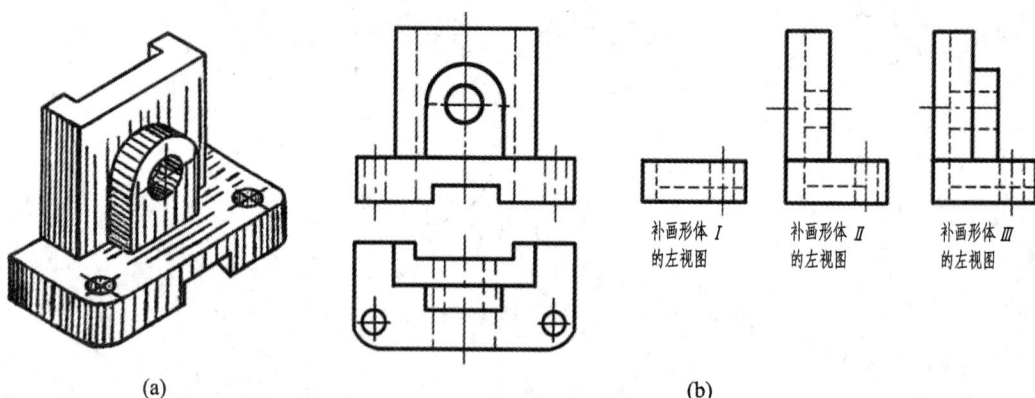

图 4-31 作图过程

2) 线面分析法

某些切割式组合体无法运用形体分析法将其分解成若干个组成部分，这时看图需要采用线面分析法。所谓线面分析法，就是运用投影规律把物体的表面分解为线、面等几何要素，通过分析这些要素的空间形状和位置，来想象物体各表面的形状和相对位置，并借助

立体概念想象物体形状，达到看懂视图的目的。

例4-3　用线面分析法读压块的三视图，如图4-32所示。

首先由压块的三视图(见图4-32(a))看出该压块的基本轮廓是长方体。

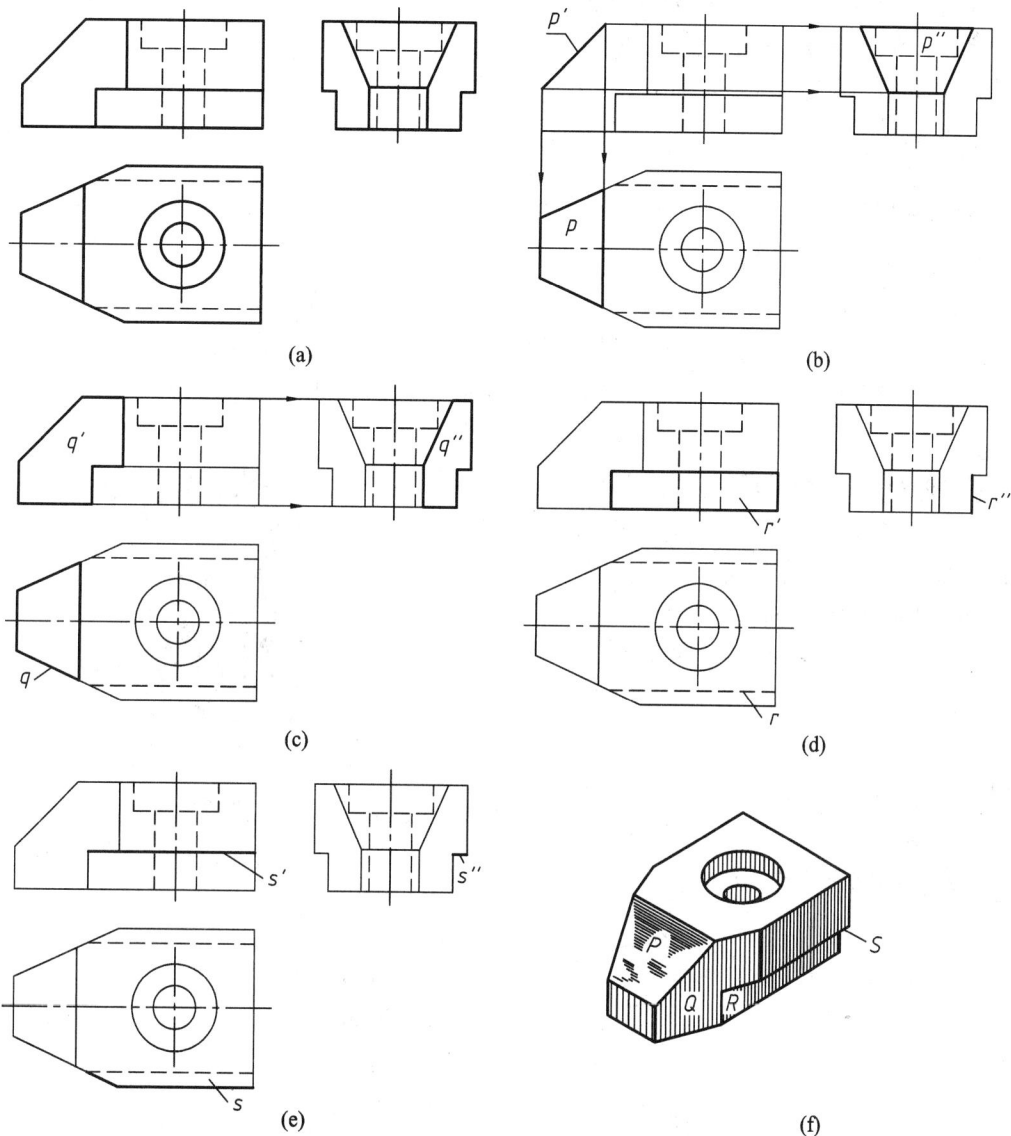

(a)

(b)

(c)

(d)

(e)

(f)

图4-32　压块三视图及读图方法

步骤：抓住线段对应投影。所谓抓住线段，是指抓住平面投影成具有积聚性的线段，按投影对应关系，对应找出其他两投影面上的投影，从而判断出该截切面的形状和位置。

从图4-32(b)主视图中的斜线 p' 出发，按长对正、高平齐的对应关系，对应出边数相等的两个类似形 p 及 p''，可知 P 面为正垂面。

从图4-32(c)俯视图中的斜线 q 出发，按长对正、宽相等的对应关系，对应出边数相等的两个类似形 q'' 及 q'，可知 Q 面为铅垂面。

从图 4-32(d)左视图中的直线 r'' 出发，按高平齐、宽相等的对应关系，对应出一直线 r 及线框 r'，可知 R 面为正平面。

从图 4-32(e)主视图中的直线 s' 出发，按长对正、高平齐的对应关系，对应出一线框 s 及左视图中直线 s''，可知 S 面为水平面。

综合起来想象整体。通过上面的分析，现在我们可以对压块各表面的结构形状与空间位置进行组装，综合想象整体形状，如图 4-32(f)所示。

四、任务实施

轴承座结构如图 4-1 所示。

1. 轴承座的形体分析

通过分析可知，轴承座可分为底板、支承板、肋板、圆筒四部分。底板和肋板是相交叠加的形式，产生交线；底板和支承板是后平面平齐相交叠加的形式，不产生交线；圆筒伸出支承板的前后表面，与支承板是相切的形式，不产生交线；支承板与肋板是相交的形式，产生交线。

2. 轴承座主视图的选择

主视图应最能反映组合体的形状特征和各部分的相对位置关系。考虑组合体的自然安放位置，兼顾其他两视图，选择轴承座的主视图方向如图 4-33 所示。

3. 轴承座的绘图过程

(1) 选比例，定图幅。

(2) 布置图面。

(3) 画底稿。

(4) 描深。

轴承座的绘图过程如图 4-34 所示。

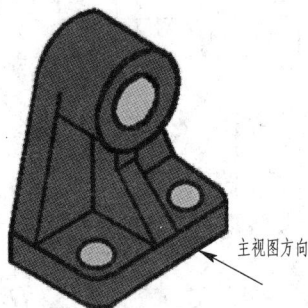

主视图方向

图 4-33　轴承座

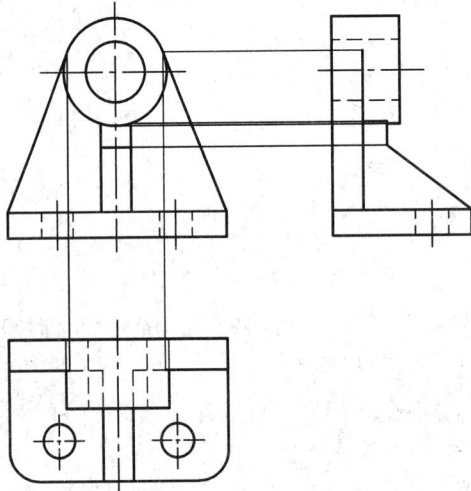

图 4-34　轴承座的绘图过程

4. 尺寸标注

以上三个步骤完成后，确定出长、宽、高三个方向的尺寸基准，然后标注各部分的定形尺寸、定位尺寸，再标注总体尺寸，最后进行检查核对。完成的效果如图 4-35 所示。

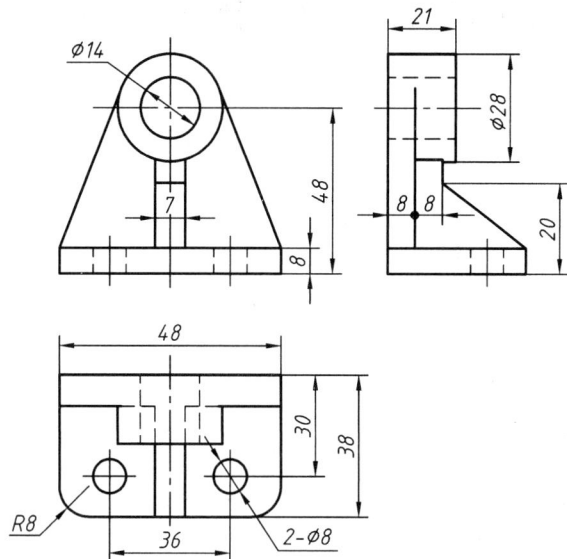

图 4-35　轴承座的尺寸标注

项 目 小 结

绘制和阅读组合体三视图是培养空间想象力的重要部分。画图时一般采用形体分析方法，对组合体形体分解后，逐个进行绘制。读图是画图的逆过程，是在视图上寻找简单形体的过程。画图和读图时，注意要从投影关系入手，遵循三等规律，想象空间形状。同时组合体的尺寸标注也很重要，必须多加练习。

项目五   轴测投影图

一、学习目标

(1) 了解轴测图的基本知识及相关概念。

(2) 掌握正等轴测图、斜二轴测图的形成原理及绘制方法。

(3) 掌握轴测图草图的绘制方法。

(4) 熟练绘制平面体的正等轴测图和斜二轴测图。

(5) 熟练绘制曲面体的正等轴测图和斜二轴测图。

二、工作任务

完成如图 5-1 所示底座正等轴测图的绘制。

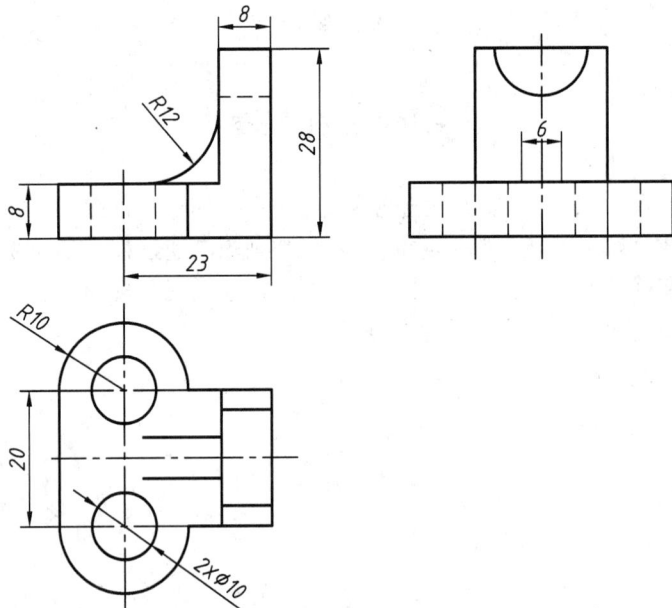

图 5-1   底座三视图

三、相关理论知识

基本体的正投影图能准确真实地表达其结构形状，但缺乏立体感。轴测图是用单面投影来表达物体空间结构形状的，在机械工程中常用其作为辅助图形来表达机器的外观效果、内部结构等。

(一) 轴测投影的基本知识

1. 轴测图的形成

将物体连同其确定空间位置的直角坐标系, 沿不平行于任一坐标平面的方向, 用平行投影法将其投射在单一投影面上所得到的具有立体感的图形, 称为轴测投影图, 简称轴测图, 如图 5-2 所示。

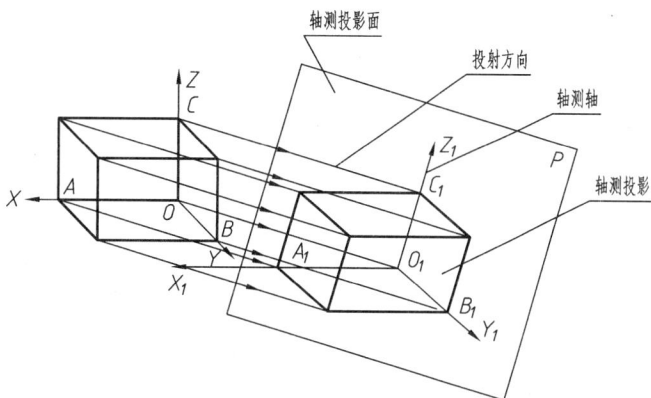

图 5-2　轴测图的形成

2. 轴测图的轴测轴、轴间角和轴向伸缩系数

1) 轴测图的轴测轴和轴间角

P 平面称为轴测投影面, 坐标轴 OX、OY、OZ 在轴测投影面上的投影 O_1X_1、O_1Y_1、O_1Z_1 称为轴测投影轴, 简称轴测轴, 并简化标记为 OX、OY、OZ。两轴测轴之间的夹角 $\angle XOY$、$\angle XOZ$、$\angle YOZ$ 称为轴间角。

2) 轴测图的轴向伸缩系数

直角坐标轴上单位长度与对应的轴测投影长度的比值称为轴向伸缩系数, X、Y、Z 轴向伸缩系数分别用 p、q、r 表示。

3. 轴测图的分类

根据投影方法的不同, 轴测图分为两类: 正轴测图和斜轴测图。

根据轴向伸缩系数, 轴测图分为三种: 等测轴测图、二测轴测图、三测轴测图。

国家标准推荐了三种轴测图, 即正等测、正二测、斜二测轴测图。工程上使用较多的是正等测和斜二测轴测图, 本章只介绍这两种轴测图的画法。

4. 轴测图的基本性质

(1) 物体上互相平行的线段, 在轴测图中仍互相平行; 物体上平行于坐标轴的线段, 在轴测图中仍平行于相应的轴测轴, 且同一轴向所有线段的轴向伸缩系数相同。

(2) 物体上不平行于坐标轴的线段, 可以用坐标法确定其两个端点然后连线画出。

(3) 物体上不平行于轴测投影面的平面图形, 在轴测图中变成原形的类似形。如长方形的轴测投影为平行四边形, 圆形的轴测投影为椭圆等。

(二) 正等轴测图

1. 正等轴测图的形成

使描述物体的三直角坐标轴与轴测投影面具有相同的倾角，用正投影法在轴测投影面所得的图形称为正等轴测图(简称正等测)。图 5-3 所示为正等轴测图的形成过程。

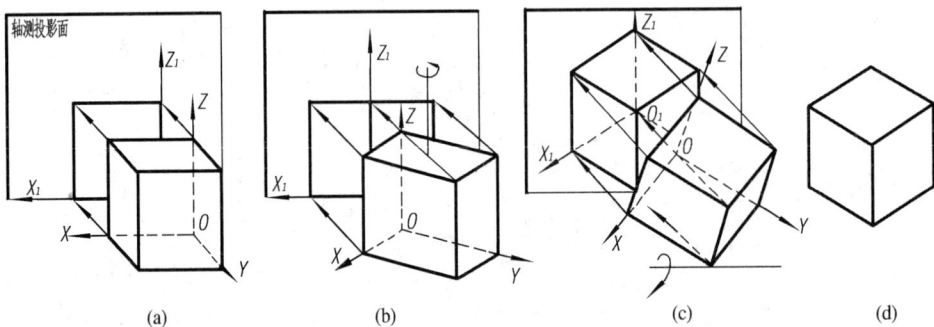

图 5-3　正等轴测图的形成

2. 正等轴测图的轴测轴、轴间角和轴向伸缩系数

正等轴测图的轴间角均为 120°，如图 5-4(a)所示。轴测轴的画法如图 5-4 (b)所示，由于物体的三坐标轴与轴测投影面的倾角均相同，因此，正等轴测图的轴向伸缩系数也相同，$p=q=r=0.82$。为了作图、测量和计算都方便，常把正等轴测图的轴向伸缩系数简化成 1，这样在作图时，凡是与轴测轴平行的线段，都可按实际长度量取，不必进行换算。这样画出的图形，其轴向尺寸均为原来的 1.22 倍(1∶0.82≈1.22)，但形状没有改变，如图 5-4 (c)和图 5-4 (d)。画轴测图时，轴测轴可选择在物体上最有利于画图的位置上，图 5-5 是设置轴测轴位置的示例。

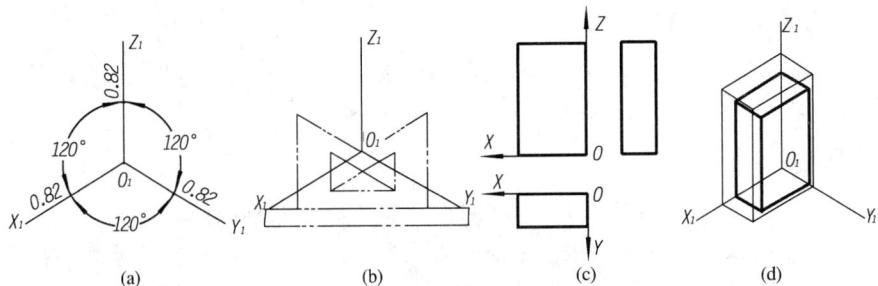

图 5-4　正等测投影的轴测轴、轴间角、轴向伸缩系数

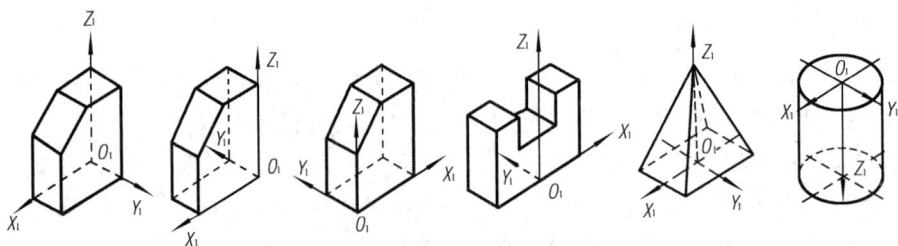

图 5-5　轴测轴位置设置的示例

3．正等轴测图的画法

1）平面立体正等轴测图的画法

（1）坐标法。

坐标法是轴测图常用的基本作图方法，它是根据坐标关系，先画出物体特征表面上各点的轴测投影，然后连接各点，完成正等轴测图的作图。

例 5-1　由正六棱柱的主视图、俯视图，应用坐标法画出其正等轴测图，如图 5-6(a)所示。

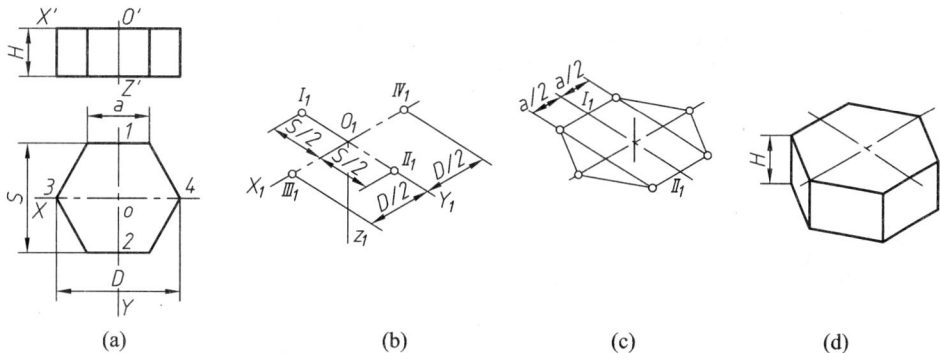

图 5-6　六棱柱正等轴测图的画法

作图：① 首先在正投影图上确定出直角坐标系，如图 5-6(a)所示。由于正六棱柱前、后、左、右对称，为方便画图，选顶面中心点作为坐标原点，顶面的两对称线作为 X、Y 轴，Z 轴在其中心线上。

② 再画出轴测轴 O_1X_1、O_1Y_1、O_1Z_1，在轴测轴上，根据正投影图顶面的尺寸 S、D 定出 I_1、II_1、III_1、IV_1 的位置，如图 5-6(b)所示。

根据轴测图的特性，过 I_1、II_1 作平行于 O_1X_1 的直线，并以 Y_1 轴为界各取 $a/2$，然后连接各点，如图 5-6 (c)所示。过顶面各点向下量取 H 值，画出平行于 Z_1 轴的侧棱；再过各侧棱顶点画出底面各边，擦去作图辅助线、细虚线，描深，完成六棱柱的正等轴测图，如图 5-6 (d)所示。

由例 5-1 可见，画平面立体的正等轴测图时，应首先找出其特征面，画出该特征面的轴测图，然后完成立体的轴测图。根据轴测图中不可见的轮廓线一般不画的规定，常常先画出特征面的上面、左面、前面，再画下面、右面、后面。图 5-7 是用坐标法从特征面出发画正等轴测图的实例，请读者自行分析。

（2）切割法。

大多数的平面立体可以看成是由长方体切割而成的，因此，先画出长方体的正等轴测图，然后进行轴测切割，从而完成物体的轴测图的画图方法称为方箱切割法(切割法)。

例 5-2　如图 5-8(a)所示物体的主、俯视图，应用切割法画出其正等轴测图。

作图：① 首先设置主、俯视图的直角坐标轴。由于物体对称，为作图方便，选择直角坐标系，如图 5-8 (a)所示。

② 画轴测轴，如图 5-8 (b)所示，选择这种轴测轴是为了将物体的特征面放在前面。

③ 按主、俯视图的总长、总宽、总高作出辅助长方体的轴测图，如图 5-8(c)所示。

④ 最后在平行轴测轴方向上按题意进行比例切割，如图 5-8(d)所示。

⑤ 擦去多余的线，整理、描深，完成轴测图。

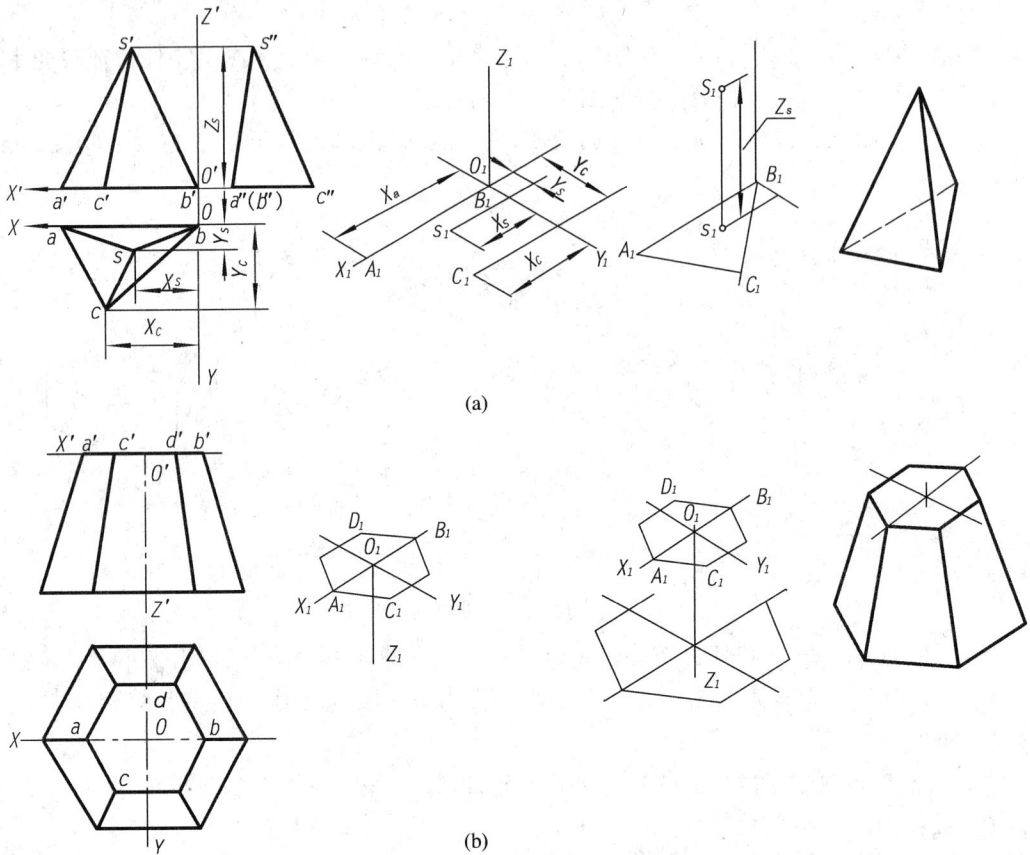

(a)

(b)

图 5-7　由特征面画正等轴测图的两个实例

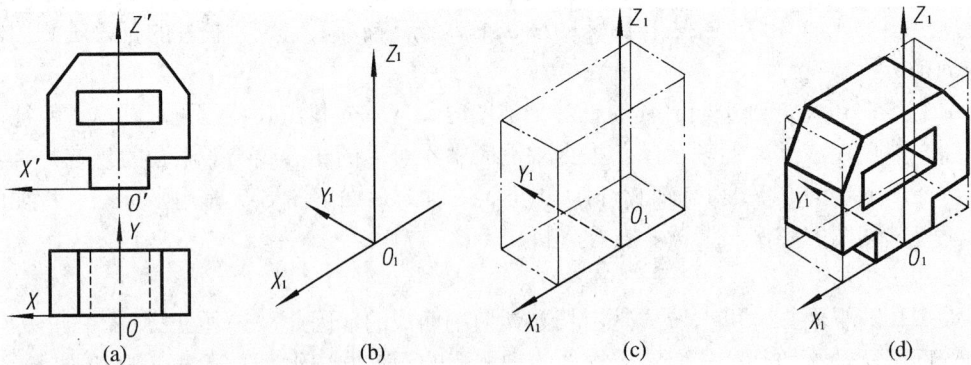

(a)　　　　　(b)　　　　　(c)　　　　　(d)

图 5-8　切割法求作平面立体的正等轴测图

2) 曲面立体正等轴测图的画法

(1) 平面圆的正等轴测图的画法。

在正等轴测图中，平面圆变为椭圆。在作图时，通常采用近似画法。

例 5-3　求出图 5-9 所示平行于 H 面的圆的正等轴测图。

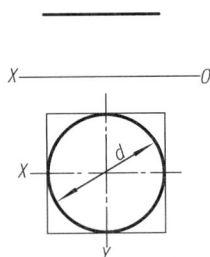

图 5-9　圆的投影图

作图： ① 确定平面图形的直角坐标轴，并作圆外切四边形，如图 5-10 所示。

② 作出轴测轴 O_1X_1、O_1Y_1，并按轴测投影的特性作出平面圆外切四边形的轴测投影菱形，如图 5-10 (a)所示。

③ 分别以图 5-10(b)中 A、B 点为圆心，以 AC 为半径在 CD 间画大圆弧，以 BE 为半径在 EF 间画大圆弧。

④ 连接 AC 和 AD，交长轴于 I、II 两点，如图 5-10(c)所示。

⑤ 分别以 I、II 两点为圆心，ID、IIC 为半径画两小圆弧，在 C、F、D、E 处与大圆弧相切，即完成平面圆的正等轴测图，如图 5-10(d)所示。

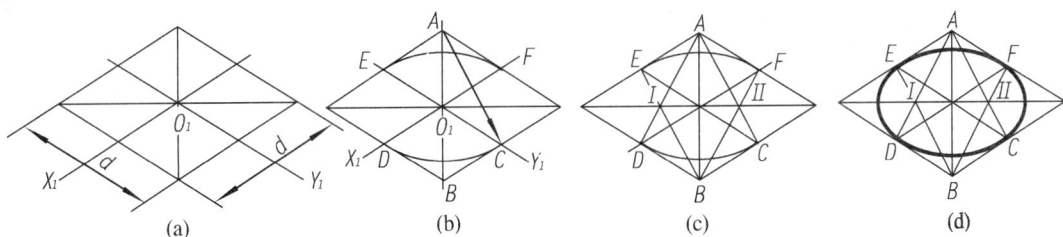

(a)　　　　(b)　　　　(c)　　　　(d)

图 5-10　平面圆的正等轴测图的画图过程

平行于坐标面的圆的正等轴测图都是椭圆，除了长短轴的方向不同外，画法都是一样的。图 5-11 所示为三种不同位置的圆的正等轴测图。

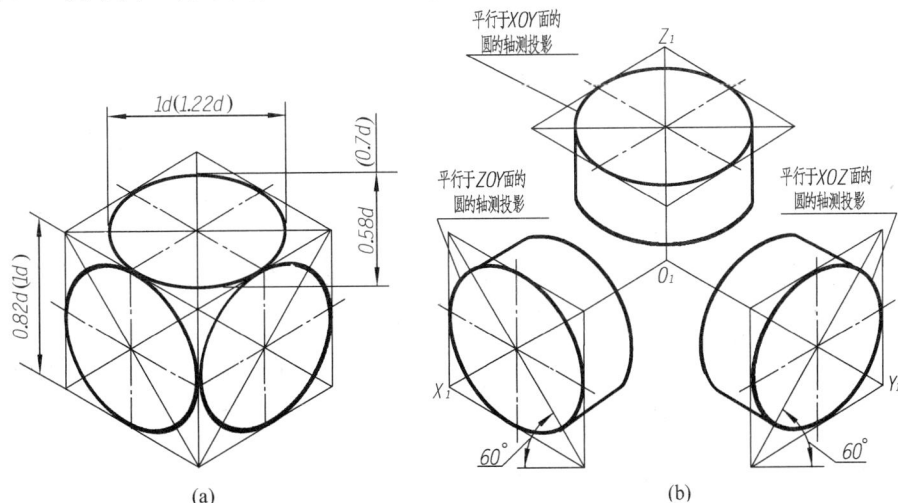

(a)　　　　　　　　　　(b)

图 5-11　三种位置平面圆及圆柱的正等轴测图

(2) 曲面立体的正等轴测图的画法。

知道了平面圆的正等轴测图的画法,在画曲面立体正等轴测图时,只要明确该曲面立体上的平面圆与哪一个坐标面平行,就能保证作出其正确的正等轴测图。对于圆柱、圆锥、圆台和圆球,其作图方法和步骤都是一样的。

例 5-4   求出如图 5-12(a)所示圆台的正等轴测图。

作图: ① 由给定的两面投影图(如图 5-12(a)所示)分析该圆台表面的平面圆是平行于 W 面的侧平面,从而确定平面圆上直角坐标轴的位置,如图 5-12 (a)所示。

② 作出两平面圆的轴测轴,并作出两平面圆的正等轴测图,如图 5-12 (b)所示。

③ 作出两椭圆的公切线,并擦去不可见以及多余的作图辅助线,描深完成,如图 5-12(c)所示。

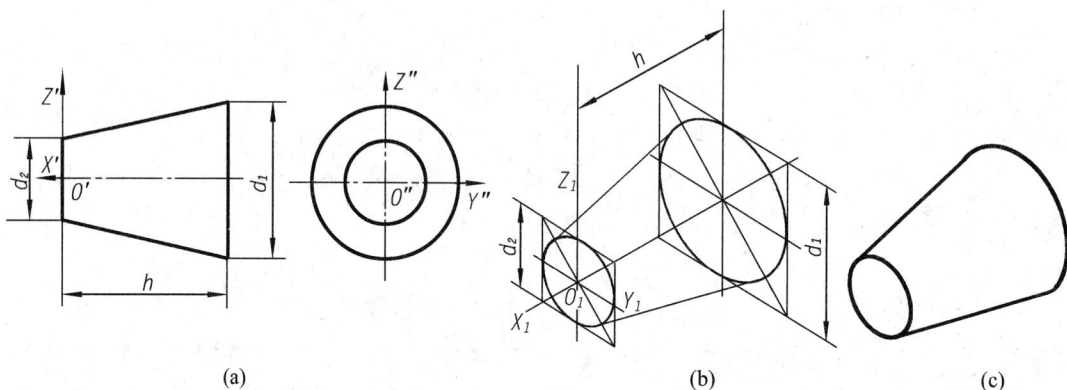

图 5-12   圆台的正等轴测图的画图过程

图 5-13、图 5-14 分别是圆柱、圆球的正等轴测图的画图过程。

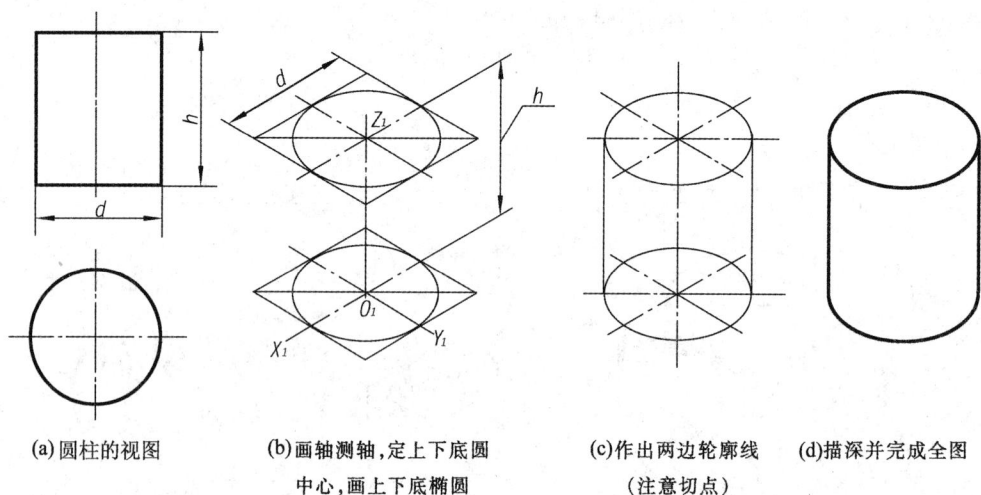

(a)圆柱的视图   (b)画轴测轴,定上下底圆   (c)作出两边轮廓线   (d)描深并完成全图
                                        中心,画上下底椭圆   （注意切点）

图 5-13   圆柱的正等轴测图的画图过程

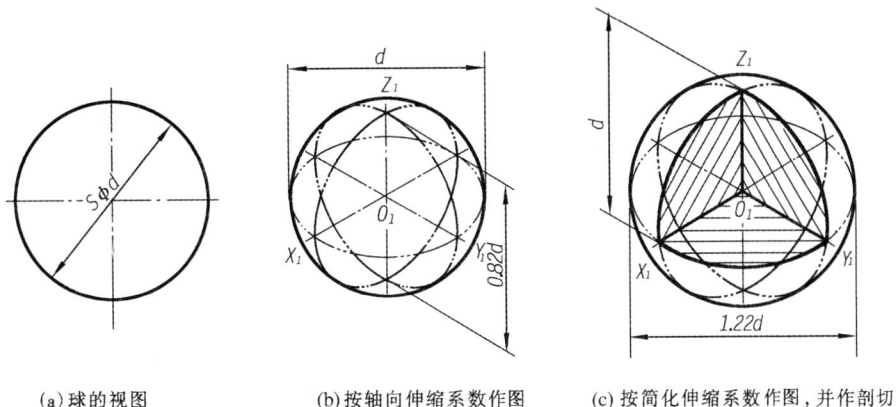

(a)球的视图　　　　　　(b)按轴向伸缩系数作图　　　(c)按简化伸缩系数作图,并作剖切

图 5-14　圆球的正等轴测图的画图过程

(3) 圆角的正等轴测图的画法。

如图 5-15 所示的画法,其作图步骤如下:

① 在角上分别沿轴向取一段长度等于半径 R 的线段,得 A、A 和 B、B 点,过 A、B 点作相应边的垂线分别交于 O_1 及 O_2 。

② 以 O_1 及 O_2 为圆心,以 O_1A 及 O_2B 为半径作弧,即为顶面上圆角的轴测图。

③ 将 O_1 及 O_2 点垂直下移,取 O_3、O_4 点,使 $O_1O_3 = O_2O_4 = h$(板厚)。以 O_3 及 O_4 为圆心,以 O_1A 及 O_2B 为半径作弧,作底面上圆角的轴测图,再作上、下圆弧的公切线,即完成作图。

④ 擦去多余的图线并描深,即得到圆角的正等轴测图。

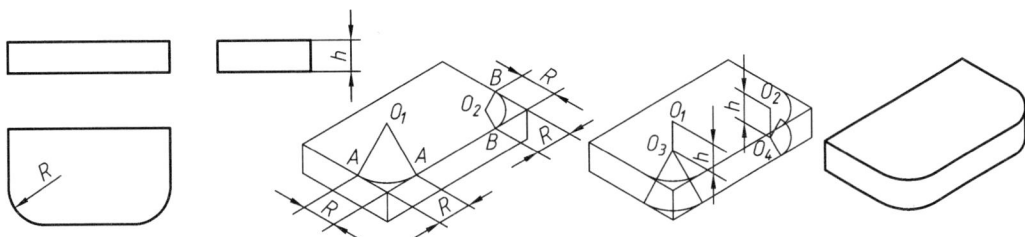

图 5-15　圆角的正等轴测图的画图过程

(三) 斜二轴测图

1．斜二轴测图的形成

当物体上的两个坐标轴 OX 和 OZ 与轴测投影面平行,而投射方向与轴测投影面倾斜时,所得的轴测图称为斜二轴测图,如图 5-16 所示。

2．斜二轴测图的轴测轴、轴间角和轴向伸缩系数

斜二轴测图的轴间角:

$$\angle X_1O_1Z_1 = 90°$$

$$\angle X_1O_1Y_1 = \angle Y_1O_1Z_1 = 135°$$

轴向伸缩系数:

$$p = r = 1$$

$$q=1/2$$

如图 5-17 所示,斜二轴测图的轴测轴有一个显著的特征,即物体正面 X 轴和 Z 轴的轴测投影没有变形,这一轴测投影的特征,对于那些在正面上形状复杂以及在正面上有圆的单方向物体,画成斜二轴测图十分简便。

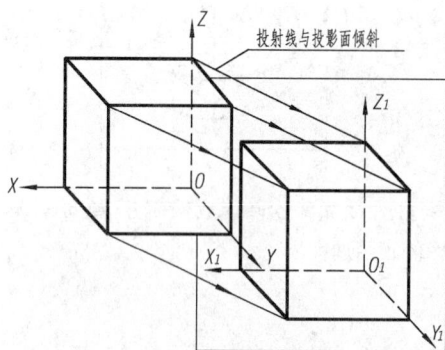

图 5-16 斜二测轴测图的形成

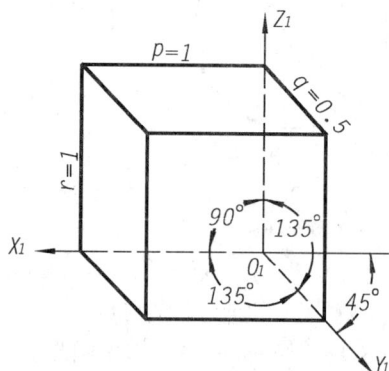

图 5-17 斜二轴测图的轴测轴、轴间角、轴向伸缩系数

3. 斜二轴测图的画法

例 5-5 作出图 5-18 所示正面形状复杂的单方向物体的斜二轴测图。

作图: ① 选择正投影图的坐标位置,如图 5-18 (a)所示。

② 画轴测轴,作正面特征平面的斜二轴测图(与正投影完全相同),再从特征面的各点作平行于 O_1Y_1 的直线,如图 5-18(b)所示。

③ 将圆心后移 $0.5y$ 作出后面圆及其他可见轮廓线,描深,完成轴测图,如图 5-18(c)所示。

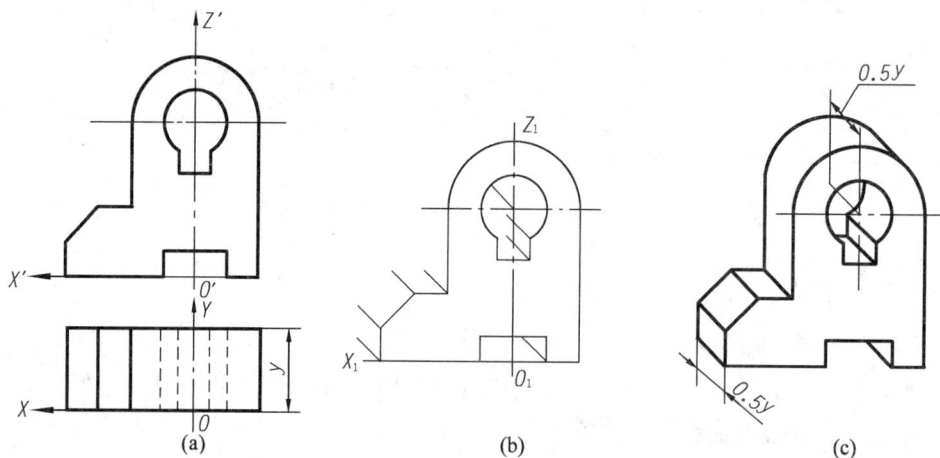

(a)　　　　　　　　　　(b)　　　　　　　　　　(c)

图 5-18 正面形状复杂形体斜二轴测图的画法

四、任务实施

绘制如图 5-1 所示底座的正等轴测图。

1. 底座的形体分析

底座的三视图及尺寸如图 5-1 所示。分析可知:底座由三部分组成,底板与右侧板右边对齐叠加在一起，中间圆弧肋板分别与底板和右侧板相叠又相切。

绘图时，要分形体逐块进行绘制。由于每块上都有圆或圆弧，而且各块的圆或圆弧在不同的坐标平面上，因此作图时要根据不同的平面绘制圆的投影。

2. 底座的绘制过程

(1) 先在平面图上确定坐标轴，如图 5-19 所示。从视图可以看出，物体的前后对称，所以 X 轴选在前后的对称平面上；由于底板前后有圆和圆弧，故 Y 轴选在两圆的连心线上；由 X、Y 轴确定 Z 轴；原点 O 一般选在上前方的可见处，以减少不可见线的绘制。

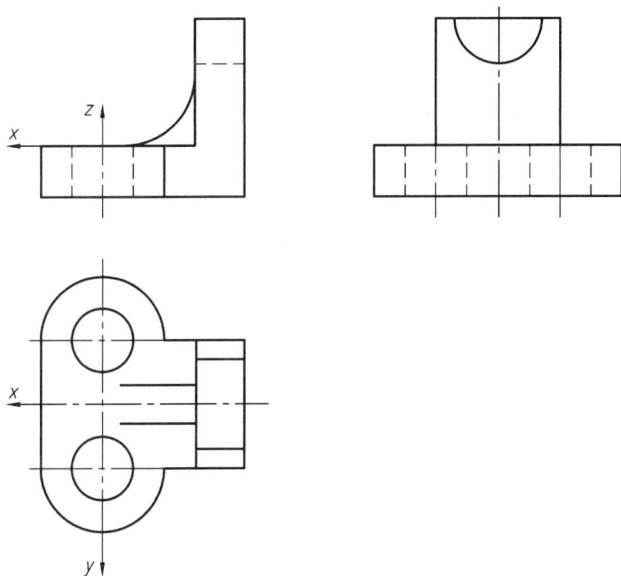

图 5-19 底座坐标轴的选择

(2) 在绘图区合适的位置定出轴测轴。

(3) 按形体分析，逐块进行绘制。首先画底板，此时应先画上表面，再画圆或圆弧。然后画侧板，画侧板时，先画前表面，再画圆或圆弧。最后画圆弧形肋板，先画前表面，同时注意椭圆长轴的朝向。

(4) 擦去不可见的线，如图 5-20 所示。

(5) 擦去多余线条和坐标轴，如图 5-21 所示。

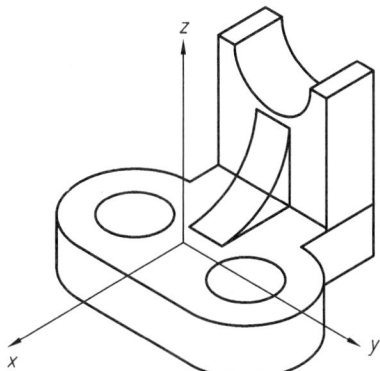

图 5-20 底座轴测图

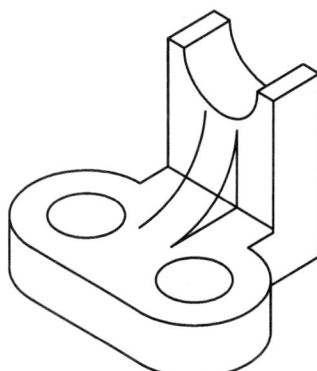

图 5-21 底座轴测图终图

项 目 小 结

　　本项目主要介绍了正等轴测图和斜二轴测图。轴测图是一种单面投影图，能在一个投影面上同时反映出物体三个坐标面的形状，并接近于人们的视觉习惯。绘制轴测图时要注意其投影特性。轴测图形象、逼真，富有立体感，但度量性差，作图较复杂。因此，在工程上常把轴测图作为辅助图样，来说明机器的结构、安装、使用等情况。

项目六 机件常用表达方法

一、学习目标

(1) 正确理解基本视图的形成、名称、配置关系及标注。

(2) 掌握向视图、局部视图、斜视图的画法及其具体应用。

(3) 正确理解剖视图、断面图的概念，掌握剖视图、断面图的种类、画法及标注的规定。

(4) 掌握局部放大图的画法及其标注规定。

(5) 掌握简化画法的基本规定。

(6) 能根据零件的结构特点恰当地选用表达方法。

(7) 能合理运用简化画法。

二、工作任务

根据所学知识能对图 6-1 所示零件进行表达方案的选择。

图 6-1 阀体

三、相关理论知识

(一) 视图

用正投影法绘出的机件图形称为视图。视图主要用来表达机件的外部结构形状，一般只画机件的可见部分，且用粗实线表示。其不可见部分必要时才画，用细虚线表示。视图通常有基本视图、向视图、斜视图和局部视图四种。

1. 基本视图

当机件的外形复杂时，为了清晰地表示出它们的上、下、左、右、前、后的不同形状，根据实际需要，除了已学的三个视图外，还可再加三个视图。在原有三个投影面的基础上再增设三个投影面。从右向左投影，得到右视图；从下向上投影，得到仰视图；从后向前投影，得到后视图。这六个视图称为基本视图。

六个基本投影面及其展开方法如图 6-2 所示。

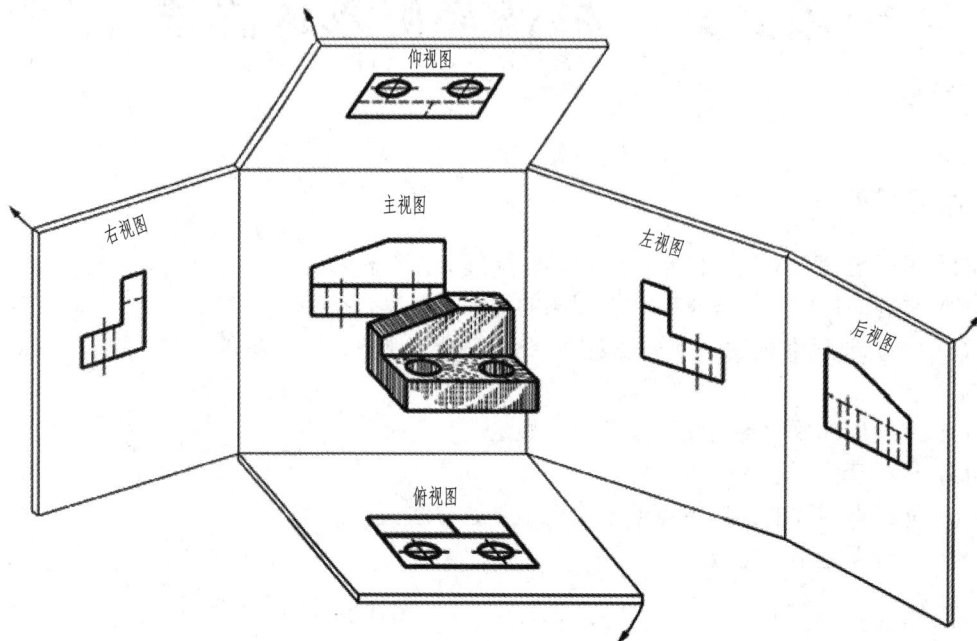

图 6-2　六个基本投影面及其展开

六个基本视图若画在同一张图样内，按图 6-3 所示的配置关系配置时，一律不标注视图名称。

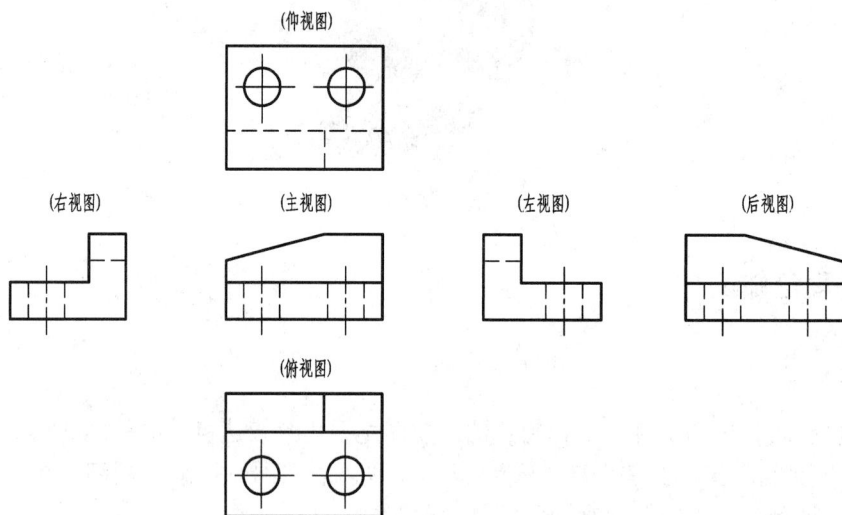

图6-3　视图的配置

六个基本视图之间的关系仍遵循"长对正、高平齐、宽相等"的投影原则。

2．向视图

向视图是可以自由配置的视图。有时根据专业的需要或为了合理利用图纸幅面，允许从以下两种表达方式中选择一种。

(1) 在向视图上方正中位置标注"*X*"("*X*"为大写拉丁字母)，同时在相应视图的附近用箭头指明投影方向，并标注相同的字母"*X*"(如图 6-4 所示)。

(2) 在向视图的下方(或上方)标注图名。标注图名的各视图位置，应根据需要和可能按相应的规则布置。

3．斜视图

1) 斜视图的形成和配置

机件向不平行于任何基本投影面的平面投射所得的视图称为斜视图。

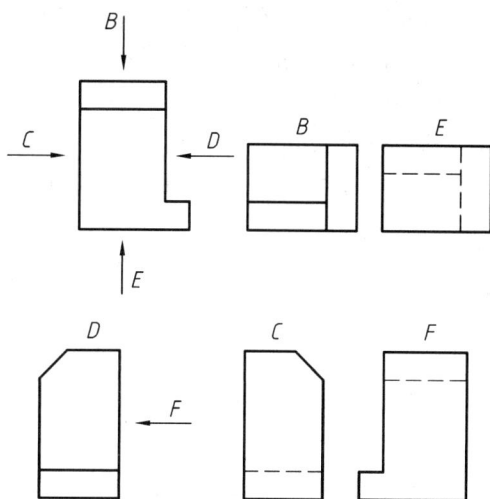

图 6-4　向视图的配置和标注

根据规定，在斜视图的上方标出视图名称"*X*"，在相应的视图附近用箭头指明投影方向，并注上同样的字母。不论图形和箭头如何倾斜，图样中的字母总是水平书写。

如图 6-5(a)所示的机件，其倾斜部分在俯、左视图上均得不到真形投影。这时，可用变换投影面法设立一个与该倾斜部分平行且与正立投影面垂直的新投影面 *P*，将该倾斜部分向这个新投影面进行投射，并将投射后的新投影面 *B* 旋转到与它所垂直的投影面重合，即得到斜视图，以反映倾斜部分的真形，如图 6-5(b)所示。

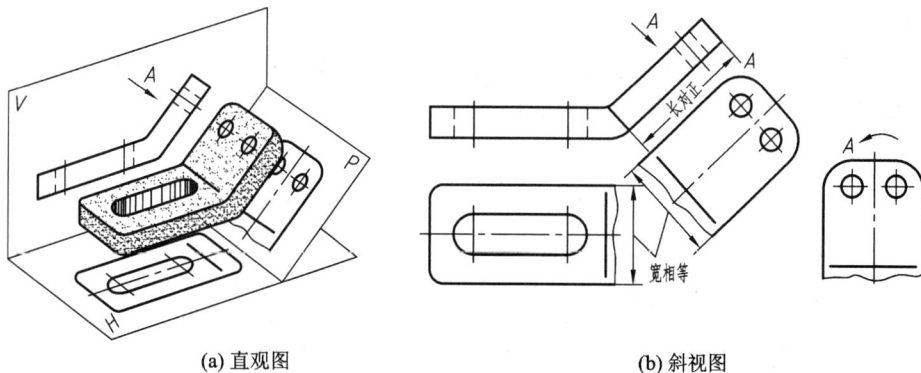

(a) 直观图　　　　　　　　　　　(b) 斜视图

图 6-5　斜视图的形成

斜视图通常只画出机件倾斜部分的真形，其余部分不必在斜视图中画出，而用波浪线断开，如图 6-5(b)的斜视图"*A*"。若所表达的倾斜部分的结构是完整的，且外轮廓线独立封闭，又与其他部分截然分开，则波浪线可省略不画。

2) 斜视图的绘制方法和原则

画斜视图时，必须在斜视图的上方正中位置标出其名称"*X*"，并在相应的视图附近用垂直于斜面的箭头指明投射方向，并注上同样的字母"*X*"。应特别注意的是，字母一律按水平位置书写，字头朝上。

斜视图一般配置在箭头所指的方向的一侧，且符合投影方向配置，有时为了合理利用图纸幅面，也可按向视图的配置形式配置。在其他适当位置，在不致引起误解时，为了画图方便，必要时也允许将其图形旋转方正配置，其旋转角度一般以不大于 90° 为宜，表示该视图名称的大写拉丁字母应靠近旋转符号的箭头端，也允许将旋转角度标注在字母之后，其标注形式为 "$X\leftarrow$" 或 "$X\rightarrow$"，如图 6-6 中的 "$A\leftarrow$" 所示。

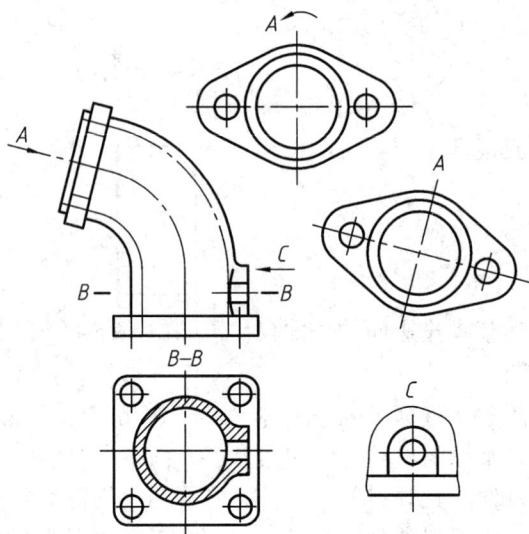

图 6-6　斜视图的配置

4. 局部视图

当采用一定数量的基本视图后，该机件上仍有部分结构尚未表达清楚，而又没有必要画出完整的基本视图时，可单独将这一部分的结构向基本投影面投影，所得的视图是一不完整的基本视图，称为局部视图，如图 6-7 所示。

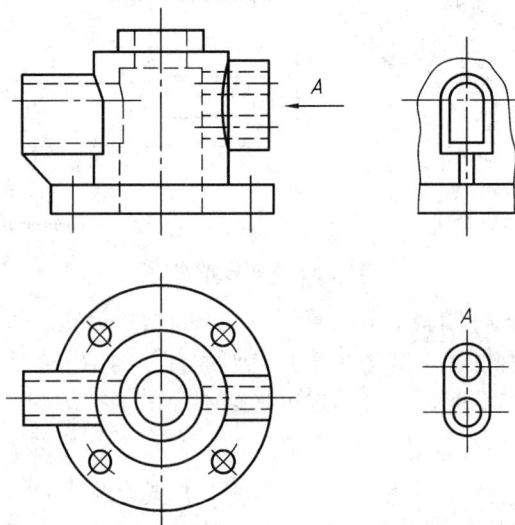

图 6-7　局部视图

　　画局部视图时，可以将局部视图按基本视图的配置形式配置，当局部视图按基本视图的配置形式配置且中间没有其他视图隔开时，可省略标注，如图 6-7 主视图右边的局部视图所示；也可以按向视图的配置形式配置，如图 6-7 中的 A 局部视图所示。

　　局部视图的断裂边界线用波浪线或双折线表示，如图 6-7 主视图右边的局部视图所示。当所表示的局部结构的外形轮廓是完整的封闭图形时，断裂边界线可省略不画，如图 6-7 中的 A 局部视图所示。

（二）剖视图

　　用视图表达机件时，机件中不可见的结构形状都用细虚线表示。当机件的内部结构较复杂时，视图中的细虚线较多，既不便于画图、看图，也不利于标注尺寸。为了能够清楚地表达出零件的内部形状，在机械制图中常采用剖视的方法。

1. 剖视图的形成

　　假想用剖切面从适当的位置剖开机件，将处在观察者和剖切面之间的部分移去，而将其余部分向投影面投影所得到的图形，称为剖视图。

　　当机件的内部形状比较复杂时，在视图中就会出现许多虚线，视图中的各种图线纵横交错在一起，造成视图层次不清，影响视图的清晰度，且不便于绘图、标注尺寸和读图。为了解决机件内部形状的表达问题，减少虚线，国家标准规定采用假想切开机件的方法将内部结构由不可见变为可见，从而将虚线变为实线。

　　例如，图 6-8(a)所示的机件，在主视图中，用虚线表达其内部结构，不够清晰。按照图 6-8(b)所示的方法，假想沿机件前后对称平面把它剖开，拿走剖切平面前面的部分后，将后面的部分再向正投影面投影，这样就得到了一个剖视的主视图。图 6-8(c)表示机件剖视图的画法。

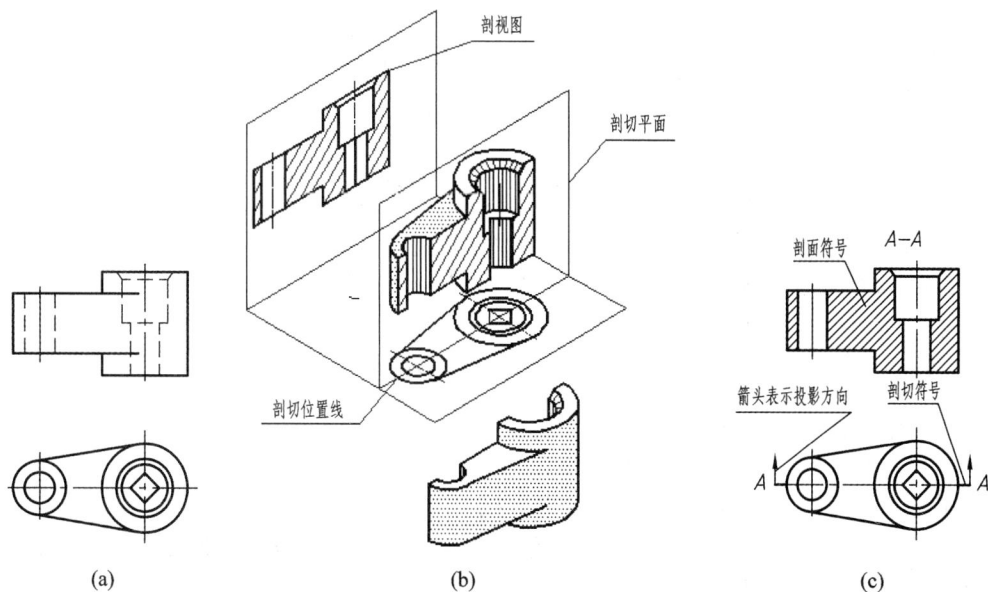

图 6-8　剖视图的形成

2. 剖视图的绘制原则和方法

1) 剖视图的绘制原则

剖视图是一种假想的表达手法，机件并不被真正地切开，因此除剖视图外，机件的其他视图仍然完整地画出。

一般采用平行于投影面的平面剖切。剖切位置的选择要得当，首先应通过内部结构的轴线或对称平面剖出它的实形；其次应在可能的情况下使剖切面通过尽量多的内部结构。

当剖切面将机件切为两部分后，移走距观察者近的部分，投影的是距观察者远的部分。它包括两项内容：一项是剖切面与机件接触的切断面，是实体部分；另一项是断面后的可见轮廓线，一般产生于孔、槽的部分。

为了区分空、实，规定在切断面上画出剖面符号。不同的材料有不同的剖面符号，有关剖面符号的规定见图 6-9。在绘制机械图样时，用得最多的是金属材料的剖面符号。

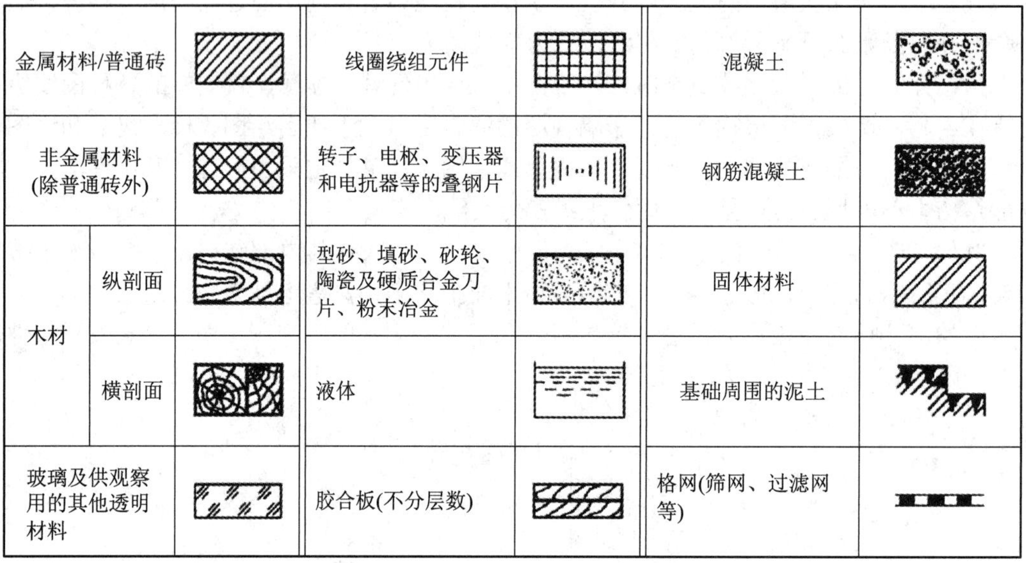

金属材料/普通砖		线圈绕组元件		混凝土	
非金属材料(除普通砖外)		转子、电枢、变压器和电抗器等的叠钢片		钢筋混凝土	
木材	纵剖面	型砂、填砂、砂轮、陶瓷及硬质合金刀片、粉末冶金		固体材料	
	横剖面	液体		基础周围的泥土	
玻璃及供观察用的其他透明材料		胶合板(不分层数)		格网(筛网、过滤网等)	

图 6-9　剖面符号

2) 剖视图的绘制方法

剖视图的绘制方法如下：

(1) 先画出机件的视图，再进行剖切。

(2) 先画出剖切后的断面形状，再补画断面后的可见轮廓线。

3) 绘图步骤

如图 6-10 所示，绘图步骤如下：

(1) 确定剖切面的位置。

(2) 将处在观察者和剖切面之间的部分移去，而将其余部分全部向投影面投射；不同的视图可以同时采用剖视。

(3) 在剖面区域内画上剖面符号，剖视图中的虚线一般可省略。

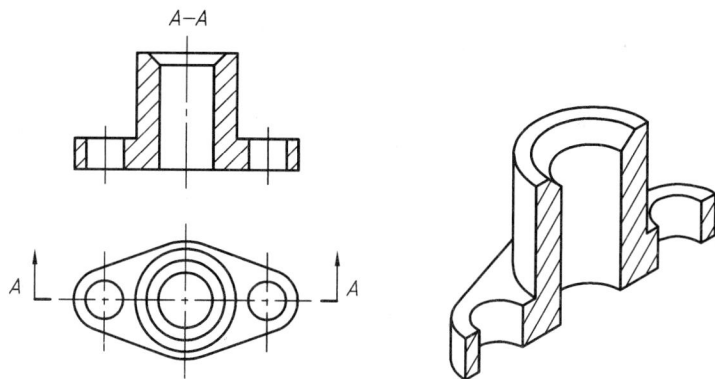

图 6-10 剖视图的画法

3．剖视图的标注及配置

1) 剖视图的配置

一般应在剖视图的上方中间标出剖视图的名称"X—X"。在剖切面积聚为直线的视图上标注相同的字母，用线宽为$(1\sim1.5)b$、长约 5～10 mm 断开的粗实线画出剖切符号，表示剖切位置。剖切符号应尽量不与图形的轮廓线相交或重合，在剖切符号外侧画出与剖切符号相垂直的细实线和箭头表示投影方向。

2) 剖视图省略标注的两种情况

(1) 当剖视图按投影关系配置，中间又没有其他图形隔开时，可略去箭头。

(2) 当单一剖切平面通过机件的对称平面或者基本对称平面且符合上述条件时，可全部省略。

4．剖视图绘制的注意事项

绘制剖视图时应注意以下几点：

(1) 剖切平面的选择：一般都选特殊位置平面，如通过机件的对称面、轴线或中心线；被剖切到的实体的投影反映实形。

(2) 剖切是一种假想过程，其他视图仍旧完整地画出。

(3) 剖切面后面的可见部分应该全部画出。

(4) 在剖视图上已经表达清楚的结构，其表示内部结构的虚线省略不画。但没有表示清楚的结构，允许画少量虚线。

(5) 剖面线为细实线，最好与主要轮廓或剖面区域的对称线成 45°角；同一物体的剖面区域，其剖面线画法应一致。

5．剖视图的种类

按剖切范围的大小，剖视图可分为全剖视图、半剖视图和局部剖视图三类。

1) 全剖视图

用剖切面将机件全部剖开所得的剖视图称为全剖视图。

全剖视图主要适用于外形较简单，内部结构较复杂且不对称的机件，或一些外形简单的空心回转体的机件，如图 6-11 和图 6-12 所示。

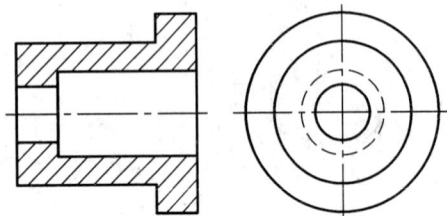

图 6-11　零件 1

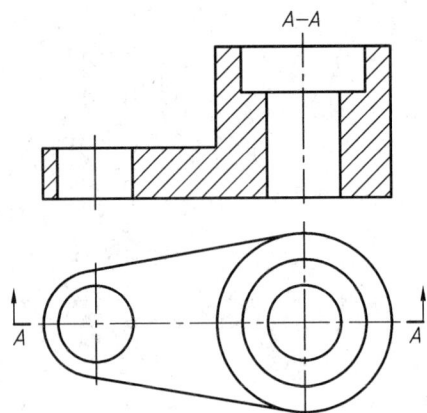

图 6-12　零件 2

在画全剖视图时，若剖切平面与机件的对称平面重合，且视图按投影关系配置，中间又没有其他图形隔开，则可以不标注剖切面的位置和剖视图的名称；若剖视图与原基本视图不是按投影关系配置的，则必须标注剖切面的位置、看图方向及剖视图的名称。

2) 半剖视图

当机件具有对称平面时，在垂直于对称平面的投影面上的投影，可以对称中心线为界，一半画成剖视图，一半画成视图，这样的图形叫作半剖视图。半剖视图能在一个图形中同时反映机件的内部形状和外部形状，故主要用于内、外结构形状都需要表达的对称机件，如图 6-13 所示。

对于形状接近于对称的机件，当其不对称的部分已另有图形表达清楚时，也可画成半剖视图，以便将机件的内、外结构形状简明地表达出来，如图 6-13 所示。

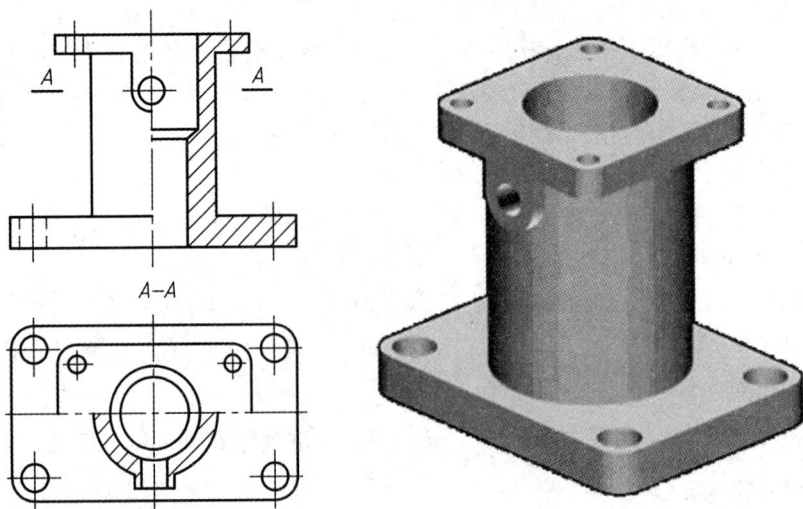

图 6-13　半剖视图

画半剖视图时应注意以下几点：

(1) 图中剖与不剖两部分应以细点画线为界。

(2) 机件的内部结构若已在剖开部分的图中表达清楚，则在未剖开部分的图中不再画细虚线。

(3) 半剖视图的标注方法与全剖视图的标注方法相同。

3) 局部剖视图

用剖切面局部地剖开机件所得的剖视图称为局部剖视图，如图 6-14 所示。

局部剖视图的适用范围如下：

(1) 实心杆上有孔、槽时，应采用局部剖视，如图 6-15(a) 所示。

(2) 需要同时表达不对称机件的内外形状时，可以采用局部剖视，如图 6-15(b) 所示。

(3) 当对称机件的轮廓线与中心线重合，不宜采用半剖视时，如图 6-15(c) 所示。

(4) 当机件的内外形状都较复杂，而图形又不对称时，如图 6-15(d) 所示。

(5) 表达机件底板、凸缘上的小孔等结构，如图 6-15(e) 所示。

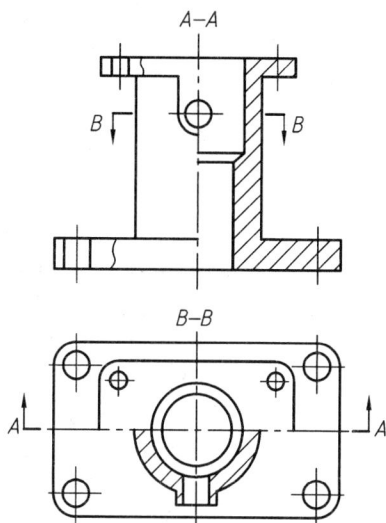

图 6-14　局部剖视图(1)

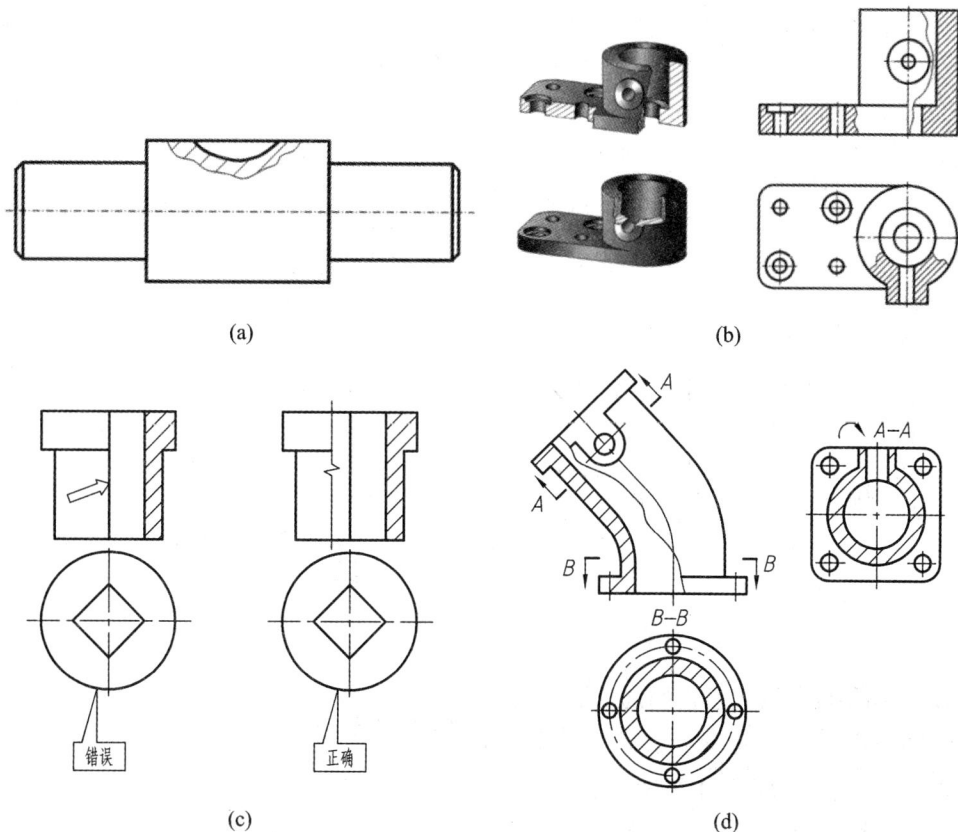

(a)

(b)

(c)

(d)

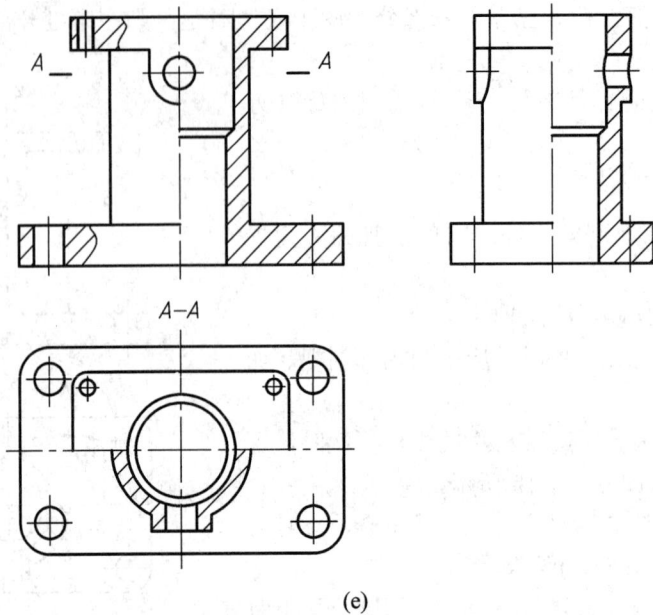

(e)

图 6-15　局部剖视图(2)

画局部剖视图时应注意以下问题:

(1) 波浪线不能与图上的其他图线重合,如图 6-16 所示。

(2) 波浪线不能穿空而过,也不能超出视图的轮廓线,如图 6-17 所示。

(3) 当被剖结构为回转体时,允许将其中心线作局部剖的分界线。

(4) 在一个视图中,局部剖的数量不宜过多。

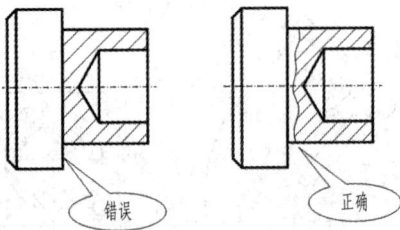

图 6-16　局部剖视图(3)

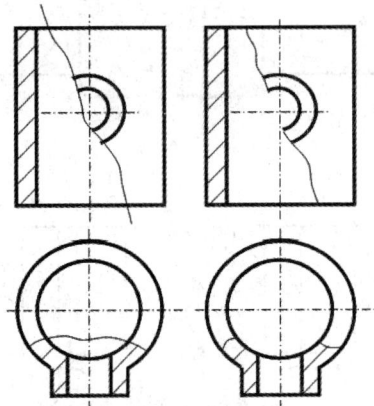

图 6-17　局部剖视图(4)

6．剖切平面的形式及常用的剖切方法

1) 单一的剖切平面

前面所接触到的几种剖视图均是采用平行于某一基本投影面的单一剖切平面剖开机件所画出的剖视图(见图 6-18)。一般用平行(或垂直)于基本投影面的单一剖切平面剖切,也可用柱面剖切机件,并将其剖视图展开绘制。

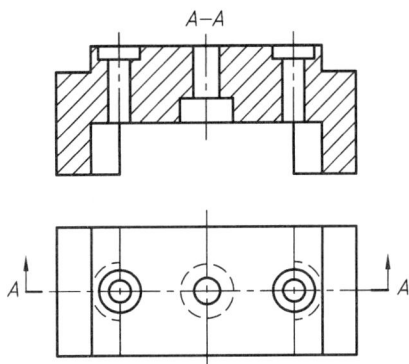

图 6-18　单一剖切平面的剖视图

单一剖切平面的标注方法如下：

(1) 在剖视图上方标出剖视图的名称 "X—X"，在相应的视图上标出剖切的位置、投射的方向，并注上相同的字母，进行完整标注。

(2) 当剖视图按投影关系配置，中间又无其他图形隔开时，可省略箭头。

(3) 当单一剖切面通过零件的对称平面或基本对称平面且剖视图按投影关系配置，中间又无其他图形隔开时，可省略全部标注。

2) 不平行于任何基本投影面的剖切平面

如图 6-19 所示的 A—A 剖视图(剖切面是正垂面)，这种投影方式与斜视图非常相似，也称为 "斜剖"。斜剖视图主要用于表达机件上倾斜部位的内部结构。

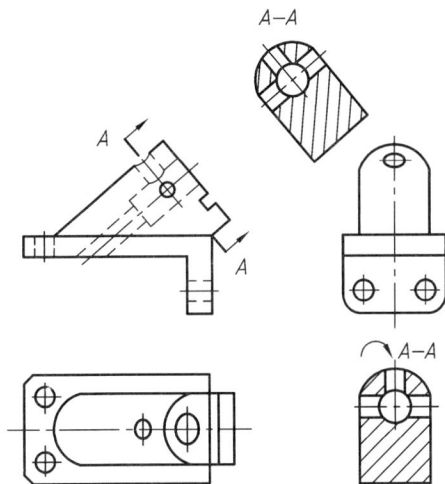

图 6-19　斜剖视图

采用斜剖画剖视图时应注意以下几点：

(1) 剖切平面应与机件倾斜的内部结构平行(或垂直)，同时，又必须垂直于某一基本投影面，剖开后向剖切平面的垂直方向投射，并将其旋转到与它所垂直的基本投影面重合后画出，以反映其内部被剖切到的倾斜结构的真形。

(2) 斜剖视图最好配置在箭头所指的一侧，以保持直接的投影关系。必要时，可配置在图纸的其他适当位置。在不致引起误解时，也可将图形旋转放正画出，但这时应在斜剖视图上方正中位置注成"*X*—*X*"形式,以示其名称。采用斜剖切画剖视图必须进行标注,其标注方法与以上几种剖切面的标注方法基本相同,但应特别注意的是,注写字母一律按水平位置书写,字头朝上。其中旋转符号的尺寸和比例与斜视图相同。

3) 几个平行的剖切平面

用几个平行的剖切平面剖开机件的方法称为阶梯剖,如图 6-20 所示。

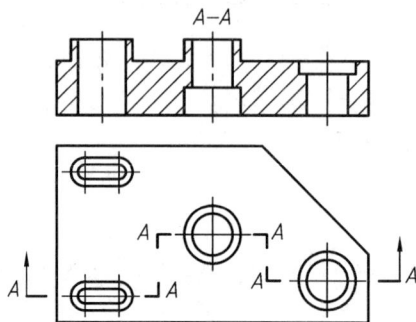

图 6-20   阶梯剖

阶梯剖适用于表达外形简单、内形较复杂且难以用单一剖切平面剖切表达的机件。阶梯剖必须进行标注,它的各剖切平面相互连接而不重叠,其转折符号成直角且应对齐。当转折处位置有限又不会引起误解时,可省略字母。剖切是假想的,在剖视图中不得画出各剖切面的分界线。

4) 相交的剖切平面

用相交的剖切平面(且交线垂直于某一投影面)剖开机件的方法称为旋转剖(见图 6-21)。

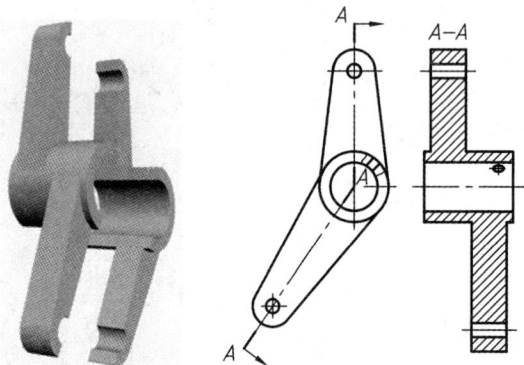

图 6-21   旋转剖

采用旋转剖画剖视图时,先假想按剖切位置剖开机件,然后将被剖开的结构及有关部分旋转。旋转剖必须进行标注,在剖切平面的起讫和转折处应标注相同的字母。旋转剖在起讫处应画箭头表示投影方向。当机件的内部结构形状较多且复杂时,多用旋转合剖。

5) 组合的剖切平面

当机件的内部结构形状较多且复杂,单用阶梯剖和旋转剖仍不能表达清楚时,可以用组合的剖切平面剖开机件,这种方法称为复合剖,如图 6-22 所示。

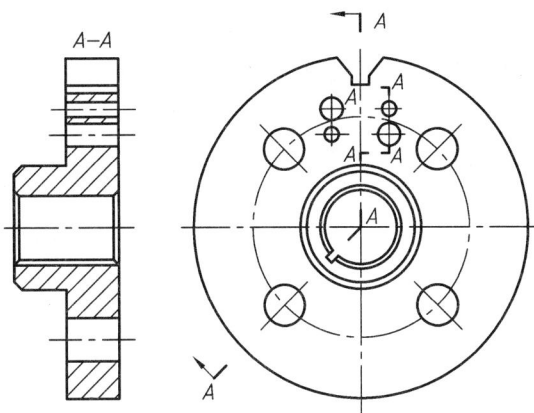

图 6-22　复合剖

图 6-22 就是用几个相交的剖切平面剖切机件的，采用这种剖切方法画剖视图时，可用展开画法。采用复合剖画剖视图时必须进行标注，其画法与标注方法与阶梯剖、旋转剖的基本相同。

（三）断面图

假想用剖切平面将机件的某处切断，仅画出该剖切面与物体接触部分的图形称为断面图，简称断面，如图 6-23 所示。

断面图主要用来表达机件上某些部分的截断面形状，如肋、轮辐、键槽、小孔及各种细长杆件和型材的截断面形状等。

剖视图与断面图的区别：断面图只画机件被剖切后的断面形状，而剖视图除了画出断面形状外，还必须画出机件上位于剖切平面后面的形状。

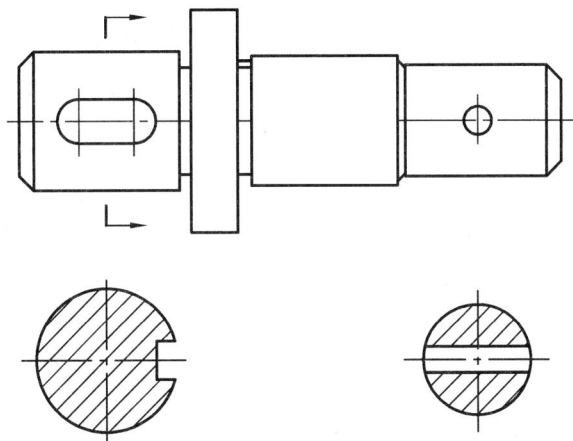

图 6-23　断面图

断面图分为移出断面图和重合断面图。

1. 移出断面图

画在视图轮廓线之外的断面图称为移出断面图。移出断面图的轮廓线用粗实线绘制。

1) 移出断面图的画法

(1) 移出断面应尽量配置在剖切线的延长线上,如图 6-24(a)所示。

(2) 断面对称时可画在视图的中断处,如图 6-24(b)所示。

(3) 必要时可将断面配置在其他适当位置。在不致引起误解时,允许将图形旋转,但必须标注旋转符号,如图 6-24(c)所示。

(4) 当剖切面通过回转面形成的孔或凹坑的轴线时,这些结构应按剖视绘制,如图 6-24(d)所示。

(5) 当剖切面通过非圆孔而出现完全分离的两个断面时,这些结构亦应按剖视绘制,如图 6-24(e)所示。

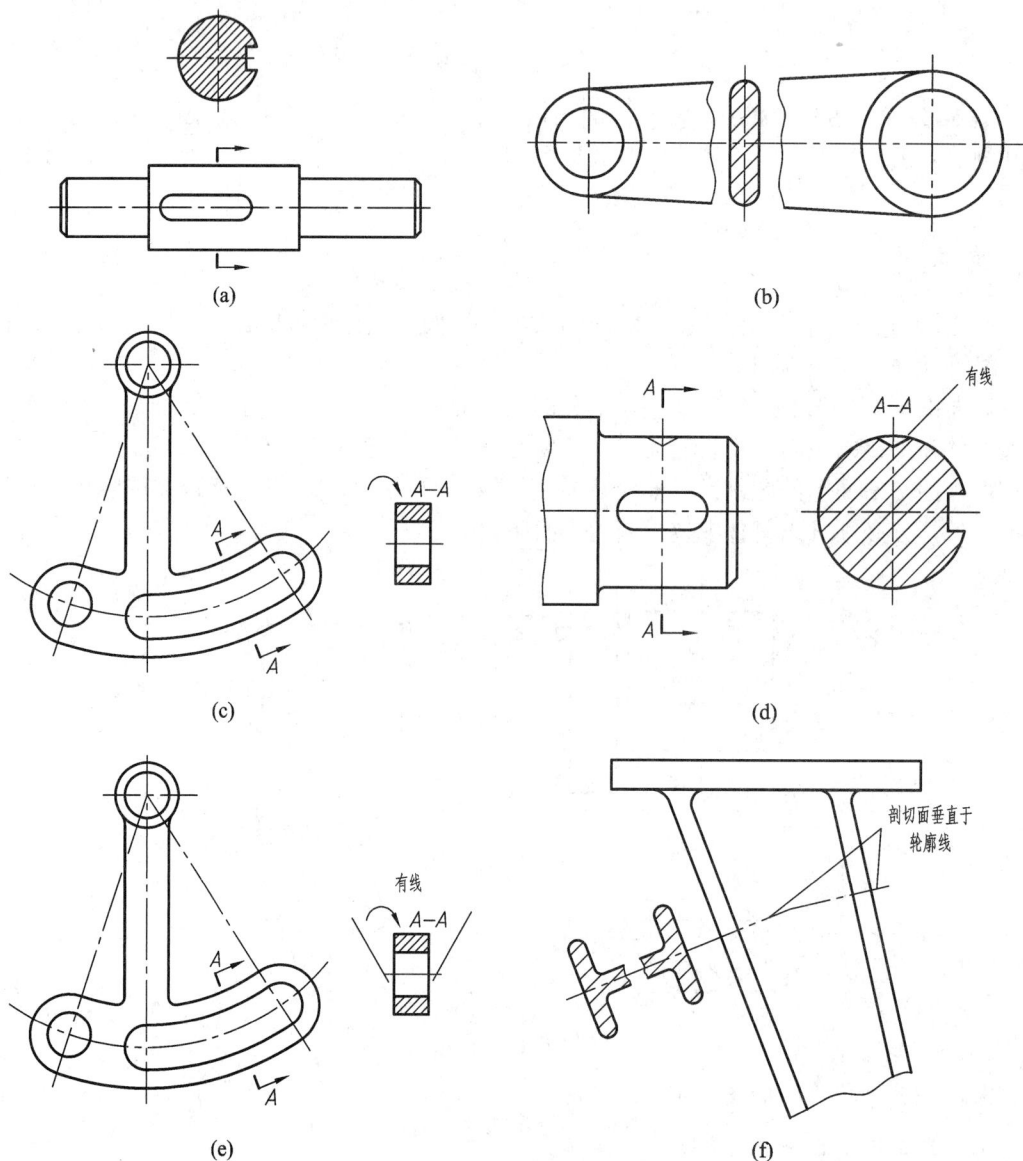

(a)

(b)

(c)

(d)

(e)

(f)

图 6-24　断面图画法

(6) 由两个或多个相交的剖切面剖切得到的移出断面，中间一般应断开，如图 6-24(f) 所示。

2) 移出断面图的配置与标注

(1) 为了看图方便，移出断面应尽量配置在剖切位置线的延长线上；必要时，移出断面也可配置在其他适当位置，如图 6-25 所示。

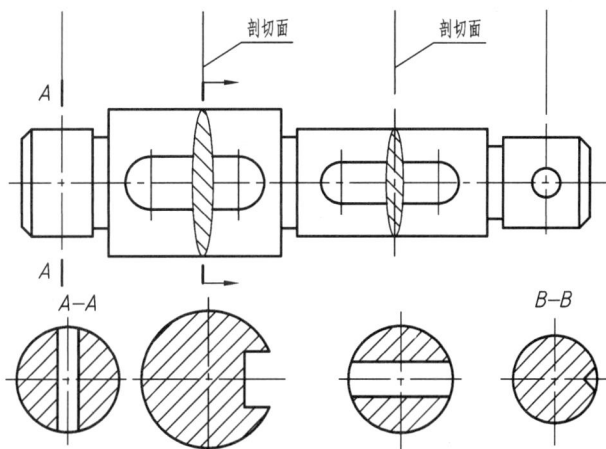

图 6-25　移出断面图的配置与标注

(2) 移出断面图一般应标注断面图的名称"X—X"（"X"为大写拉丁字母），在相应视图上用剖切符号表示剖切位置和投射方向，并标注相同字母，如图 6-24(d)所示。

(3) 配置在剖切线延长线上的移出断面可省略字母，如图 6-24(a)所示。

(4) 对称的移出断面、按投影关系配置的移出断面均可省略箭头，如图 6-26 所示。

(5) 配置在剖切线延长线上的对称的移出断面，以及配置在视图中断处的对称的移出断面均不必标注，如图 6-24(b)、(f)所示。

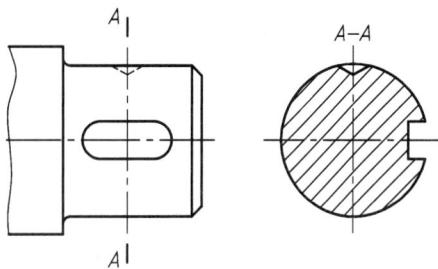

图 6-26　箭头可省略

2. 重合断面图

画在视图轮廓线之内的断面图称为重合断面图。重合断面图用细实线绘制。

1) 重合断面图的画法

当视图中的轮廓线与断面图的图线重合时，视图中的轮廓线仍应连续画出，如图 6-27 所示。

2) 重合断面图的标注

(1) 配置在剖切线上的不对称的重合断面图可不标注名称(大写拉丁字母)，如图 6-27(a) 所示。

(2) 对称的重合断面图可以完全不标注，如图 6-27(b)所示。

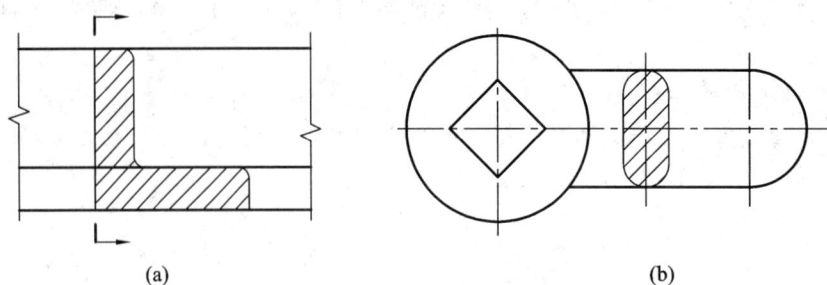

(a)   (b)

图 6-27   重合断面图的标注

(四) 零件的其他表达方法

为了使图形清晰和画图简便，国家标准中规定了图样的一些规定画法和简化画法，供绘图时选用。

1．规定画法

(1) 对于机件的肋、轮辐及薄壁等，如按纵向剖切，这些结构都不画剖面符号，而用粗实线将它与其邻接部分分开，如图 6-28 和图 6-29 所示。

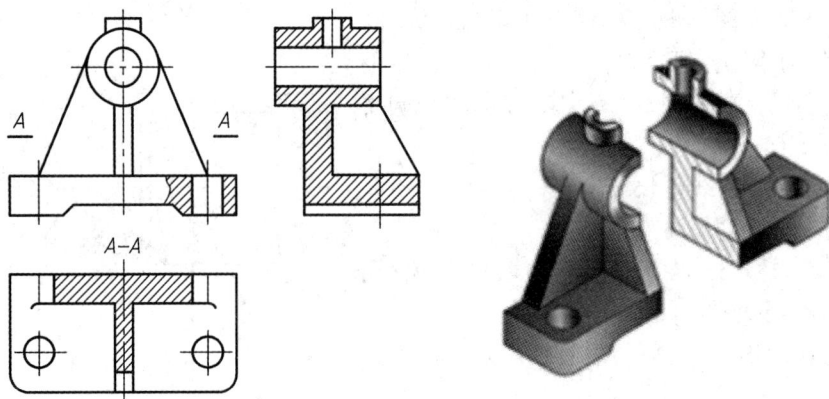

图 6-28   机件上肋的规定画法

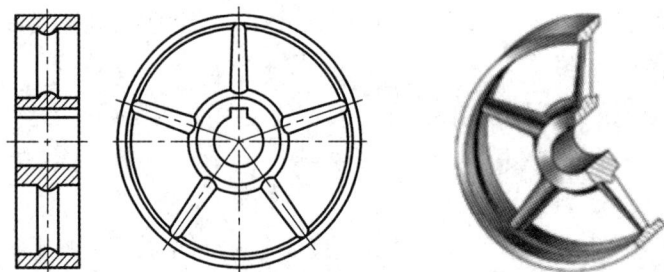

图 6-29   轮辐剖切时的画法

(2) 当回转体机件上均匀分布的肋、轮辐、孔等结构不处于剖切平面上时，可将这些结构旋转到剖切平面上画出，如图 6-30 所示。

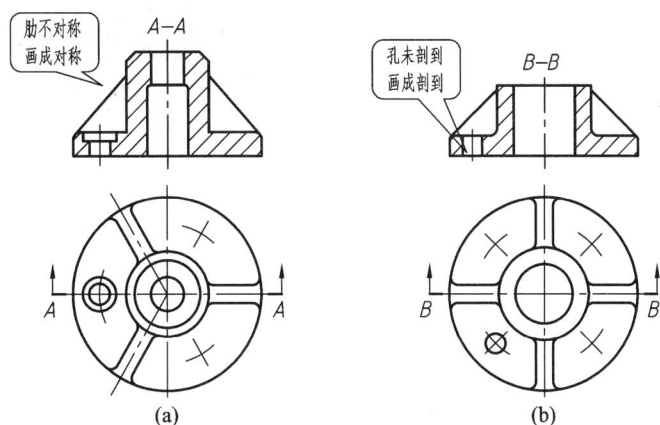

图 6-30 回转体机件上均匀分布的肋、孔的画法

(3) 在剖视图的剖面区域中可再作一次局部剖视，两者的剖面线应同方向、同间隔，但要互相错开，并用指引线标出局部剖视图的名称，如图 6-31 所示。

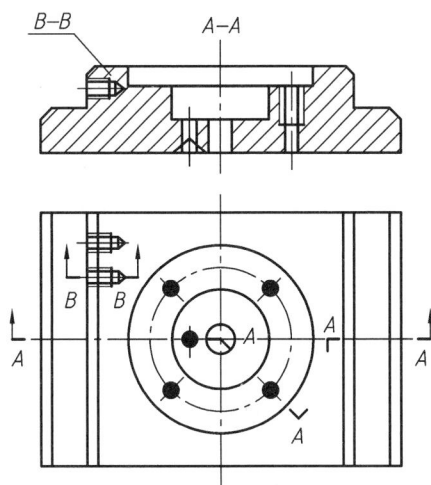

图 6-31 剖中剖

2. 简化画法

(1) 若机件上有规律分布的重复结构要素(如齿、槽)，则允许只画出其中一个或者几个完整结构，其余的可用细实线连接或仅画出它们的中心位置，如图 6-32 所示。

(2) 在不致引起误解时，对称机件的视图可只画一半或四分之一，并在对称中心线的两端画出两条与其垂直的平行细线，如图 6-33 所示。

(3) 在不致引起误解时，图形的过渡线、相贯线可以简化，如图 6-34 所示。

(4) 与投影面的倾斜角度小于或等于 30° 的圆或圆弧，其投影可用圆或圆弧代替真实投影的椭圆，如图 6-35 所示。

(a)

(b)　　　　　　　　　　(c)　　　　　　　　　　(d)

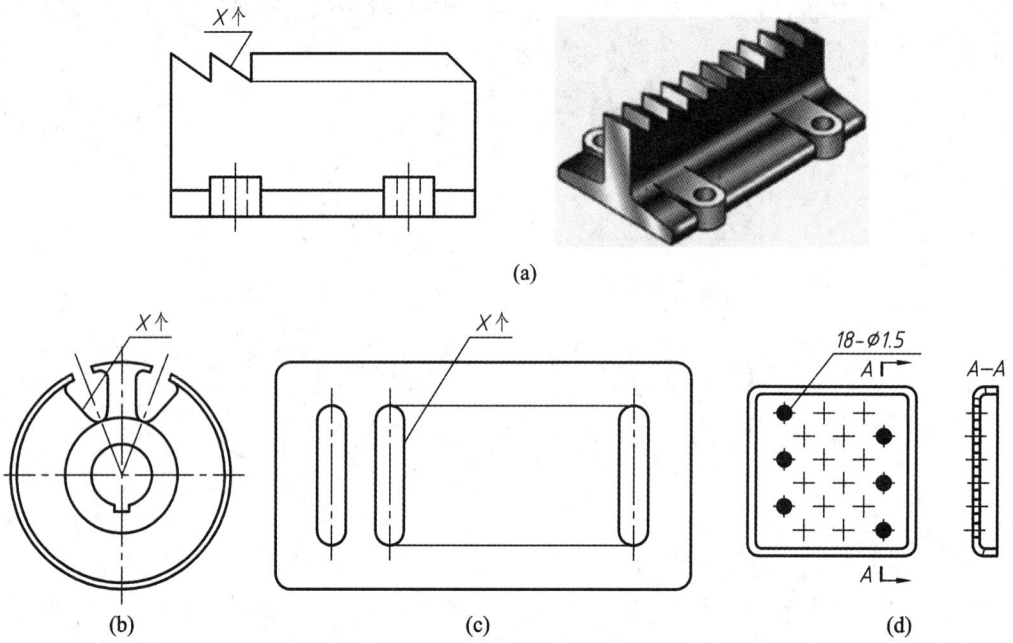

图 6-32　重复结构要素的简化画法

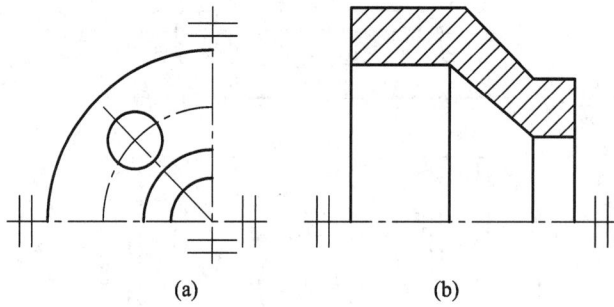

(a)　　　　　　　　　　　　　(b)

图 6-33　对称机件的简化画法

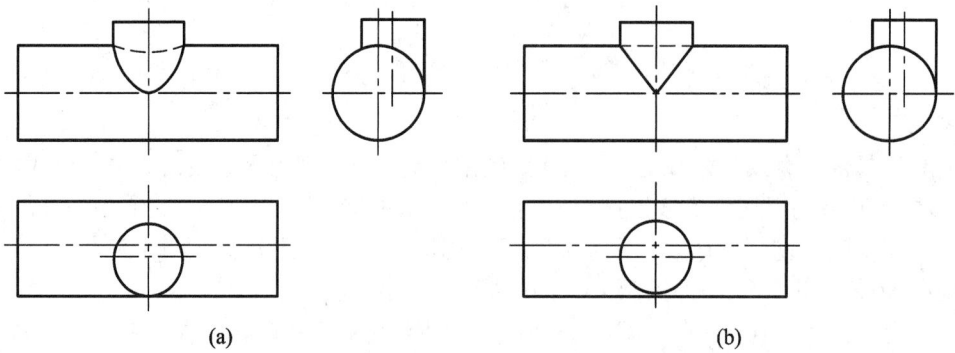

(a)　　　　　　　　　　　　　(b)

图 6-34　相贯线的简化画法

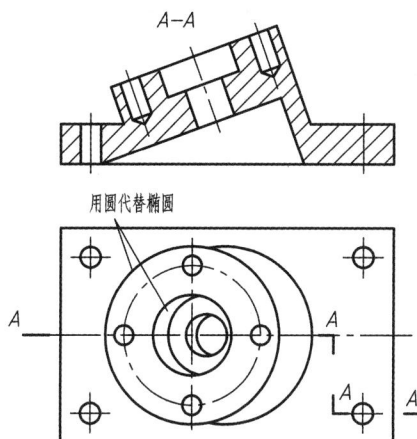

图 6-35　倾斜圆的简化画法

(5) 为了减少视图数,可用细实线画出对角线表示回转体机件上的平面,如图 6-36 所示。

(6) 在不致引起误解的情况下,剖面区域内的线可省略,如图 6-37 所示。

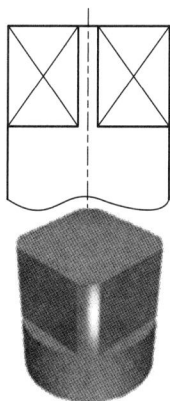

图 6-36　平面的简化画法

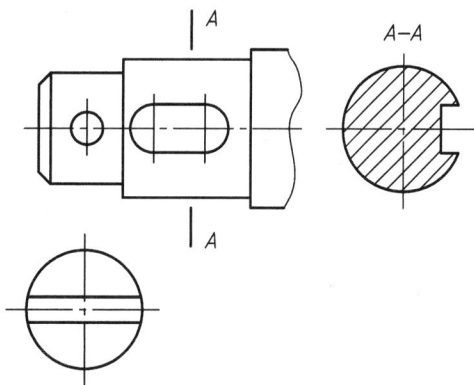

图 6-37　剖面符号的简化画法

(7) 较长的机件(如轴、杆、型材或连杆等)沿长度方向的形状相同或按一定规律变化时,允许采用断开画法,但标注尺寸时仍按其实际尺寸,如图 6-38 所示。

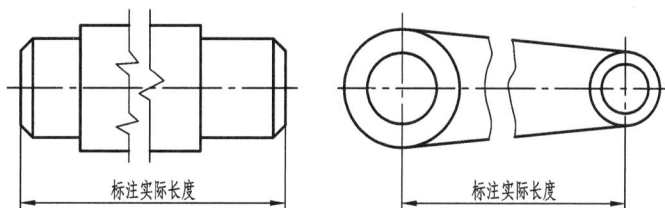

图 6-38　较长机件的简化画法

(8) 网状物、编织物或者机件的滚花部分,可在轮廓线附近用细实线画出一部分,也可省略不画,并在适当位置注明这些结构的具体要求,如图 6-39 所示。

(9) 圆柱形法兰盘和类似机件上均匀分布的孔可按图 6-40 绘制。

网纹m5 GB/T6403.3-1986   网纹m5 GB/T6403.3-1986   网纹m5 GB/T6403.3-1986

(a) 简化前   (b) 简化后   (c) 简化后

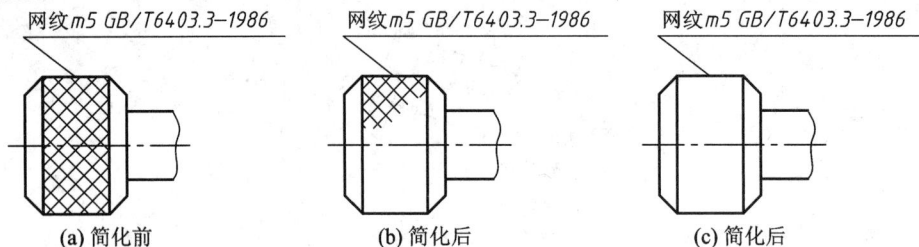

图 6-39 滚花部分的简化画法

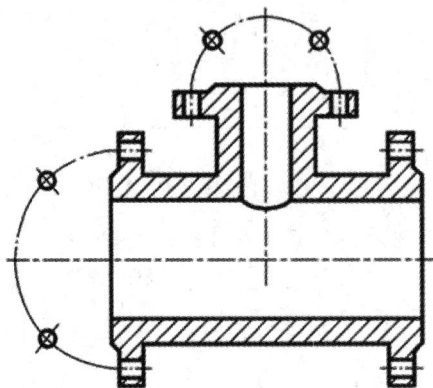

图 6-40 法兰均布孔的简化画法

3．局部放大图

将机件的部分结构用大于原图形的比例画出的图形称为局部放大图。

局部放大图常用于表达机件上在视图中表达不清楚或不便于标注尺寸和技术要求的细小结构，如图 6-41 所示。

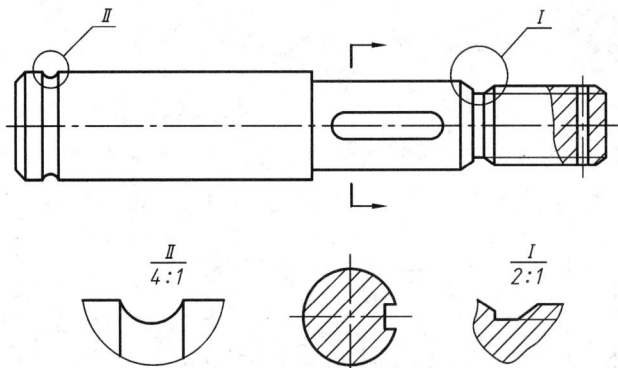

$\dfrac{Ⅱ}{4:1}$ $\dfrac{Ⅰ}{2:1}$

图 6-41 局部放大图(1)

画局部放大图时应注意以下几点:

(1) 局部放大图可画成视图、剖视图或断面图，与被放大部分的图样画法无关，如图 6-41 所示。局部放大图应尽量配置在被放大部分的附近。

(2) 绘制局部放大图时，除螺纹牙型、齿轮和链轮的齿形外，应将被放大部分用细实线圈出。在同一机件上有几处需要放大画出时，用罗马数字标明放大位置的顺序，并在相应的局部放大图上方标出相应的罗马数字及所用比例以示区别，如图 6-41 所示。若机件上只有一处需要放大，则只需在局部放大图的上方注明所采用的比例，如图 6-42 所示。

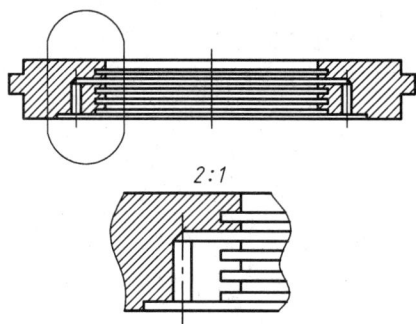

图 6-42　局部放大图(2)

必须指出，局部放大图上所标注的比例是指该图形中机件要素的尺寸与实际机件相应要素的尺寸之比，与原图比例无关。

四、任务实施

根据图 6-1 阀体的立体图，用适当的表达方法画出一组视图。

1. 第一种表达方法

主视图采用全剖视，表达阀体内腔结构。俯视图采用半剖视，表达顶部圆盘及小孔结构，同时也表达中段柱体与底板的形状。左视图采用半剖视，表达左侧凸缘的形状与阀体的内腔形状，如图 6-43 所示。

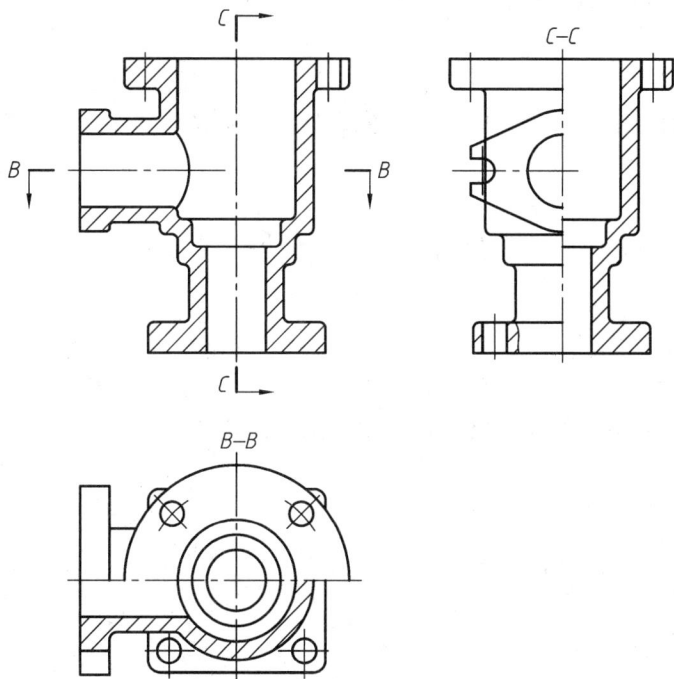

图 6-43　阀体的第一种表达方法

2．第二种表达方法

主视图采用局部剖视，表达阀体内腔和底板上的小孔。左侧凸缘的形状采用局部视图表达，如图 6-44 所示。

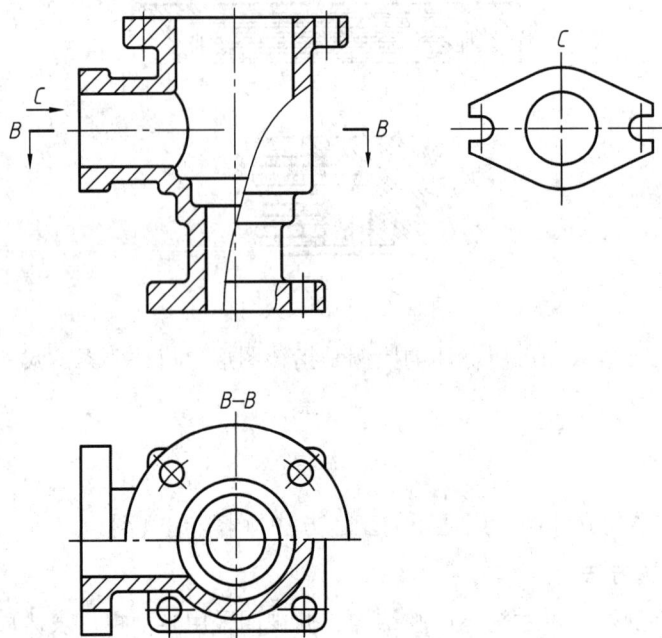

图 6-44　阀体的第二种表达方法

第二种表达方法与第一种表达方法相比，左视图与主视图所表达的内容不再有重复，减轻了绘图工作量。

通过上述例子可以看到，零件的表达方案可以有很多种，要通过了解零件的功用和性能，分析比较、取长补短，选用较为合理的表达方法来表示零件，最终给读图和识图带来较大的方便。

项 目 小 结

本项目主要介绍零件常用的表达方法。零件(尤其是结构复杂的零件)需要通过多个视图以及各种不同的剖切方法组成的表达方案才能合理地反映出具体结构。通过本项目的学习，读者不仅要掌握各种视图以及剖切方法的画法，还要掌握合理表达方案的选择方法。

项目七 标准件和常用件

一、学习目标

(1) 掌握螺纹的规定画法和标注方法。

(2) 掌握常用螺纹紧固件的规定标记，以及它们的连接画法。

(3) 掌握键连接和销连接的画法和键、销的规定标记。

(4) 学会按标准件的规定查阅其有关标准。

(5) 掌握齿轮的基本知识、圆柱齿轮基本参数的计算方法以及齿轮和蜗杆、蜗轮的规定画法。

(6) 掌握轴承的简化画法和规定标记，以及弹簧的规定画法。

(7) 学会在零件图和装配图中正确绘制标准件、常用件图样。

(8) 能正确识读或标注标准件标记。

(9) 能根据标准件的标记查阅机械设计手册确定标准件的结构和大小。

二、工作任务

了解如图 7-1 所示标准件的规定画法，学会读如表 7-1 所示螺纹标记的含义。

图 7-1 标准件

表 7-1　螺纹标记

代号/项目		M20×1.5−6h	M24−5g6g−S−LH	M20×PH3P1.5−5g6g−S−LH	Tr44×Ph14P7−8H
螺纹种类					
内/外					
螺纹					
大径					
小径					
导程					
螺距					
线数					
公差带	中径				
代号	顶径				
旋向					
旋合长度					

三、相关理论知识

(一) 螺纹的基本知识

1. 螺纹的形成、加工及要素

1) 螺纹的形成

螺旋线是指一动点在一圆柱体的表面上绕轴线等速旋转,同时沿轴向做等速移动的轨迹。

一平面图形沿螺旋线运动,运动时保持该图形通过圆柱体的轴线,就得到螺纹,如图7-2 所示。

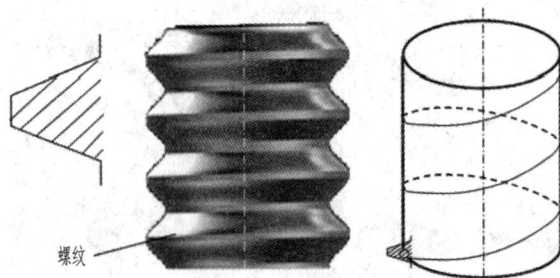

螺纹

图 7-2　螺纹的形成

2) 螺纹的加工

螺纹是在圆柱或圆锥表面上,沿着螺旋线的运动轨迹形成的,具有相同断面轮廓形状的连续凸起和凹槽。

螺纹分为内螺纹和外螺纹两种。在外表面上加工的螺纹称为外螺纹,在内表面上加工的螺纹称为内螺纹。内外螺纹一般成对使用，形成螺纹副，可用于连接、传递运动、调整间距等。常见的螺纹加工方法如图 7-3 所示。

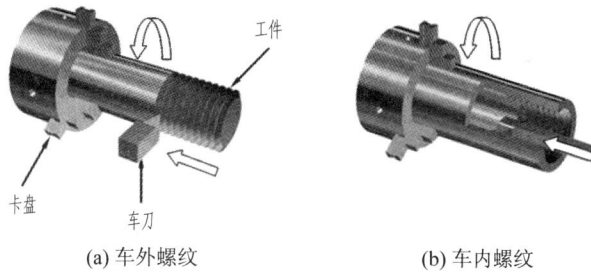

(a) 车外螺纹   (b) 车内螺纹

图 7-3 常见的螺纹加工方法

3) 螺纹的要素

(1) 牙型。

在通过螺纹轴线的断面上，螺纹的轮廓形状称为螺纹牙型。它有三角形、梯形、锯齿形和矩形等，如图 7-4 所示。不同的螺纹牙型有不同的用途。

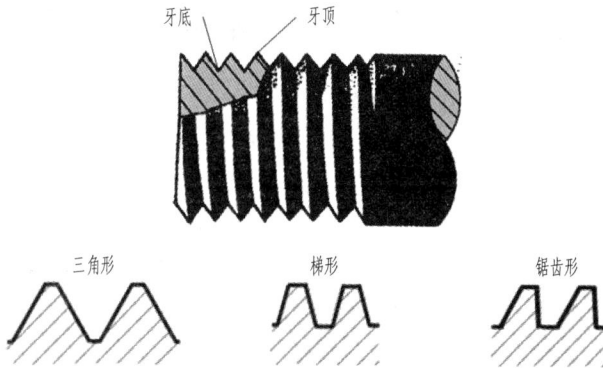

图 7-4 螺纹牙型

(2) 螺纹的大径、小径和中径。

大径：与外螺纹牙顶或内螺纹牙底相切的假想圆柱面的直径，用 D、d 表示。

小径：与外螺纹牙底或内螺纹牙顶相切的假想圆柱面的直径，用 D_1、d_1 表示。

螺纹的大径和小径如图 7-5 所示。

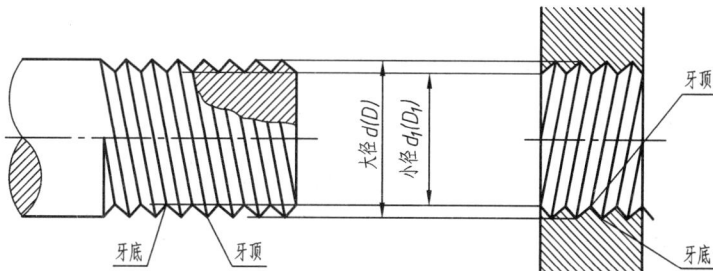

图 7-5 螺纹大径、小径

中径：一个假想圆柱的直径。该圆柱的母线通过螺纹牙型上沟槽和凸起宽度相等的地方，如图 7-6 所示。

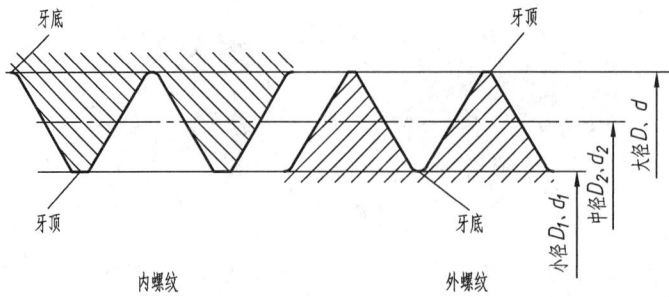

图 7-6   内、外螺纹各直径

(3) 螺纹的线数 n。

圆柱面上只有一条螺纹盘绕时叫作单线螺纹；若同时有两条或两条以上螺纹盘绕，就叫作多线螺纹，如图 7-7 所示。

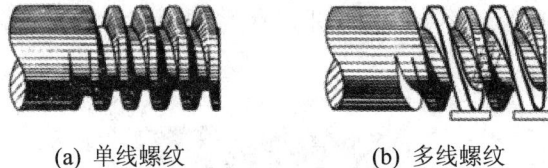

(a) 单线螺纹   (b) 多线螺纹

图 7-7   螺纹的线数

(4) 螺距和导程。

螺纹上相邻两牙在中径线上对应两点之间的轴向距离 P 称为螺距。

同一条螺纹上相邻两牙在中径线上对应两点之间的轴向距离 L 称为导程。

二者之间的关系：螺距=导程/线数，如图 7-8 所示。

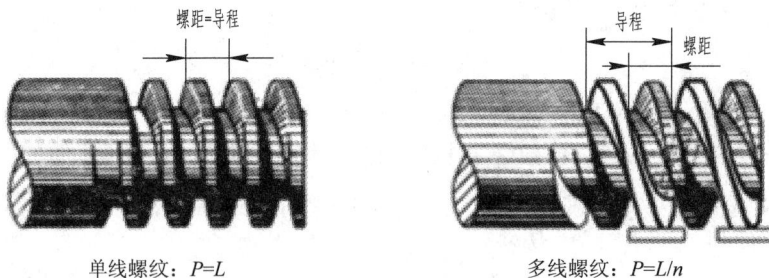

单线螺纹：$P=L$ 多线螺纹：$P=L/n$

图 7-8   螺纹的螺距和导程

(5) 螺纹的旋向。

左旋即为逆时针旋入时拧紧(左边高)，右旋即为顺时针旋入时拧紧(右边高)，如图 7-9 所示。

工程上常用右旋螺纹，但一些比较重要的安全场合(如液化气罐)就可能用到左旋螺纹。

在螺纹的要素中，牙型、大径和螺距是决定螺纹最基本的要素，通常称为螺纹三要素。凡螺纹三要素符合标准的称为标准螺纹。

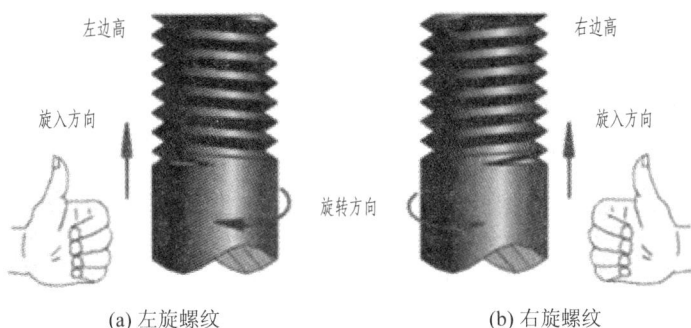

(a) 左旋螺纹　　　　　　　　　　　(b) 右旋螺纹

图 7-9　螺纹的旋向

注意：互相旋合的一对内、外螺纹，它们的牙型、大径、旋向、线数和螺距等要素必须一致。

2．螺纹的结构

1) 螺纹的末端

为了便于装配和防止螺纹起始圈被破坏，常在螺纹的起始处加工出一定的形式，如倒角、倒圆等，如图 7-10 所示。

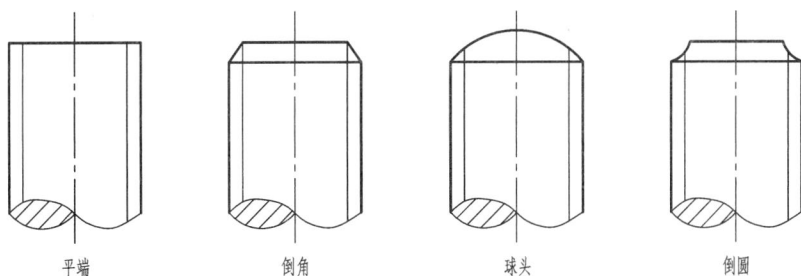

图 7-10　螺纹的末端

2) 螺纹的收尾和退刀槽

车削螺纹时，刀具接近螺纹末尾处要逐渐离开工件，因此，螺纹收尾部分的牙型是不完整的，称为螺尾。为了避免产生螺尾，可以预先在螺纹末尾处加工出退刀槽，再车削螺纹。螺纹的收尾和退刀槽如图 7-11 所示。

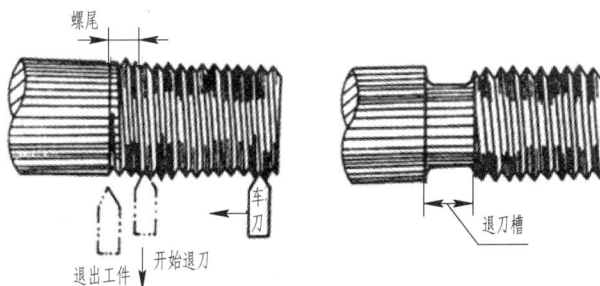

图 7-11　螺纹的收尾和退刀槽

(二) 螺纹的规定画法

1. 外螺纹画法

国家标准规定，外螺纹的牙顶(大径)及螺纹的终止线用粗实线表示，牙底(小径)用细实线表示。在平行于螺杆轴线的投影面的视图中，螺杆的倒角或倒圆部分也应画出；在垂直于螺纹轴线的投影面的视图中，表示牙底的细实线圆只画约 3/4 圆周，此时螺纹的倒角规定省略不画。外螺纹规定画法如图 7-12 所示。

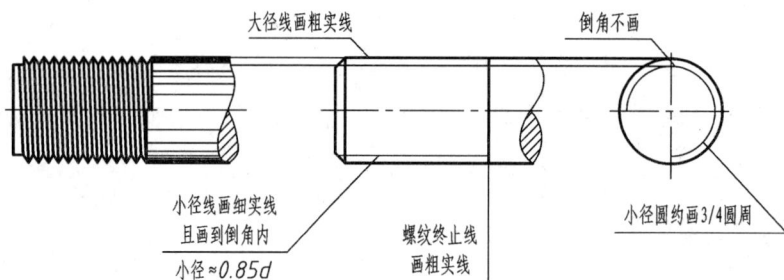

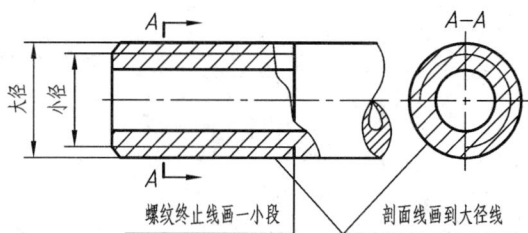

图 7-12　外螺纹规定画法

2. 内螺纹画法

(1) 内螺纹通孔画法如图 7-13 所示，剖开表示时，牙底(大径)为细实线，牙顶(小径)及螺纹终止线为粗实线。不剖开表示时，牙底、牙顶和螺纹终止线皆为虚线。在垂直于螺纹轴线的视图中，牙底仍然画成约为 3/4 圆周的细实线，并规定螺纹的倒角也省略不画。

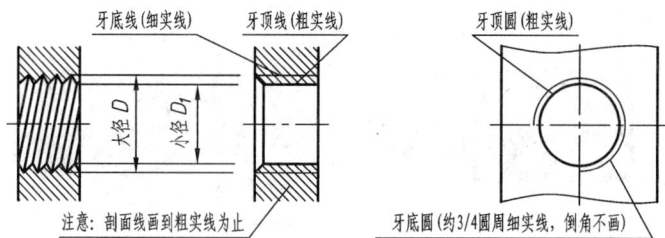

图 7-13　内螺纹通孔画法

(2) 内螺纹不通孔(盲孔)画法如图 7-14 所示。

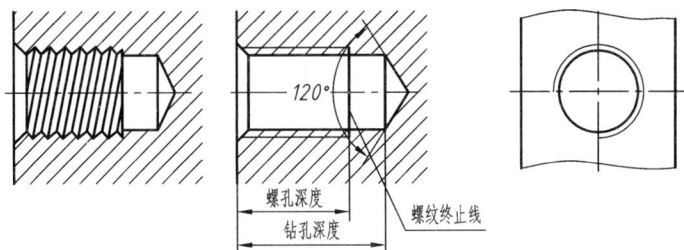

图 7-14 内螺纹不通孔画法

内螺纹盲孔的形成过程如图 7-15 所示。

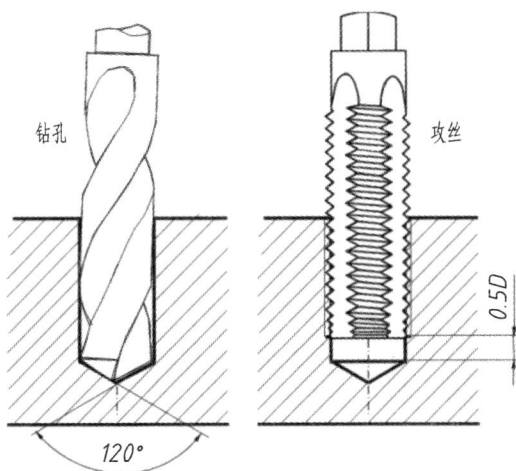

图 7-15 内螺纹盲孔的形成过程

(三) 螺纹的种类和规定标注

1. 螺纹的种类

连接螺纹：包括普通螺纹(粗牙普通螺纹、细牙普通螺纹)、管螺纹。

传动螺纹：包括梯形螺纹、锯齿形螺纹、矩形螺纹。

2. 螺纹的规定标注

1) 普通螺纹的标注

普通螺纹的标注内容如下：

特征代号 公称直径×螺距(导程)旋向-中径、顶径公差带代号-旋合长度代号

其中：特征代号用字母"M"表示；单线粗牙螺纹只标注公称直径，单线细牙螺纹标注公称直径×螺距；旋向分为右旋、左旋，右旋不标注，左旋用字母"LH"表示；螺纹中径、顶径公差带代号由表示公差等级的数字和表示公差带位置的字母组成，如 6H、6g(内螺纹用大写字母表示，外螺纹用小写字母表示)，若中径与顶径公差带代号相同，则只注一个代号，如 7h，若螺纹的中径公差带与顶径公差带代号不同，则分别标注，如 5g6g；螺纹旋合长度规定为短(S)、中(N)、长(L)三种，中旋合长度不标注，特殊需要时可注明旋合长度数值，如 M10-6g-40。

普通螺纹在图上的标注方法是将规定标注在尺寸线或尺寸线的延长线上，尺寸界线从螺纹大径引出。标注示例如图 7-16 所示。

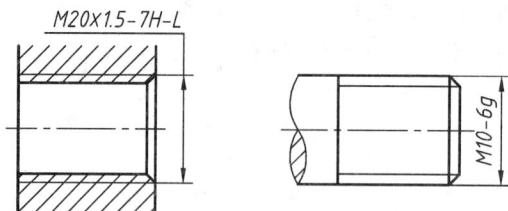

图 7-16　普通螺纹标注示例

2) 管螺纹的标注

管螺纹的标注内容如下：

特征代号　公称直径　公差等级代号

其中：特征代号用字母"G""Rc"表示。

管螺纹在图上的标注方法是用一条细实线，一端指向螺纹大径，另一端引一横，标注示例如图 7-17 所示。

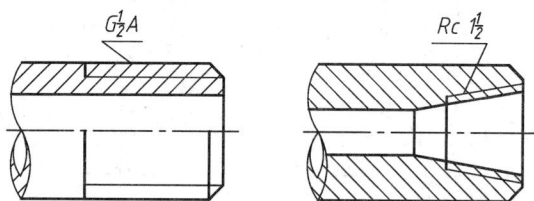

图 7-17　管螺纹标注示例

3) 梯形螺纹的标注

梯形螺纹的标注内容如下：

特征代号　公称直径×导程(P 螺距)　旋向　中径顶径公差带代号

其中：特征代号用字母"Tr"表示；单线螺纹只标注公称直径，多线螺纹标注公称直径×导程(P 螺距)，如 Tr 40 × 14(P7)；旋向同普通螺纹。

梯形螺纹在图上的标注方法也同普通螺纹。标注示例如图 7-18 所示。

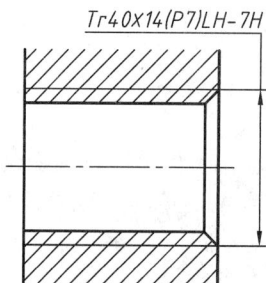

图 7-18　梯形螺纹标注示例

4) 锯齿形螺纹的标注

锯齿形螺纹的标注内容及在图上的标注方法与梯形螺纹相同，其标注内容如下：

特征代号　公称直径 × 导程(P 螺距)　旋向

其中：特征代号用字母"B"表示；单线螺纹只标注公称直径，多线螺纹标注公称直径×导程(P 螺距)，如 Tr 40 × 14(P7)；旋向同普通螺纹。标注示例如图 7-19 所示。

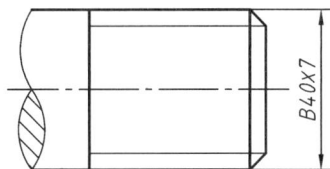

图 7-19 锯齿形螺纹标注示例

5) 非标准螺纹的标注

非标准螺纹除了标注标准螺纹所标内容外，还需要标出中径、顶径的极限尺寸，标注示例如图 7-20 所示。对于特殊螺纹，还要在螺纹代号前加注"特"字。

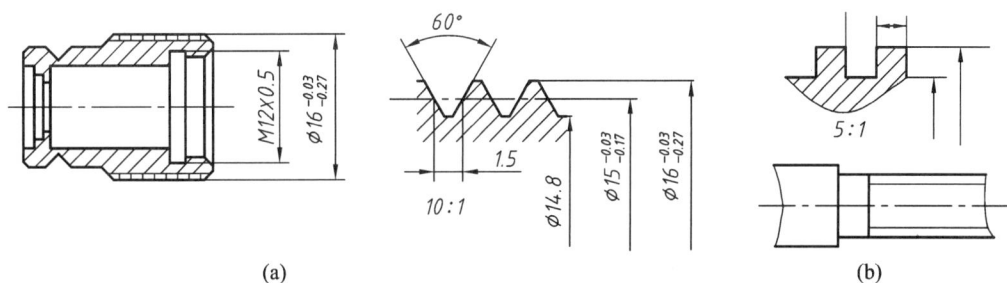

(a)   (b)

图 7-20 非标准螺纹标注示例

(四) 螺纹紧固件

常用的螺纹紧固件有螺栓、螺钉、双头螺柱、螺母和垫圈等，并且它们都是标准件，在设计时不必画出，只需在装配图中画出，并写明所用标准件的标记即可。标记方法按国家标准有关规定。

常见的螺纹紧固件如图 7-21 所示。它们的种类很多，其结构、形式、尺寸和技术要求都可以根据标记从国家标准中查得。

图 7-21 常见的螺纹紧固件

常用螺纹紧固件的类型和标记示例如表 7-2 所示。

表 7-2　常用螺纹紧固件的类型和标记示例

名称及视图	规定标记示例	名称及视图	规定标记示例
开槽盘头螺钉 M10　45	螺钉 GB 67—85 M10 × 45	双头螺柱 M12　50	螺柱 GB 899 M12 × 50
内六角圆柱头螺钉 M16　40	螺钉 GB 70—85 M16 × 40-12.9	Ⅰ型六角螺母 M16	螺母 GB 6170 —86 M16
十字槽沉头螺钉 M10　45	螺钉 GB819—85 M10 × 45	Ⅰ型六角开槽螺母 M6	螺母 GB 6178 —86
开槽锥端紧定螺钉 M12　40	螺钉 GB 71—85 M12 × 40	平垫圈 Ø17	垫圈 GB 97.1 —85 16-140HV
六角头螺栓 M12　50	螺栓 GB 5782—86 M12 × 50	弹簧垫圈 Ø20.5	垫圈 GB 93 —8720

(五) 螺纹紧固件装配图的画法

螺纹紧固件的基本连接形式有螺栓连接、双头螺柱连接和螺钉连接三种，它们的连接装配画法分别介绍如下。

1. 螺栓连接

螺栓连接中，应用最广的是六角头螺栓连接，它是用六角头螺栓、螺母和垫圈来紧固被连接零件的。垫圈的作用是防止拧紧螺母时损伤被连接零件的表面，并使螺母的压力均匀分布到零件表面上。被连接零件都加工出无螺纹的通孔，通孔直径稍大于螺纹直径(具体大小可查国家标准)。画螺栓连接时先要计算螺栓的公称长度 l。螺栓的公称长度 $l \approx k + m + g_1 + g_2 + b_1$，计算出长度后查国家标准，根据螺栓长度系列取标准长度。

图 7-22 是螺栓连接的装配画法。螺栓连接件的尺寸规格可由国家标准查表获得，但在画螺纹紧固件时可用近似尺寸。其中：$b_1 \approx 0.3d$，$m \approx 0.8d$，$k \approx 0.7d$；$e \approx 2d$，$d_2 \approx 2.2d$，$c \approx 0.15d \times 45$，$h \approx 0.15d$。

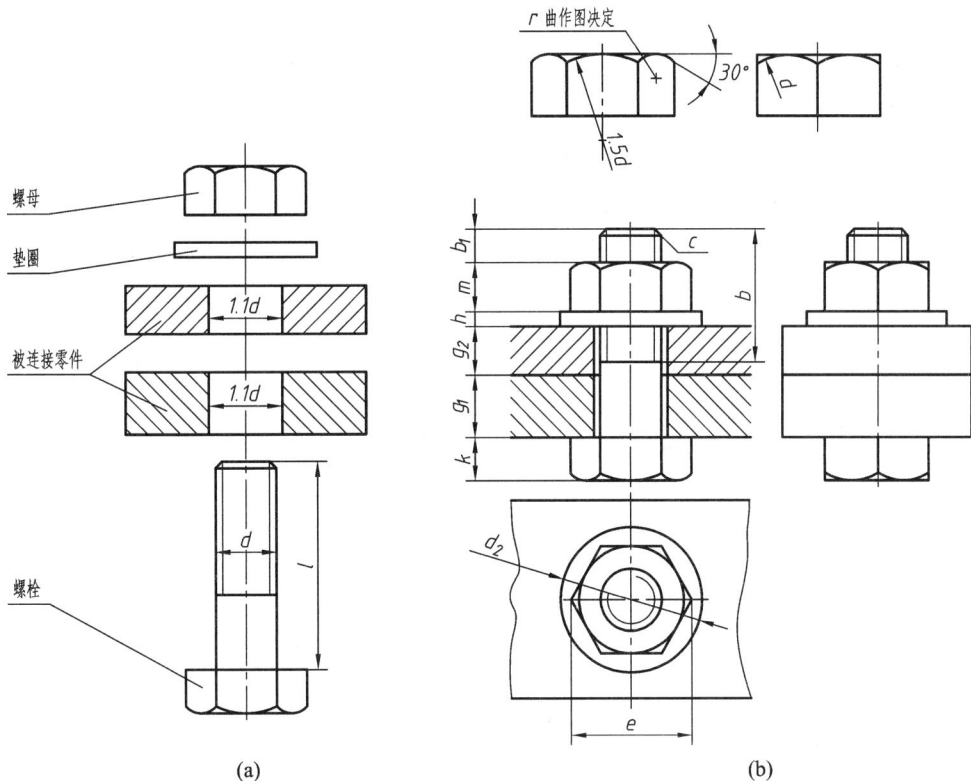

图 7-22 螺栓连接的装配画法

2. 双头螺柱连接

双头螺柱连接是用双头螺柱、垫圈、螺母来紧固被连接零件的，如图 7-23 所示，双头螺柱连接用于被连接零件太厚或由于结构上的限制不宜用螺栓连接的场合。被连接零件中的其中一个加工出螺孔，其余零件都加工出通孔。本例中选用弹簧垫圈，它能起防松作用。

双头螺柱两端都有螺纹，一端必须全部旋入被连接零件的螺孔内，称为旋入端；另一端用以拧紧螺母，称为紧固端。画螺栓连接的装配图同样应先计算出双头螺柱的公称长度，并取标准值。下面举例说明。

$bm = d$(一般钢件，GB 897—88)，$bm = 1.25d$(一般铸件，GB 898—88)，$bm = d$(一般铸件，GB 899—88)，$bm = d$(一般铝合金件，GB 900—88)，$a = 0.3d$，$s = 0.2d$

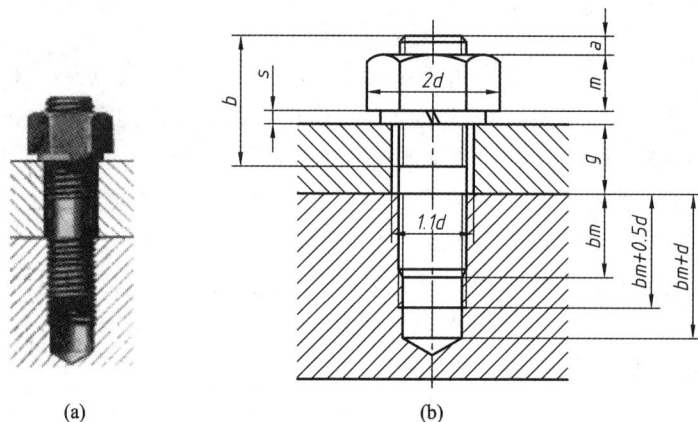
(a)   (b)

图 7-23   螺柱连接画法

3.螺钉连接

螺钉的种类很多,按其用途可分为连接螺钉和紧定螺钉两类。各种螺钉的形式、尺寸及其规定标记,可查阅国家标准。螺钉连接前如图 7-24 所示。

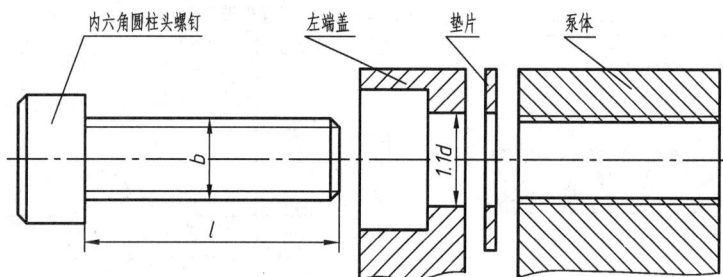

图 7-24   螺钉连接前

1) 连接螺钉

连接螺钉(不用螺母)一般用于受力较小而又不需经常拆卸的场合,被连接零件中其中一个加工出通孔或盲孔,另一个加工出螺孔。图 7-25 是连接螺钉的装配画法。

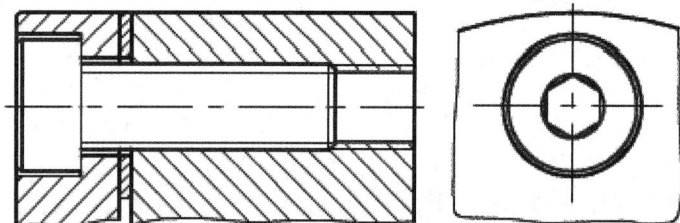

图 7-25   连接螺钉的装配画法

2) 紧定螺钉

紧定螺钉用来固定两个零件的相对位置,图 7-26 是紧定螺钉连接的装配画法。

3) 简化画法

图 7-27 为盘头螺钉简化画法。对于盲孔(见图 7-28),要注意底部有 120°的锥角。图 7-28 省略了钻孔深度大于螺孔深度的一段,但要注意 120°的锥角应从钻孔直径画,俯视图中螺

钉起子槽画成倾斜的 45°角，用加粗的粗实线绘制。

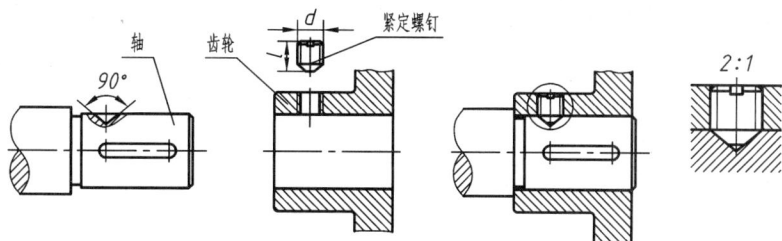

图 7-26　紧定螺钉连接的装配画法

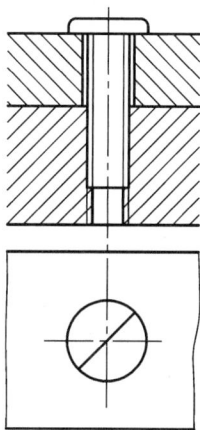

图 7-27　盘头螺钉简化画法

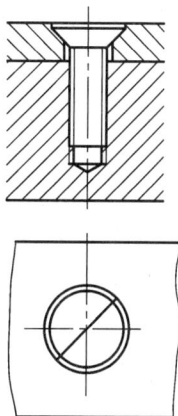

图 7-28　沉头螺钉简化画法

(六) 键和销

标准件除螺纹连接件外，常用的还有键、销、滚动轴承。

1. 键

1) 键的功用

键通常用来连接轴和轴上的零件，如齿轮、带轮等，起传递扭矩的作用，如图 7-29 所示。

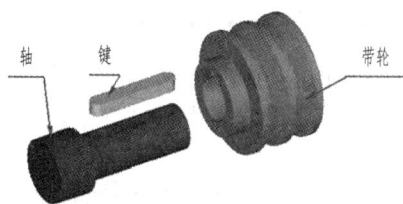

图 7-29　键、轴、带轮

2) 键的种类

常用的键有普通平键、半圆键、楔键、花键，如图 7-30 所示。

图 7-30　常用的键

3) 键的标记与连接画法

(1) 普通平键。

普通平键有 A 型(圆头)、B 型(方头)和 C 型(单圆头)三种。普通平键的标记与连接画法如表 7-3 所示，连接时顶面与轮毂间应有间隙，要画两条线；侧面与轮、轴及底面与轴之间皆接触，只画一条线。

表 7-3　普通平键的标记与连接画法

型号	图例	标记示例	连接画法
A 型		键 8×30 GB/T 1096—1979 表示圆头普通平键(A 型)，宽度 $b=8$ mm，长度 $L=30$ mm	普通平键的两侧面为工作面，底面和顶面为非工作面。在绘制装配图时，键的两侧面和键的底面分别与轴上的键槽接触，故画成一条线，平键的顶面与键槽的底面之间是有间隙的，必须画成两条线。
B 型		键 B8×30 GB/T 1096—1979 表示普通平键(B 型)，宽度 $b=8$ mm，长度 $L=30$ mm	在键连接装配图中，当剖切平面通过轴的轴线和键的对称面时，轴和键按不剖绘制；为了表示键在轴上的装配关系，在轴上采用了局部剖视图，如下图所示。
C 型		键 C8×30 GB/T 1096—1979 表示普通平键(C 型)，宽度 $b=8$ mm，长度 $L=30$ mm	

(2) 半圆键。

半圆键常用在载荷不大的传动轴上，连接情况和画图要求与普通平键相似，两侧面与轮和轴接触，顶面应有间隙，如图 7-31 所示。

标记：键 $6×25$ GB 1096—79

表示：半圆键宽度 $b=6$，高度 $h=10$，直径 $d=25$，长度 $L=24.5$。

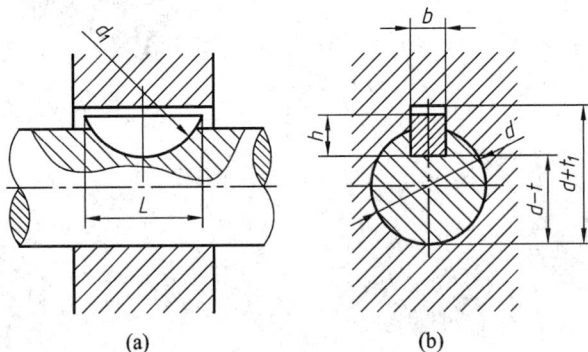

图 7-31　半圆键连接画法

(3) 楔键。

楔键有普通楔键和钩头楔键两种。普通楔键有 A 型(圆头)、B 型(方头)和 C 型(单圆头)

三种，钩头楔键只有一种，楔键顶面是 1∶100 的斜度，装配时打入键槽，依靠键的顶面和底面与轮和轴之间挤压的摩擦力而连接，故画图时上下接触面应画一条线，如图 7-32 所示。

标记：键 18 × 100 GB1565—79

表示：钩头楔键宽度 $b = 18$，高度 $h = 11$，长度 $L = 100$。

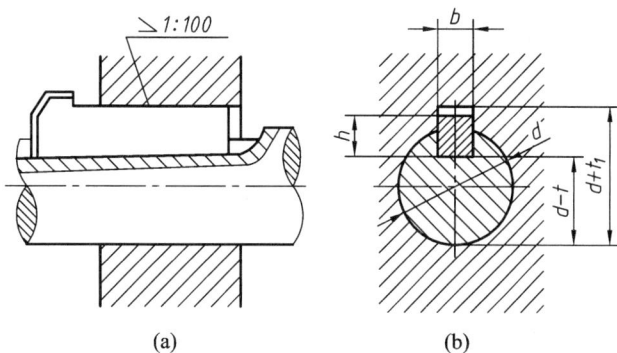

图 7-32　钩头楔键连接画法

(4) 花键。

花键是把键直接做在轴上和轮孔上，成为一个整体，主要用来传递较大的扭矩。花键的齿型有矩形和渐开线形等，其中矩形花键应用最广，其结构和尺寸已标准化，下面介绍矩形花键轴、孔的画法及尺寸标注。

① 外花键的画法如图 7-33 所示。

在平行于外花键轴线的投影面的视图中，大径用粗实线、小径用细实线绘制；用断面图画出全部或一部分齿型，但要注明齿数；工作长度的终止端和尾部长度的末端均用细实线绘制，并与轴线垂直；尾部则画成与轴线成 30° 的斜线；花键代号写在大径上。

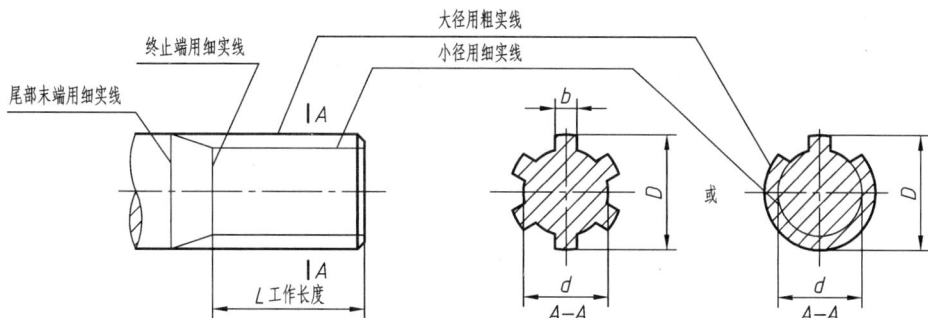

图 7-33　外花键的画法

② 内花键的画法如图 7-34 所示。

在平行于花键投影轴线上的剖视图中，大径及小径都用粗实线绘制，并用局部视图画出全部或一部分齿形。

③ 花键连接的画法如图 7-35 所示。

用剖视表示花键连接时，其连接部分按外花键的画法表示。

④ 花键的标注。

花键标注的方法为：在图上标出公称尺寸 D(大径)、d(小径)、b(键宽)和 z(齿数)等。

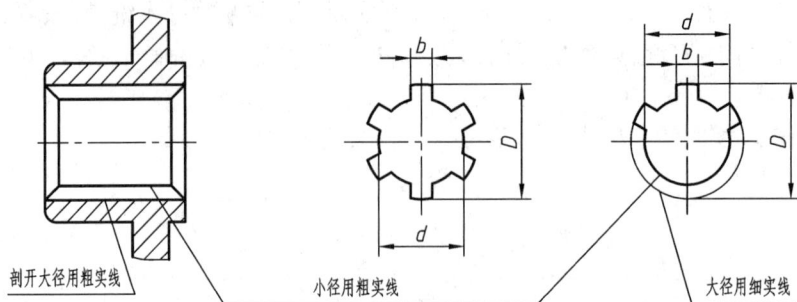

剖开大径用粗实线　　　　小径用粗实线　　　　大径用细实线

图 7-34　内花键的画法

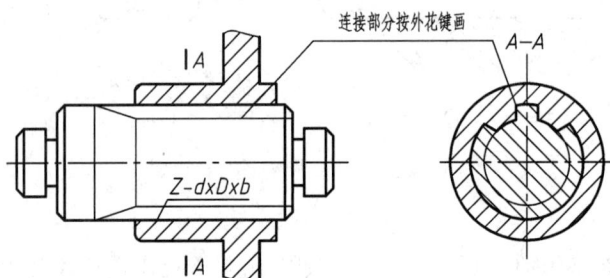

连接部分按外花键画　　　　A—A

Z-$dxDxb$

图 7-35　花键连接的画法

2. 销

1) 销的功用、种类及标记

销在机器中可起定位与连接作用。常用的销有圆柱销和圆锥销等。开口销要与六角开槽螺母配合使用，它穿过螺母上的槽和螺杆上的孔以防松动。图 7-36 是三种销的模型。

圆柱销　　　　圆锥销　　　　开口销

图 7-36　圆柱销、圆锥销和开口销

销的简图和简化标记如表 7-4 所示。

销　GB/T 119.1 10 × 60，表示公称直径 $d = 10$、公称长度 $L = 60$、材料为钢、不淬火、不经表面处理的圆柱销。

销　GB/T 117 10 × 60，表示公称直径 $d = 10$、公称长度 $L = 60$、材料为 35 钢、热处理硬度为 HRC28～38、表面氧化处理的 A 型圆锥销。

销　GB/T 91 8 × 45，表示公称直径 $d = 8$、公称长度 $L = 45$、材料为 Q235、不经表面处理的开口销。

表 7-4　销的简图和简化标记

名称及标准编号	简图	标注示例
圆柱销 GB/T 119.1—2000	$\phi 10h8$　60	销 GB/T 119.1 10 × 60
圆锥销 GB/T 117—2000	1:50　0.8　60	销 GB/T 117 10 × 60
开口销 GB/T 91—2000	45　$\phi 7.5$	销 GB/T 91 8 × 45

2) 销连接的画法

销连接的画法如图 7-37 所示。

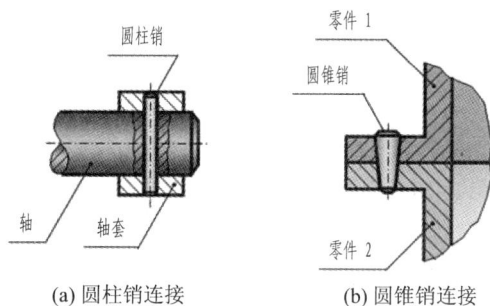

(a) 圆柱销连接　　　　(b) 圆锥销连接

图 7-37　销连接的画法

(七) 齿轮

齿轮是机械传动中的常用零件,用来传递动力,改变转速和旋转方向。如图 7-38 所示,根据传动轴的相对位置不同,齿轮可分为三大类:圆柱齿轮,用于平行轴之间的传动;圆锥齿轮,用于相交轴之间的传动;蜗轮蜗杆,用于交叉轴之间的传动。

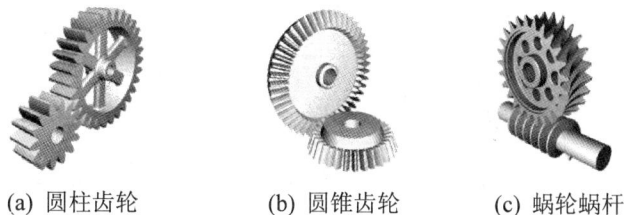

(a) 圆柱齿轮　　　(b) 圆锥齿轮　　　(c) 蜗轮蜗杆

图 7-38　齿轮

1. 圆柱齿轮

1) 直齿圆柱齿轮的基本知识

齿轮上的齿称为轮齿，当圆柱齿轮的轮齿方向与圆柱的素线方向一致时，称为直齿圆柱齿轮，下面主要介绍直齿圆柱齿轮。

直齿圆柱齿轮的基本参数和齿轮各部分的名称及尺寸关系如图 7-39 所示。

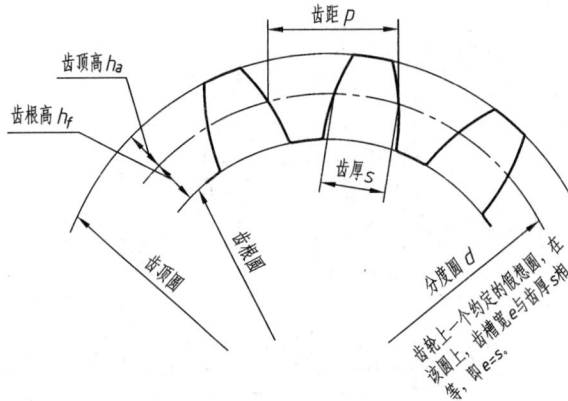

图 7-39　直齿圆柱齿轮各部分的名称

直齿圆柱齿轮的基本参数和齿轮各部分的名称如下：

(1) 齿数 z：轮齿的个数。

(2) 齿顶圆：直径为 d_a，轮齿顶部的圆。

(3) 齿根圆：直径为 d_f，齿槽根部的圆。

(4) 分度圆：直径为 d，齿轮上一个约定的假想圆，在该圆上，齿槽宽 e 与齿厚 s 相等，即 $e = s$。

(5) 齿距 p、齿厚 s、齿槽宽 e：在分度圆上，相邻两齿廓对应点之间的弧长为齿距；在标准齿轮分度圆上有 $e = s$，$p = s + e$。

(6) 齿高 h、齿顶高 h_a、齿根高 h_f：齿顶圆与齿根圆的径向距离为齿高，齿顶圆与分度圆的径向距离为齿顶高，分度圆与齿根圆的径向距离为齿根高。

(7) 模数 m：由于齿轮的分度圆周长 $= zp = \pi d$，因此 $d = zp/\pi$，为计算方便，将 p/π 称为模数 m，则 $d = mz$。模数是设计、制造齿轮的重要参数。

(8) 压力角 α：在节点处，两齿廓曲线的公法线与两分度圆的内分度线所夹的锐角称为压力角，压力角一般为 $20°$。

直齿圆柱齿轮基本参数间的尺寸关系如表 7-5 所示。

表 7-5　直齿圆柱齿轮基本参数间的尺寸关系

名称	代号	计算公式	名称	代号	计算公式
齿顶高	h_a	$h_a = m$	齿顶圆直径	d_a	$d_a = d + 2h_a = m(z + 2)$
齿根高	h_f	$h_f = 1.25m$	齿根圆直径	d_f	$d_f = d - 2h_f = m(z - 2.5)$
齿高	h	$h = h_a + h_f$	齿距	p	$p = \pi m$
分度圆直径	d	$d = mz$	齿厚	s	$s = p/2$

由齿轮各部分的尺寸关系可知，当知道齿轮的齿数和模数后，齿轮的几何参数就可以确定了。

2) 圆柱齿轮的规定画法

(1) 单个圆柱齿轮的规定画法。

单个圆柱齿轮的规定画法如图7-40所示。其中，齿顶圆和齿顶线用粗实线表示；分度圆或分度线用细点画线表示(分度线应超出齿轮两端2～3 mm)；齿根圆和齿根线在没有剖视时用细实线表示，也可省略不画，在剖视图中齿根线用粗实线绘制。

注意： 在剖视图中，当剖切平面通过轮齿的轴线时，轮齿一律按不剖绘制。

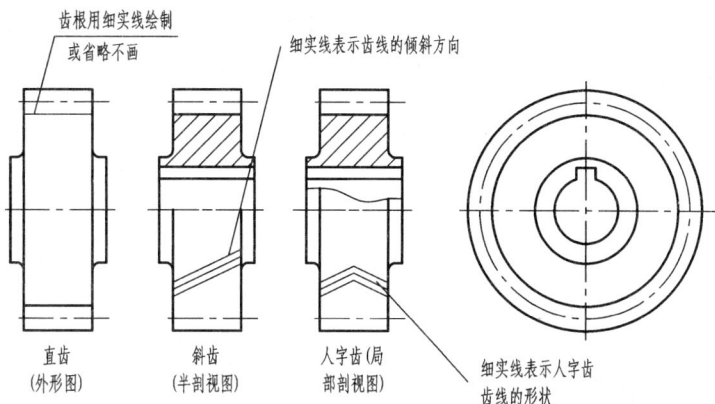

图7-40 单个圆柱齿轮的规定画法

(2) 啮合齿轮的规定画法。

两个相互啮合的圆柱齿轮的规定画法如图7-41所示，绘图时要注意以下几点：

① 计算两啮合齿轮的中心距 $a = m(z_1 + z_2)/2$。

② 在垂直于圆柱齿轮轴线的投影面的视图中，两分度圆应相切。在啮合区内的齿顶圆用粗实线绘制。齿根圆用细实线绘制，也可以省略不画。

③ 在剖视图中，当剖切平面通过两个啮合齿轮轴线时，在啮合区内，将一个齿轮的轮齿用粗实线绘制，另一个齿轮的轮齿被遮挡的部分用虚线绘制(该部分也可省略不画)，轮齿一律按不剖绘制。

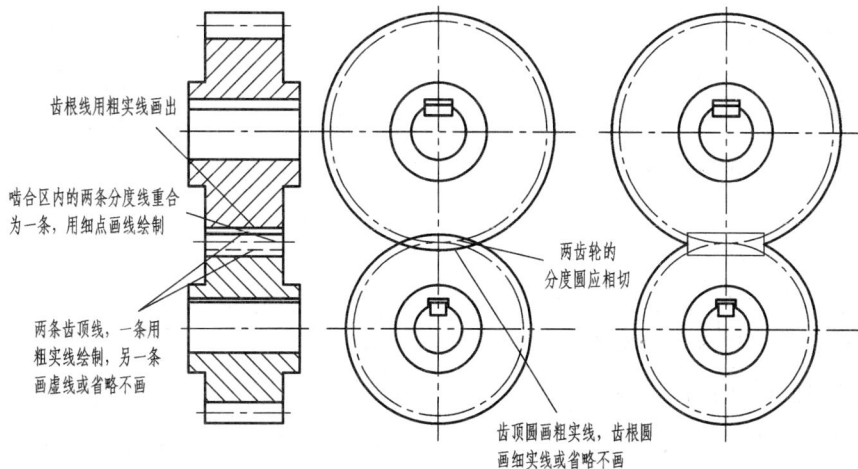

图7-41 啮合齿轮的规定画法

④ 在未作剖视的情况下，在平行于齿轮轴线的投影面的视图中，啮合区内的齿顶线用粗实线绘制，分度线用细点画线绘制。

2．圆锥齿轮

1) 圆锥齿轮的特点。

直齿圆锥齿轮主要用于垂直相交的两轴之间的传动。由于锥齿轮的轮齿分布在圆锥面上，因此轮齿一端大、一端小，沿齿宽方向轮齿大小均不同，故轮齿全长上的模数、齿高、齿厚等都不相同。国家标准规定以大端的模数和分度圆为标准值。因此一般所说的直齿圆锥齿轮的齿顶圆直径、分度圆直径、齿顶高、齿根高等都是指大端而言。

2) 圆锥齿轮的画法

圆锥齿轮的画法如图 7-42 所示。

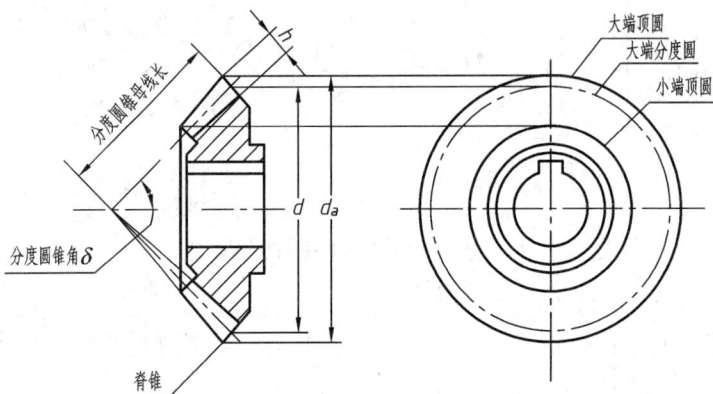

图 7-42　圆锥齿轮的画法

(八) 滚 动 轴 承

轴承分为滑动轴承和滚动轴承，用于支撑旋转的轴。滚动轴承的摩擦阻力小，结构紧凑，转动灵活，拆装方便，在机械设备中应用广泛。

1．滚动轴承的结构

滚动轴承的结构如图 7-43 所示。其中，外圈与机座孔相配合，内圈与轴配合，滚动体装在内圈和外圈之间，保持架用来把滚动体互相隔离开。

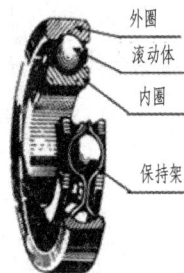

图 7-43　滚动轴承的结构

2．流动轴承的类型

按受力情况，滚动轴承分为三大类：向心轴承，主要承受径向载荷；推力轴承，承受轴向载荷；向心推力轴承，同时承受径向载荷和轴向载荷。

3．滚动轴承的画法

滚动轴承是标准件，其结构形式、尺寸和标记都已标准化，画图时按国家标准规定，可采用示意画法和简化画法。

装配图是根据滚动轴承的外径、内径、宽度等几个主要尺寸，按示意图画法将其一半示意地画出结构特征，另一半画出其轮廓，并用细实线画上对角线。另外，装配图的明细表中标有滚动轴承的标记。

各种轴承的画法分别如图 7-44～图 7-46 所示。

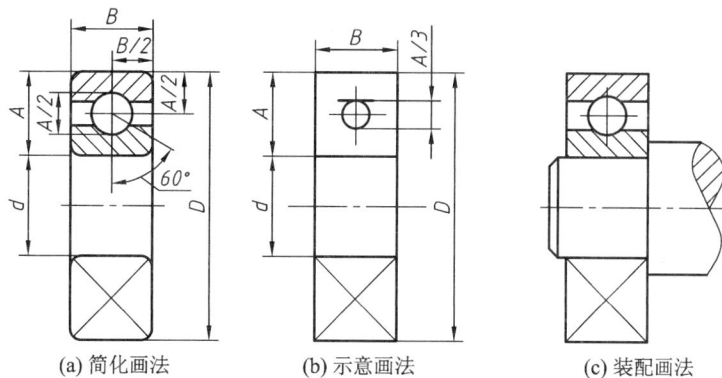

(a) 简化画法　　　　　(b) 示意画法　　　　　(c) 装配画法

图 7-44　深沟球轴承画法

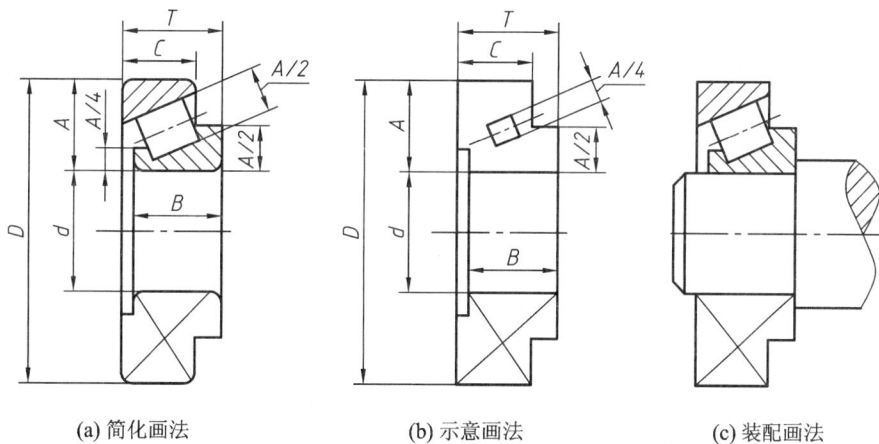

(a) 简化画法　　　　　(b) 示意画法　　　　　(c) 装配画法

图 7-45　圆锥滚子轴承画法

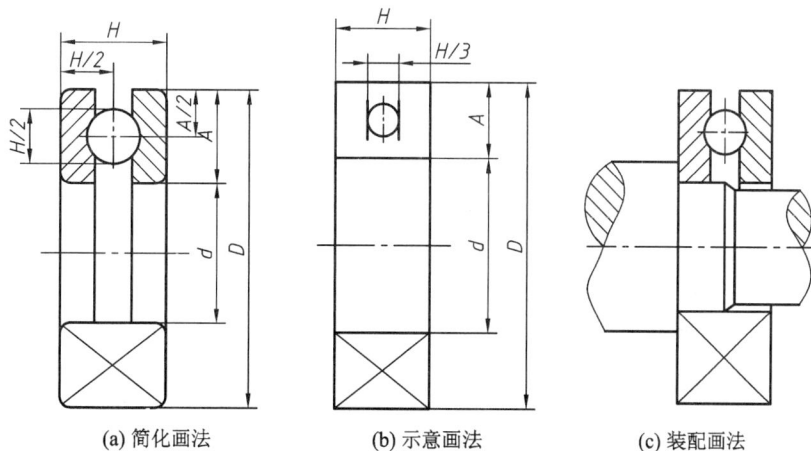

(a) 简化画法　　　　　(b) 示意画法　　　　　(c) 装配画法

图 7-46　推力球轴承画法

4．滚动轴承的标记

滚动轴承的代号按顺序由前置代号、基本代号、后置代号构成。

1) 前置代号

前置代号由轴承游隙代号和公差等级代号组成，是在基本代号左侧添加的补充代号，用字母表示。

2) 基本代号

基本代号表示轴承的基本类型、结构和尺寸，是轴承代号的基础。

基本代号由轴承类型代号、尺寸系列代号和内径尺寸代号构成。基本代号通常用 4 位数字表示，从左往右依次为：轴承类型代号、尺寸系列代号、内径尺寸代号。

第一位数字是轴承类型代号，如表 7-6 所示。

表 7-6　轴承类型代号

代号	轴承类型	代号	轴承类型
0	双列角接触轴承	6	深沟球轴承
1	调心球轴承	7	角接触轴承
2	调心滚子轴承和推力调心滚子轴承	8	推力圆柱滚子轴承
3	圆锥滚子轴承	N	圆柱滚子轴承
4	双列深沟球轴承	U	外球面球轴承
5	推力球轴承	QJ	四点接触球轴承

第二位数字是尺寸系列代号。尺寸系列是指同一内径的轴承具有不同的外径和宽度，因而有不同的承载能力。

右边的两位数字是内径尺寸代号。当内径尺寸在 20～480 mm 范围内时，内径尺寸=内径代号×5。

例如，轴承代号 6204，解读如下：6 代表深沟球轴承；2 代表尺寸系列(02)代号；04 为内径尺寸代号(内径尺寸 = 4 × 5 = 20 mm)。

轴承代号中字母、数字的含义可查阅国家标准 GB/T 272—93。

3) 后置代号

轴承的后置代号是用字母和数字等表示的轴承的结构、公差及材料的特殊要求等。后置代号的内容很多，下面介绍几个常用的代号。

(1) 内部结构代号表示同一类型轴承的不同的内部结构，用字母紧跟着基本代号表示。例如，接触角为 15°、25°和 40°的角接触球轴承分别用 C、AC 和 B 表示内部结构的不同。

(2) 轴承的公差等级分为 2 级、4 级、5 级、6 级、6X 级和 0 级，共 6 个级别，依次由高级到低级，其代号分别为/PZ、/P4、/PS、/P6、/P6X 和/P0。公差等级中，6X 级仅适用于圆锥滚子轴承; 0 级为普通级，在轴承代号中不标出。

(3) 常用的轴承径向游隙系列分为 1 组、2 组、0 组、3 组、4 组和 5 组，共 6 个组别，径向游隙依次由小到大。0 组游隙是常用的游隙组别，在轴承代号中不标出，其余的游隙组别在轴承代号中分别用/C1、/C2、/C3、/C4、/C5 表示。

(九) 弹簧

弹簧的作用主要是减震、复位、夹紧、测力和储能等。

弹簧的种类很多，常用的有螺旋弹簧、涡卷弹簧和板簧等，其中螺旋弹簧又分为压力弹簧、拉力弹簧和扭力弹簧，如图 7-47 所示。生产中常用的圆柱螺旋压缩弹簧属于压力弹簧。

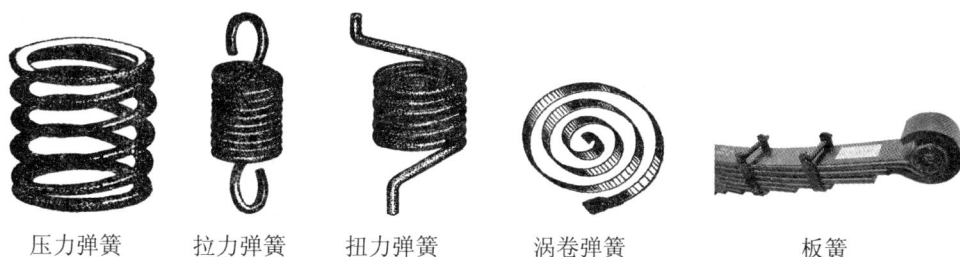

| 压力弹簧 | 拉力弹簧 | 扭力弹簧 | 涡卷弹簧 | 板簧 |

图 7-47 弹簧

1) 圆柱螺旋压缩弹簧的各部分名称、尺寸关系及画法

圆柱螺旋压缩弹簧各部分的名称、代号和尺寸关系如图 7-48 所示。

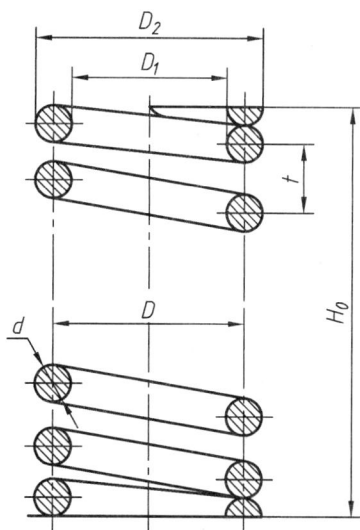

图 7-48 圆柱螺旋压缩弹簧各部分的名称、代号和尺寸关系

弹簧丝直径(d)：又称线径，是指用于制造弹簧的钢丝直径。

弹簧直径：包含弹簧中径、内径、外径。

弹簧中径 D：弹簧的平均直径，$D = (D_1 + D_2) / 2$。

弹簧内径 D_1：弹簧的最小直径，$D_1 = D - d$。

弹簧外径 D_2：弹簧的最大直径，$D_2 = D + d$。

节距(t)：除两端的支承圈外，弹簧上相邻两圈截面中心线的轴向距离。一般 $t = D/3 \sim D/2$。

支承圈数(n_2)：为了保证弹簧压缩时受力均匀、工作平稳，制造时需将弹簧两端并紧且磨平。这部分并紧、磨平的圈数称为支承圈数。支承圈数有 1.5 圈、2 圈和 2.5 圈三种，2.5 圈较为常用，即两端各并紧 1.25 圈，其中包括磨平 0.75 圈。

有效圈数(n)：压缩弹簧除支承圈外，具有相等节距的圈数称为有效圈数。

总圈数(n_1)：弹簧的支承圈数和有效圈数之和，即 $n_1 = n_2 + n$。

弹簧的自由高度(H_0)：弹簧在不受外力作用下的高度，即 $H_0 = t + (n_2 - 0.5)d$。

旋向：螺旋弹簧分左旋和右旋两种，其中右旋弹簧最为常见。

弹簧规定画法如图 7-49 所示。

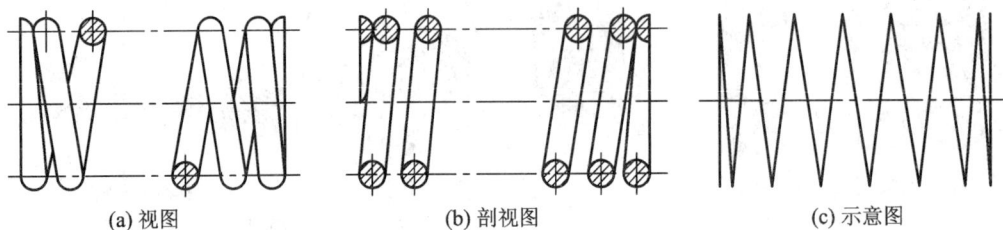

(a) 视图　　　　　　　(b) 剖视图　　　　　　　(c) 示意图

图 7-49　弹簧规定画法

注意：

(1) 圆柱螺旋压缩弹簧可以采用全剖和不剖画法。

(2) 有效圈数在 4 圈以上时，允许省略螺旋弹簧的中间部分不画，且省略后可适当缩短图形长度。

(3) 螺旋弹簧有左、右旋向之分，在图样上，螺旋弹簧均可画成右旋，但左旋弹簧不论画成左旋还是右旋，均应注出旋向"左"字。

2) 装配图中螺旋弹簧的规定画法

装配图中螺旋弹簧的规定画法如图 7-50 所示，且要注意以下两点：

(1) 装配图中螺旋弹簧被剖切时，若型材直径(或厚度)在图形上等于或小于 2 mm，则剖面可涂黑表示；亦可按示意图的形式绘制。

(2) 装配图中，弹簧中间各圈采用省略画法后，被弹簧挡住的结构一般不画。

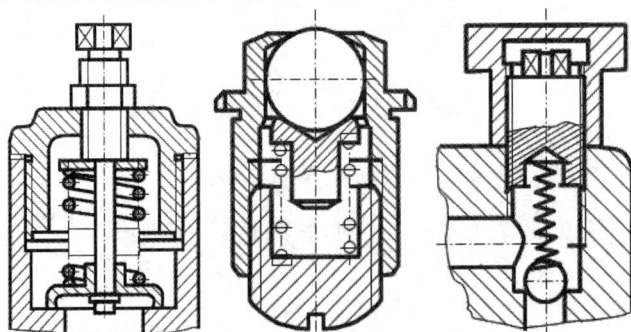

图 7-50　装配图中螺旋弹簧的规定画法

四、任务实施

指出表 7-1 中代号的含义，并按要求填入表中(有的项目需查表确定)。

表 7-1 中螺纹标记的含义如表 7-7 所示。

表 7-7　任务实施结果

代号/项目		M20×1.5-6h	M24-5g6g-S-LH	M20×PH3P1.5-5g6g-S-LH	Tr44×Ph14P7-8H
螺纹种类		细牙普通	粗牙普通	细牙普通	细牙普通
内/外螺纹		外	外	外	内
大径		20	24	20	44
小径		20 × 0.85	24 × 0.85	20 × 0.85	44 × 0.85
导程		1.5	2	3	14
螺距		1.5	2	1.5	7
线数		1	1	2	2
公差带代号	中径	6h	5g	5g	8H
	顶径	6h	6g	6g	8H
旋向		右	左	左	右
旋合长度		中等	短	短	中等

项 目 小 结

通过本项目的学习，读者可以了解常用标准件和齿轮的用途、功能及画法。在表达常用标准件和齿轮时，一般不采用真实投影画图，国家标准给出了规定的画法。通过本项目的学习，应熟练掌握螺纹、齿轮、滚动轴承及弹簧等零件的表达及标注方法，掌握螺纹紧固件的装配画法。此外，还应掌握查阅各种标准的基本方法。

项目八　零　件　图

一、学习目标

(1) 掌握零件图的作用与内容。

(2) 掌握典型零件表达方案和尺寸标注方法。

(3) 了解常见工艺结构。

(4) 了解零件图上常见技术要求的含义及标注方法。

(5) 能看懂中等难度的零件图，能画简单零件图。

(6) 能用一组平面视图正确、完整地表达零件的结构形状，并能进行正确、完整、清晰及尽可能合理的尺寸标注，能正确地阅读零件图。

二、工作任务

绘制如图 8-1 所示的轴承座，能读懂如图 8-2 所示的轴承座零件图等，了解由物到图、由图到物的双向过程。

图 8-1　轴承座

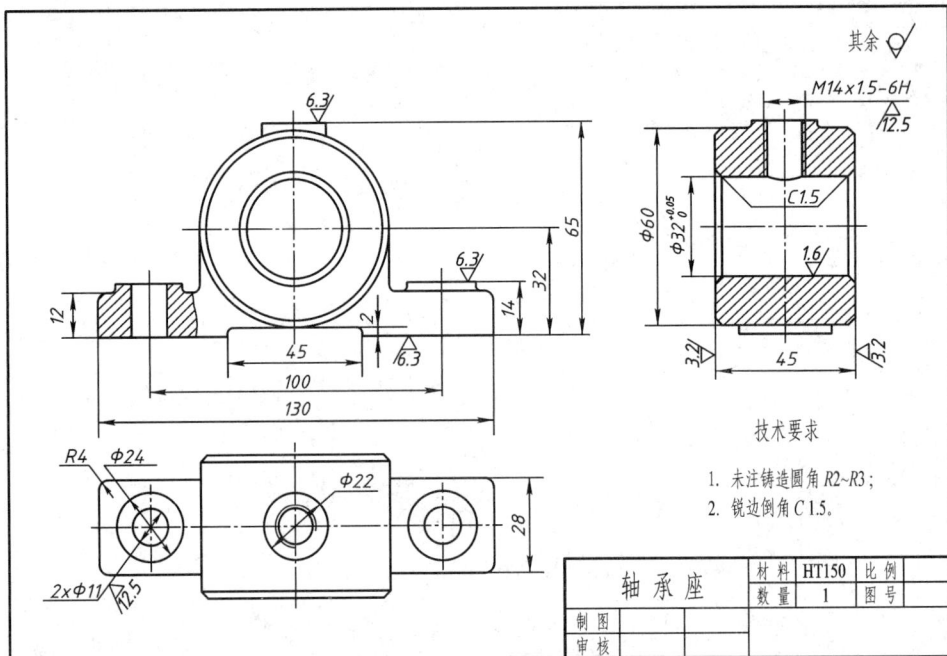

技术要求

1. 未注铸造圆角 R2~R3；
2. 锐边倒角 C 1.5。

图 8-2　轴承座零件图

三、相关理论知识

（一）零件图概述

机械图样是机械产品在设计、制造、检验、安装、调试等过程中使用的，用以反映机械产品的形状、结构、尺寸大小、技术要求等内容。根据其功能的不同，机械图样可分为零件图和装配图。零件图是指导零件生产和检验的技术文件，是完整地表达零件结构、形状、尺寸大小和技术要求的图样。任何一台机器或设备，无论多么复杂，都是由一系列零件装配而成的。在生产过程中，零件图是必备的重要技术文件，要根据零件图进行生产准备、加工制造和检验。本章主要介绍零件图的内容、表达方法、尺寸标注以及表面粗糙度等技术要求的基本知识。

（二）零件图的作用与主要内容

1．零件图的作用

零件图是制造和检验零件的主要依据，是设计部门提交给生产部门的重要技术文件，也是进行技术交流的重要资料。

2．零件图的主要内容

零件图的主要内容如下：

(1) 一组视图。视图用于表达零件的内外结构形状。

(2) 完整的尺寸。制造、检验零件所需的全部定形、定位尺寸。

(3) 技术要求。加工零件的一些技术要求，如表面粗糙度、尺寸公差、形状和位置公差。

(4) 标题栏。填写零件的名称、材料、比例等以及相关责任人的签字等内容。

（三）零件图表达方案的选择与尺寸标注

1．零件图表达方案的选择

主视图的选择应遵循以下两条原则：

(1) 应反映零件的主要形状特征。

(2) 尽可能反映零件的加工位置或工作位置，当这些位置难以确定时，应选择自然放置位置。

图8-3中轴承座的位置既是加工位置，也是工作位置。从A向投射得到如图8-4所示的主视图，从B向投射得到如图8-5所示的主视图。比较可知，选择A向作为主视图投射方向较好。

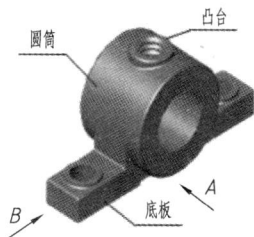

图8-3　轴承座的安装位置

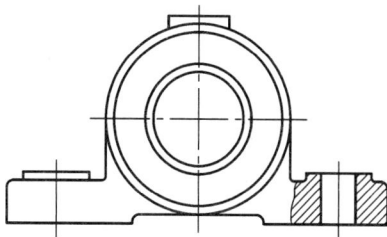

图8-4　选择A向作主视图

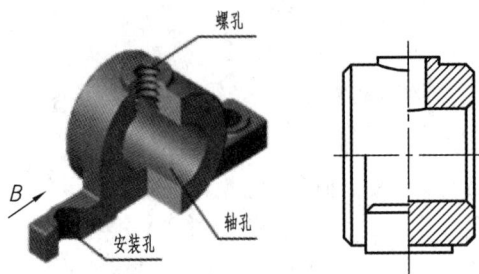

图 8-5 选择 B 向作主视图

2．其他视图及表达方案的选择

若主视图未能完全表达零件的内、外结构或形状，就应选择其他视图或表达方案进行补充。因此，零件的总体表达方案中，每个视图或表达方案都应有一个表达重点。

轴承座的表达方案如图 8-6 所示。选定主视图后，采用全剖左视图表达轴承孔、凸台螺孔结构以及它们之间的相对位置等，俯视图补充表达凸台和底板的形状特征。

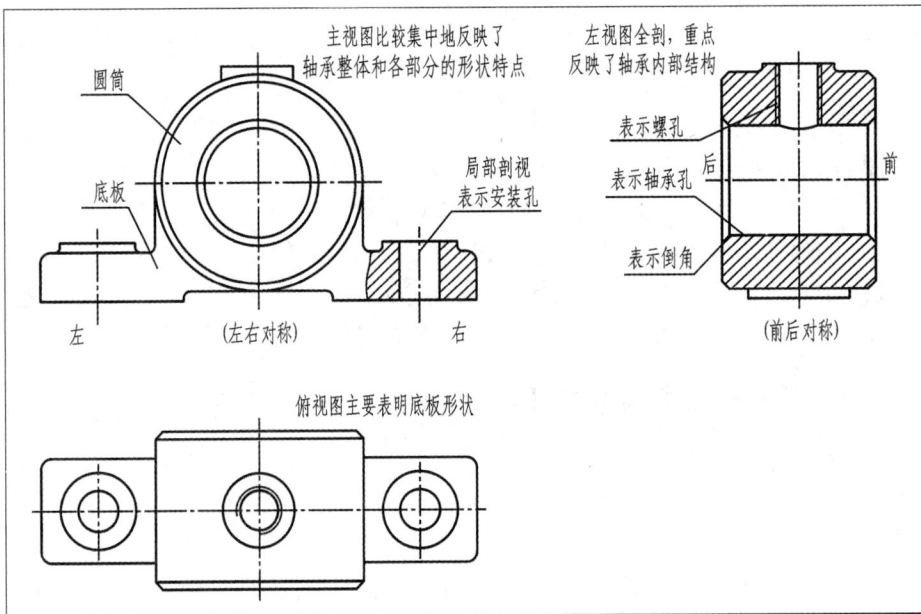

图 8-6 轴承座的表达方案

3．零件图中的尺寸标注

1) 尺寸基准

尺寸基准是标注和测量尺寸的起点，在零件图中，尺寸基准又分为设计基准和工艺基准。设计基准是根据零件在机器中的作用和结构特点，为保证零件的设计要求而选定的基准。

图 8-7 中定位尺寸"32"可保证轴承孔轴线与底板底面(高度方向基准)之间的相对位置；定位尺寸"100"(基准是左右对称面)可保证轴承孔轴线与两螺栓孔之间长度方向的相对位置。

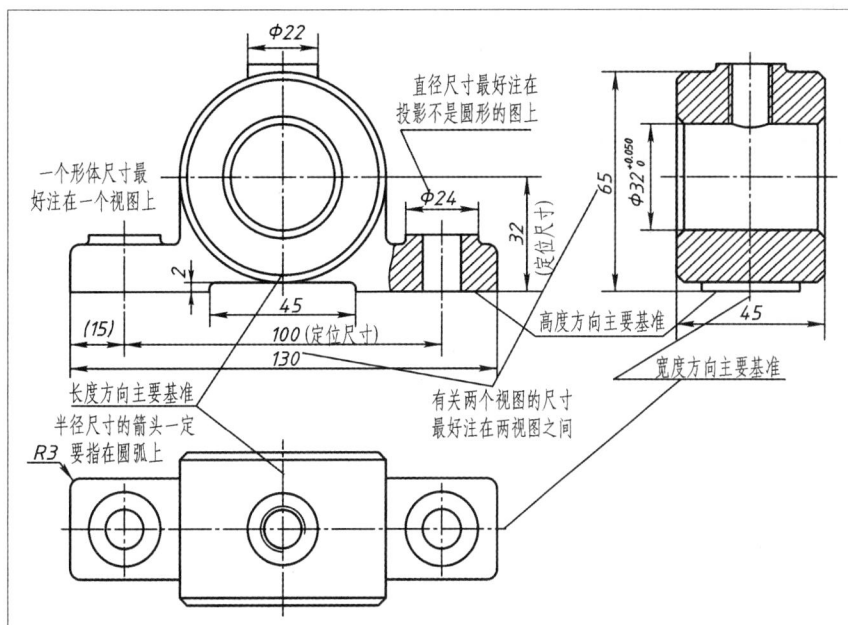

图 8-7　轴承座的尺寸基准和尺寸标注

2) 零件尺寸标注的一般原则

(1) 零件的重要尺寸(影响零件工作性能的尺寸，有配合要求的尺寸和确定各部分相对位置的尺寸)要直接标注。如轴承座零件图中，主视图上的定位尺寸 32、100 以及左视图中的配合尺寸 ϕ32 等就是重要尺寸。

(2) 尺寸标注要便于加工、便于测量(见图 8-8、图 8-9)。

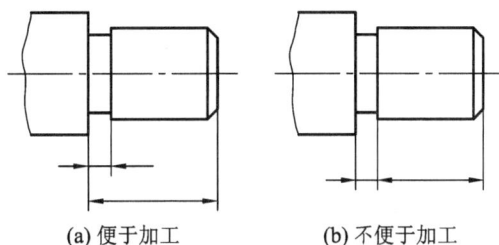

(a) 便于加工　　　　　　　(b) 不便于加工

图 8-8　尺寸标注要便于加工

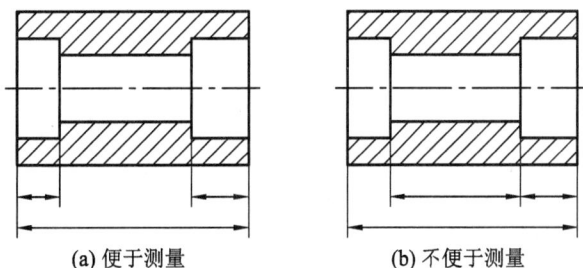

(a) 便于测量　　　　　　　(b) 不便于测量

图 8-9　尺寸标注要便于测量

(3) 不要注成封闭尺寸链。图 8-10 中注出了总长和各端长度 *A*、*B*、*C*，这样就形成了封闭尺寸链，会给加工造成困难，所以应标注成图 8-11 的形式。

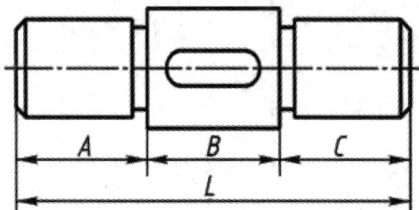

图 8-10　封闭尺寸链　　　　　　　　　图 8-11　开口尺寸链

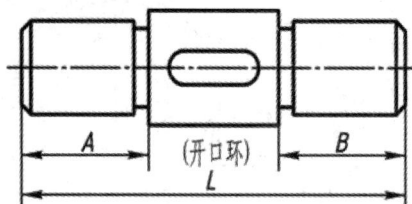

4. 零件表达方案的选择和尺寸标注举例

1) 轴套类零件

轴套类零件的加工位置大多是轴线水平放置的，而工作位置变化较多。因此，绘制主视图时多采用加工位置。

轴的表达方案和尺寸标注如图 8-12 所示。其中，主视图连同标注的尺寸能表达轴的总体结构形状；轴上的局部结构，如退刀槽、半圆槽等采用局部放大表达；键槽断面用移出剖面表示；直径 $\phi4$ 的销孔用局部剖视表达等。

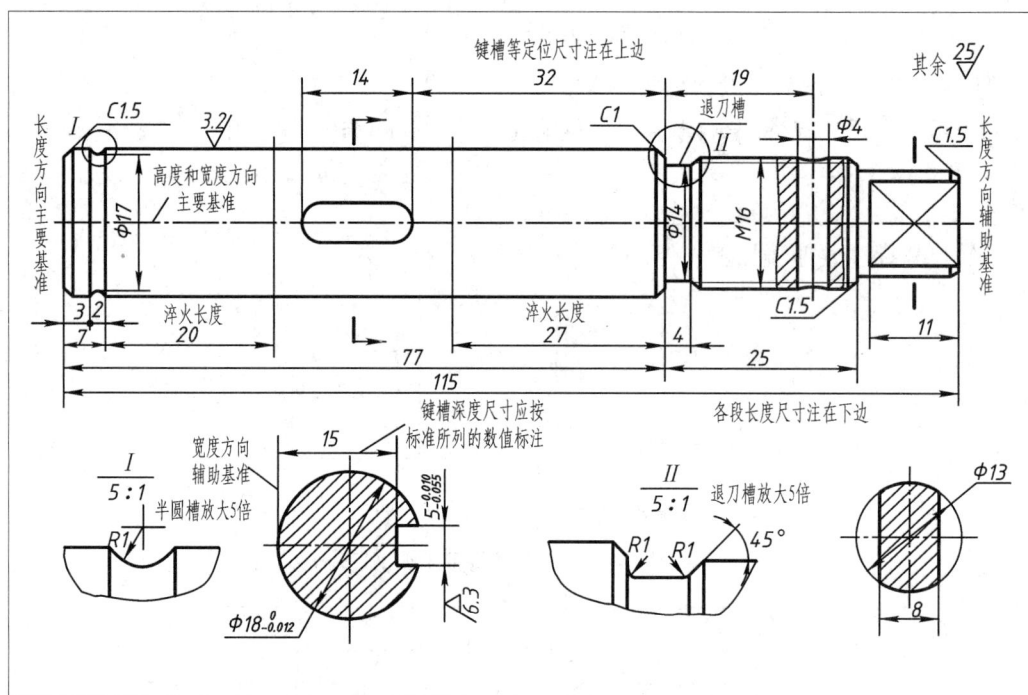

图 8-12　轴的表达方案和尺寸标注

2) 盘盖类零件

盘盖类零件的基本形状是扁平的盘状，主体部分是回转体。如各种齿轮、带轮、手轮以及图 8-13 中的端盖等都属于该类零件。

在端盖零件图中，采用轴线水平放置、B 投射方向画出主视图，能较好地反映端盖的形状特征。全剖的右视图主要表达端盖的内部结构及轴向尺寸。

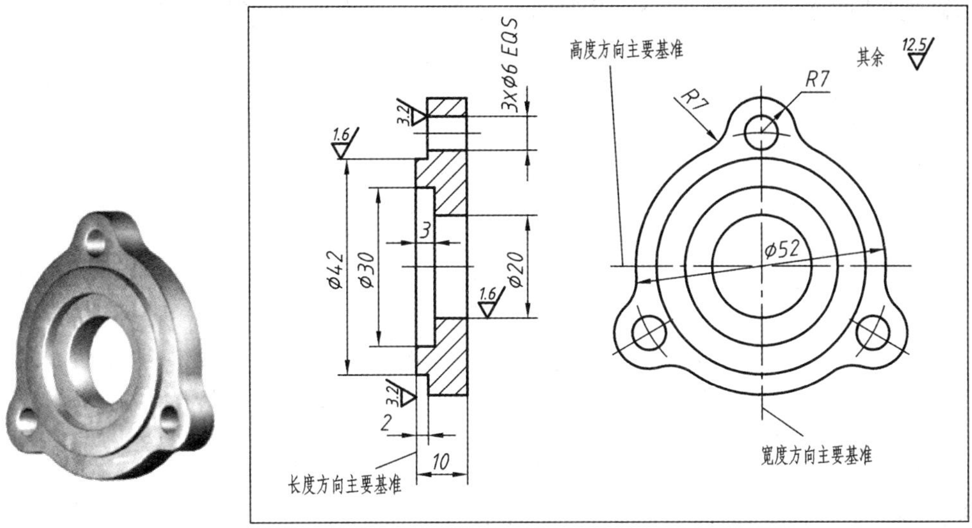

图 8-13　轴承盖的表达方案和尺寸标注

3) 支架类零件

支架类零件包括拨叉、支架、连杆和支座等。该类零件形状较复杂，加工工序较多，加工位置多变，所以主视图多采用工作位置，或将其倾斜部分摆正时的自然安放位置。支架的表达方案和尺寸标注如图 8-14 所示。

拨叉零件图中，主视图较好地反映了拨叉的主要形状特征；局部俯视图表达 U 形拨口的形状；B 向局部视图表达螺栓孔的形状与位置；主视图中还采用了局部剖表达螺栓孔的结构。

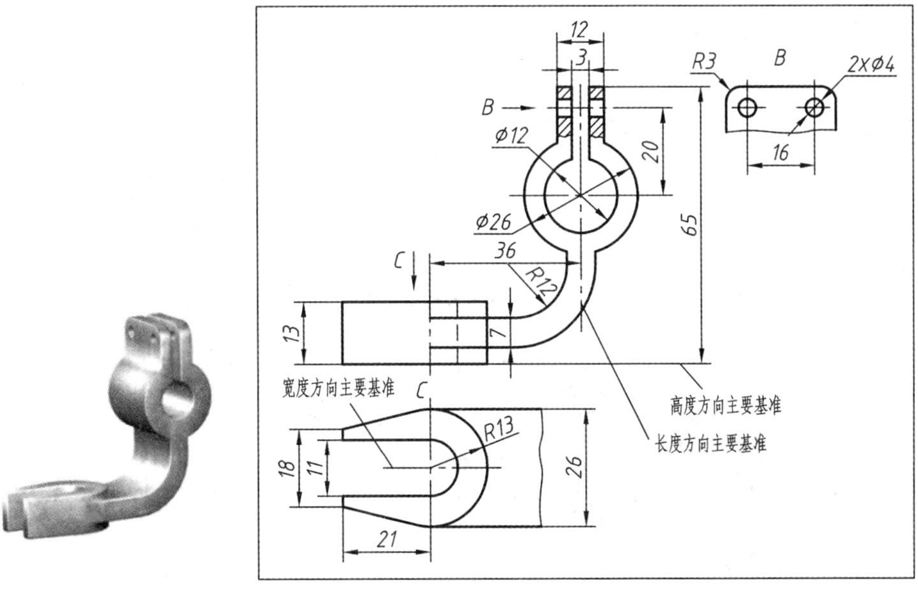

图 8-14　支架的表达方案和尺寸标注

4) 箱体类零件

箱体类零件包括阀体、泵体和箱体等。该类零件大多外形较简单，但内部结构复杂，加工工序较多，加工位置多变，所以主视图多采用工作位置。图 8-15 中的接线盒是一种简单的箱体类零件。

图 8-15 中，主视图(倾斜部分采用了简化画法)、左视图把接线盒的内、外结构形状基本表达清楚了，B 向局部视图表达出了线口的形状，可作为主视图的补充。

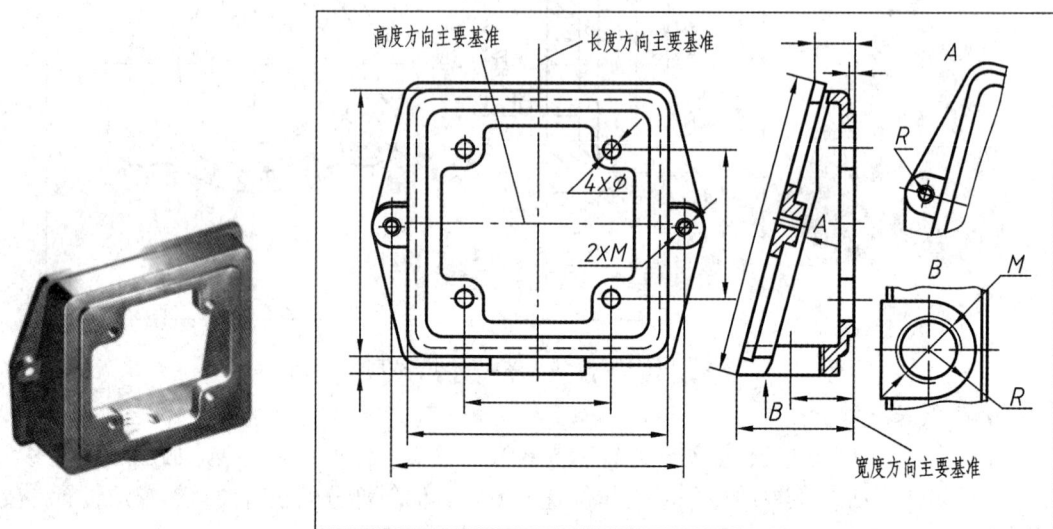

图 8-15 接线盒的表达方案和尺寸标注

(四) 零件的工艺结构

图 8-16 中的从动轴是某减速器中的零件，其主要功用是装在两个滚动轴承中，支撑齿轮并传递扭矩。从动轴的加工方法主要是车削，然后是铣键槽。

为了使零件的毛坯制造、机械加工、测量和装配更加顺利、方便，零件的主体结构确定后，还必须设计出合理的工艺结构。零件常见的工艺结构及其功用整理在表 8-1、表 8-2 中。

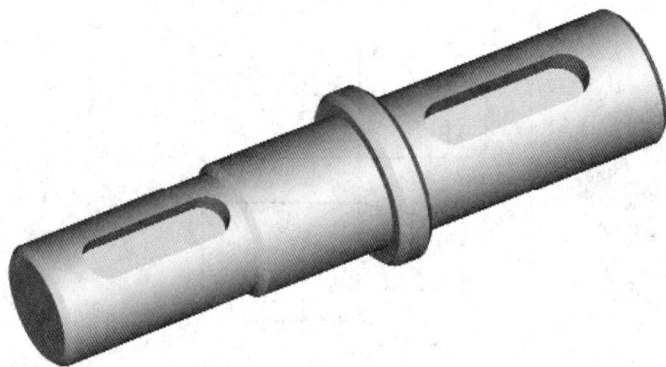

图 8-16 从动轴

表 8-1 常见的零件工艺结构一

内容	图 例	说 明
铸造圆角和拔模斜度	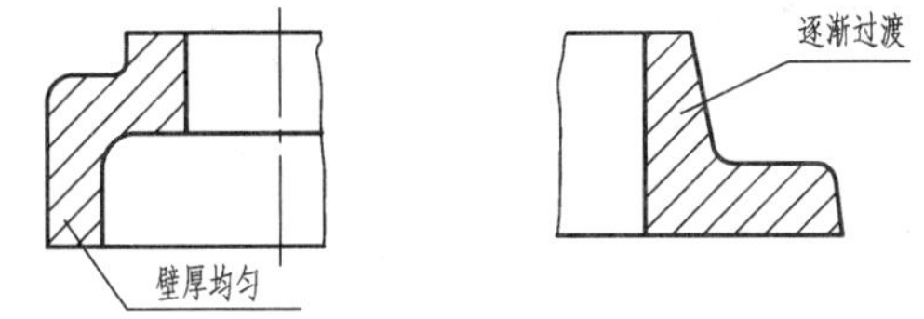	为了防止砂型在尖角处脱落和避免铸件冷却收缩时,在尖角处产生裂纹,铸件各表面相交处应做成圆角。为了起模方便,铸件表面沿拔模方向做出斜度,一般为1:20,拔模斜度若无特殊要求,图中可不画出,也不做标注
铸件壁厚	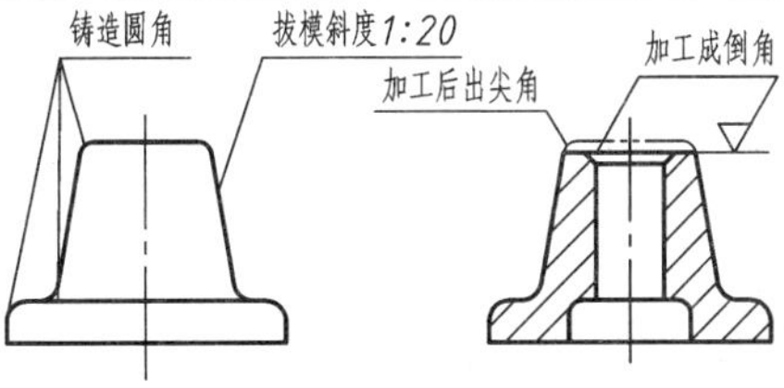	为了避免浇铸后零件各部分因冷却速度不同而产生缩孔、裂纹等缺陷,应尽可能使铸件壁厚均匀或逐渐变化
凸台和凹坑	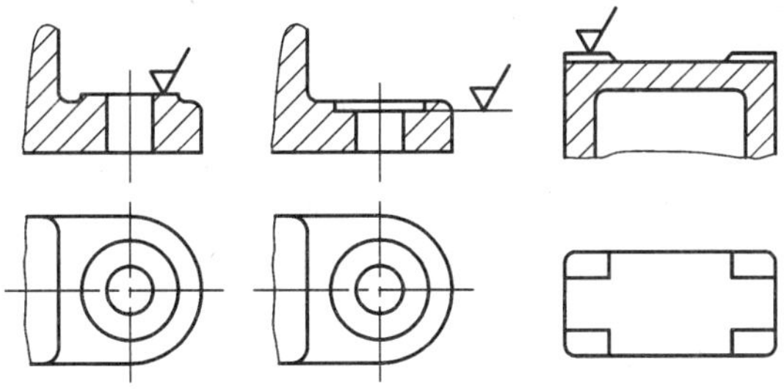	为了使两零件表面接触良好,减少加工面积,常在铸件上设计出凸台和凹坑

表 8-2 常见的零件工艺结构二

内容	图 例	说 明
倒角和倒圆	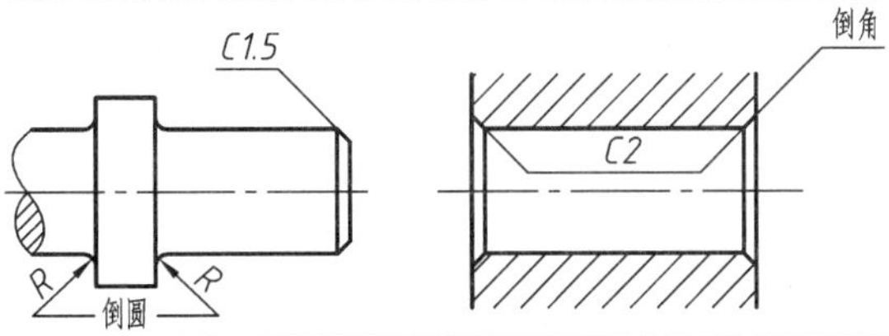	为了方便装配和去掉毛刺、锐边,在轴或孔的端部一般都应加工出倒角。对阶梯形的轴或孔,为了防止应力集中产生的裂纹,常把轴肩、孔肩处加工成倒圆
退刀槽和砂轮越程槽	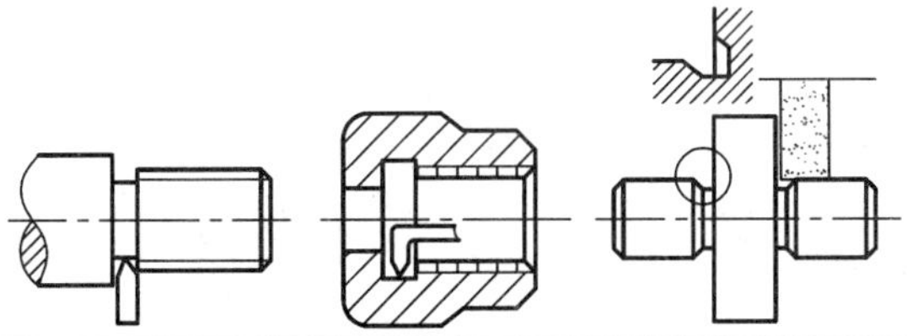	在车削加工、磨削加工和车螺纹时,为了便于退出刀具或砂轮越过加工面,经常在待加工面的末端先加工出退刀槽或砂轮越程槽
合理的钻孔结构	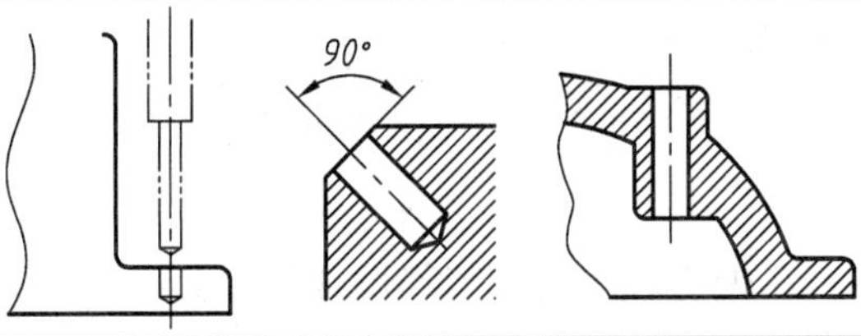	钻孔时,钻头的轴线应尽量垂直于被加工表面,以保证正确的加工位置和避免损坏钻头。 设计钻孔工艺结构时,还应考虑便于钻头进出

(五) 表面粗糙度

1．表面粗糙度的概念

加工后的零件表面是由许多高低不平的峰、谷组成的，在显微镜下观察如图 8-17 所示。零件加工表面上具有的这种微观几何形状特征称为表面粗糙度。

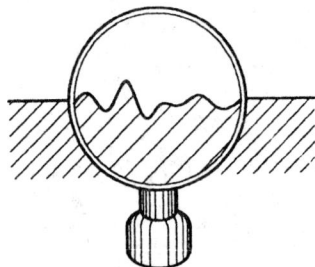

图 8-17　零件表面的峰谷

2．表面粗糙度的评定参数 GB/T 1031—1995

评定表面粗糙度的三种参数为：轮廓算术平均偏差(Ra)、轮廓微观不平度十点高度(Ry)和轮廓最大高度(Rz)。其中，最常用的是轮廓算术平均偏差 Ra(取样长度内峰、谷与基线偏差的算术平均值，单位：μm)，Ra 的取值必须遵守国标的相关规定(可参阅表 8-3)。

表 8-3　轮廓算术平均偏差 Ra 序列

第一序列	0.012，0.025，0.05，0.10，0.20，0.40，0.80，1.60，3.2，6.3，12.5，25，50，100
第二序列	0.008，0.016，0.032，0.063，0.125，0.25，0.50，1.00，2.0，4.0，8.0，16.0，32，63
	0.010，0.020，0.040，0.080，0.160，0.32，0.63，1.25，2.5，8.0，10.0，20，40，80

注：优先采用第一序列

3．表面粗糙度的符号及其标注

在图样中，零件表面粗糙度符号及其画法、含义如表 8-4 所示。

表 8-4　表面粗糙度符号及其画法、含义

符号	意　义	符号画法
∨	基本符号，表示用任何方法获得表面粗糙度	
∨	表示用去除材料的方法获得参数规定的表面粗糙度	
∨	表示用不去除材料的方法获得表面粗糙度	
∨ ∨ ∨	可在横线上标注有关参数或指定获得表面粗糙度的方法	
∨ ∨ ∨	表示所有表面具有相同的表面粗糙度要求	

表面粗糙度符号与参数 Ra 相结合，便组成了表面粗糙度代号，其含义如表 8-5 所示。

表 8-5　参数 Ra 的标注及其含义

代 号	意 义	代 号	意 义
3.2	用任何方法获得表面粗糙度，Ra 的上限值为 3.2 μm	3.2 max	用任何方法获得表面粗糙度，Ra 的最大值为 3.2 μm
3.2	用去除材料的方法获得表面粗糙度，Ra 的上限值为 3.2 μm	3.2 max	用去除材料的方法获得表面粗糙度，Ra 的最大值为 3.2 μm
3.2	用不去除材料的方法获得表面粗糙度，Ra 的上限值为 3.2 μm	3.2 max	用不去除材料的方法获得表面粗糙度，Ra 的最大值为 3.2 μm
3.2 1.6	用去除材料的方法获得表面粗糙度，Ra 的上限值为 3.2 μm，下限值为 1.6 μm	3.2 max 1.6 min	用去除材料的方法获得表面粗糙度，Ra 的最大值为 3.2 μm，最小值为 1.6 μm

4．表面粗糙度代号在图样上的标注

在图样上标注表面粗糙度的基本原则如下：

(1) 在同一图样中，零件每个表面只标注一次表面粗糙度代号，符号的尖端必须从材料外指向被加工表面。

(2) 在表面粗糙度代号中，数值的大小和方向必须与图中尺寸数字的大小和方向一致。

(3) 图样上所注表面粗糙度是指零件完工后的表面粗糙度。

表面粗糙度标注如图 8-18 所示。

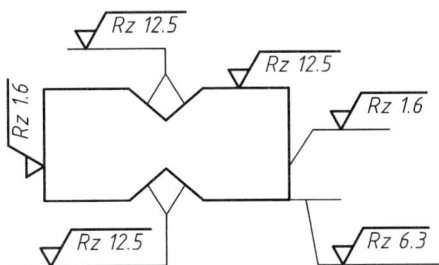

图 8-18　表面粗糙度标注示例

（六）极 限 与 配 合

1．零件的互换性概念

在已加工的一批零件中，任取一件都能顺利装配使用，并能达到规定的技术要求，零件具有这种性质就称零件具有互换性。

2．极限与配合的概念

零件的实际加工尺寸是不可能与设计尺寸绝对一致的，因此设计时应允许零件尺寸有一个变动范围，尺寸在该范围内变动时，相互结合的零件之间能形成一定的关系，并能满足使用要求。这就是"极限与配合"的概念。

3．极限与配合术语

公差的术语及定义如图 8-19 所示，具体如下：

(1) 基本尺寸：设计时选定的尺寸。

(2) 实际尺寸：零件完工后实际测量所得尺寸。

(3) 极限尺寸：设计时确定的允许零件尺寸变化范围的两个界限值。极限尺寸又分为最大极限尺寸和最小极限尺寸。

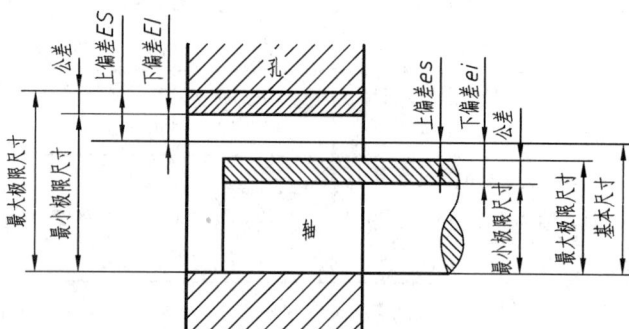

图 8-19　公差的术语及定义

(4) 尺寸偏差，尺寸偏差又分上偏差和下偏差：

$$上偏差(ES、es) = 最大极限尺寸 - 基本尺寸$$
$$下偏差(EI、ei) = 最小极限尺寸 - 基本尺寸$$

(5) 尺寸公差：允许尺寸的变动量，反映零件尺寸变化范围的大小。

(6) 公差带图：用图形的形式表达零件的尺寸变化范围。图形中能清楚地反映极限尺寸、尺寸偏差以及尺寸公差等，如图 8-20 所示。

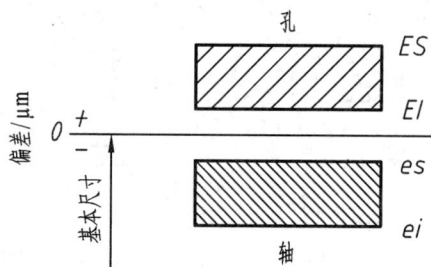

图 8-20　公差带图

(7) 标准公差：国标中规定用以确定公差带大小的任一公差。标准公差用符号"IT"表示，共分 20 个等级，依次为 ITO1，ITO，IT1，IT2，…，IT18。其中 ITO1 精度最高，IT18 精度最低。基本尺寸相同时，公差等级越高(数值越小)，标准公差越小；公差等级相同时，基本尺寸越大，标准公差越大。

(8) 基本偏差：基本偏差是标准所列的，用以确定公差带相对于零线位置的上偏差或下偏差，一般是指靠近零线的那个偏差。当公差带在零线上方时，基本偏差为下偏差；反之，则为上偏差。国标规定轴、孔各有 28 个基本偏差，并用字母表示(孔的基本偏差用大写，轴的基本偏差用小写)，如图 8-21 所示。

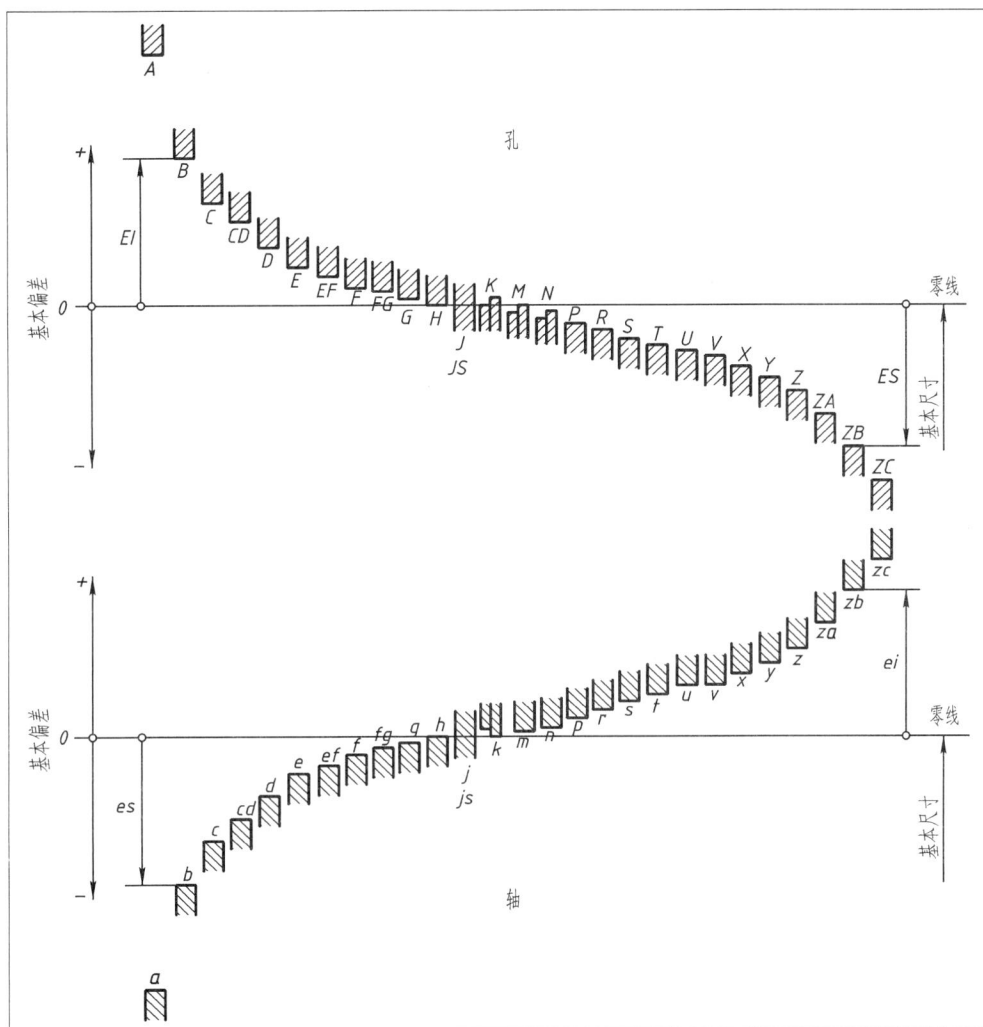

图 8-21 基本偏差系列

4. 配合的概念

基本尺寸相同的轴、孔相互结合在一起所形成的关系称为配合。配合关系有以下三种：

1) 间隙配合

按一定的配合尺寸所生产的轴、孔装配在一起后，轴、孔之间始终能保持一定的间隙，这种配合关系称为间隙配合，如图 8-22 所示。

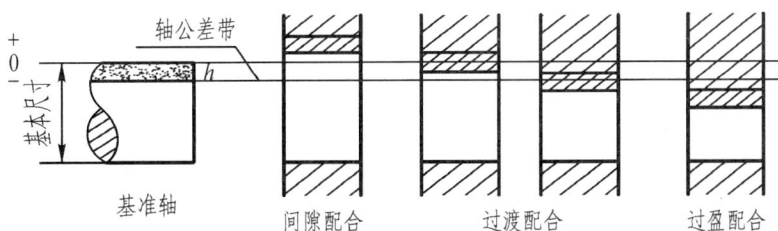

图 8-22 配合种类

2) 过盈配合

轴、孔装配在一起后，轴总是比孔大，这种配合关系称为过盈配合，如图 8-22 所示。

3) 过渡配合

轴、孔装配在一起后，轴可能比孔大，也可能比孔小，这种配合关系称为过渡配合，如图 8-22 所示。

5．配合制度

国家标准规定了两种配合制度，即基孔制和基轴制。

1) 基孔制

基本偏差一定的孔公差带与不同基本偏差的轴公差带形成松紧程度不同的配合的一种制度叫作基孔制，如图 8-23 所示。基孔制中孔的基本偏差代号总是 H。

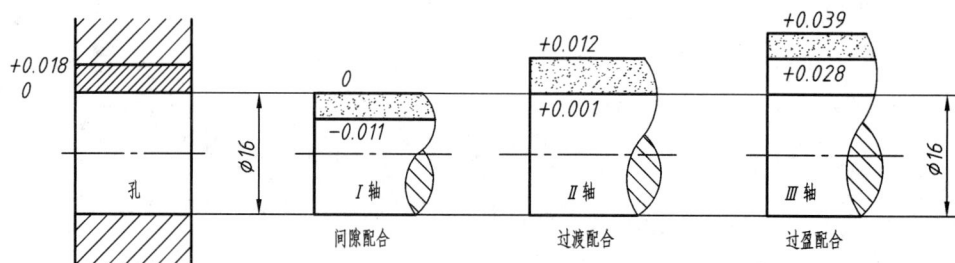

图 8-23 基孔制配合

2) 基轴制

基本偏差一定的轴公差带与不同基本偏差的孔公差带形成松紧程度不同的配合的一种制度叫作基轴制，如图 8-24 所示。基轴制中轴的基本偏差代号总是 h。

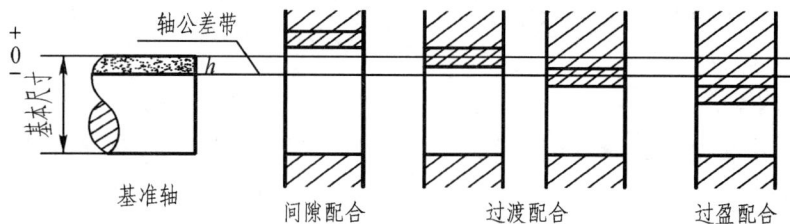

图 8-24 基轴制配合

一般情况下，应优先采用基孔制，因为孔的加工难度比轴大。

6．极限与配合的标注

1) 在零件图上的标注

极限与配合尺寸常采用基本尺寸后跟所要求的公差代号或对应的偏差值表示，如图 8-25 所示。

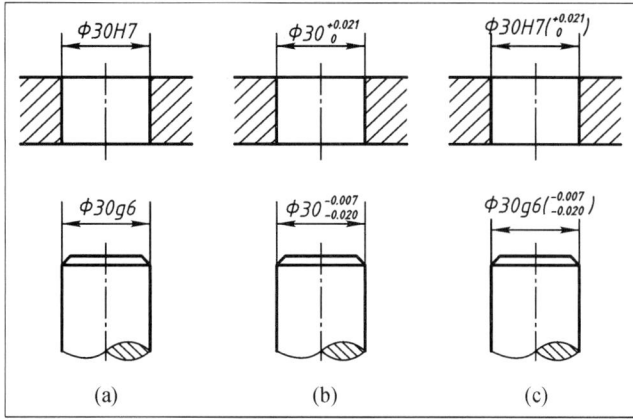

图 8-25　零件图上的公差标注

2) 在装配图上的标注

在装配图上极限与配合尺寸采用分数形式标注，如图 8-26 所示。

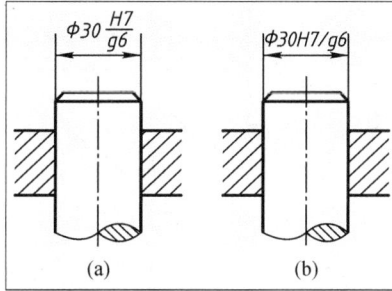

图 8-26　装配图上的公差标注

(七) 形、位公差

1. 形状和位置公差的基本概念

形状公差是指零件表面的实际形状对其理想性质所允许的变动全量；位置公差是指零件表面的实际位置对其理想位置所允许的变动全量。

2. 形、位公差代号

在图样中，形、位公差一般采用代号标注，如图 8-27 所示。各项形、位公差符号，以及代号的含义与标注方法请参见表 8-6。

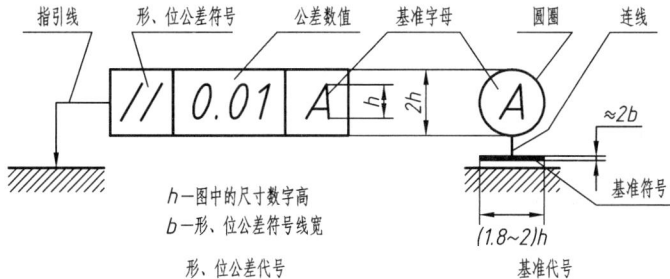

图 8-27　形、位公差代号与基准代号

表 8-6　表面粗糙度标注示例

图例	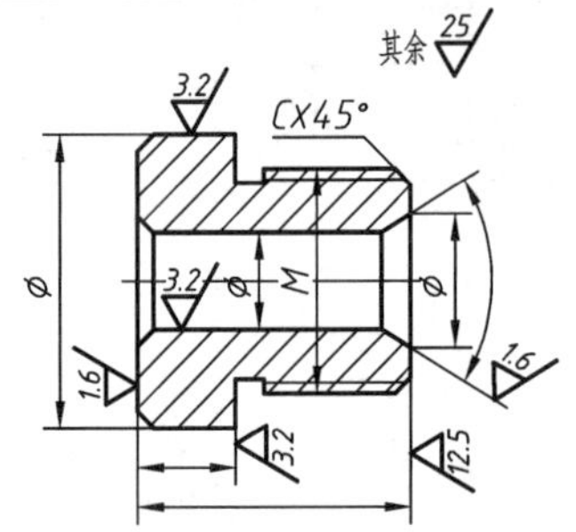	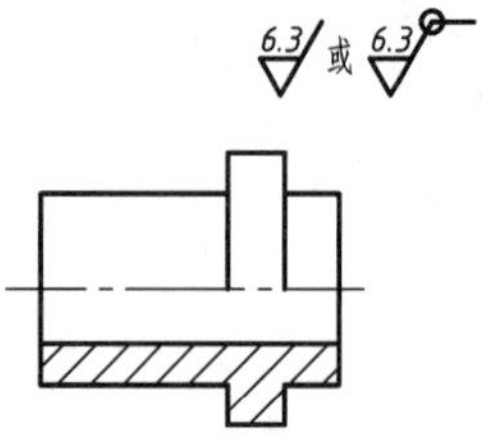	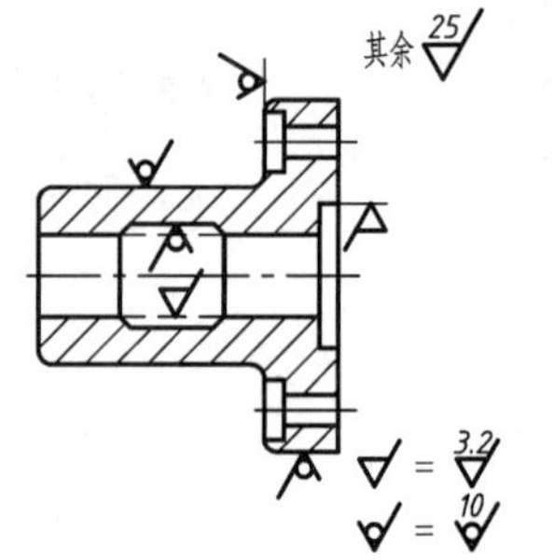
说明	对其中使用最多的一种代号可以统一标注在图纸右上角，并注"其余"二字。	当零件所有表面具有相同特征时，可以在图形右上角统一标注。	可以简化标注代号，但要在标题栏附近说明这些代号的含义。
图例	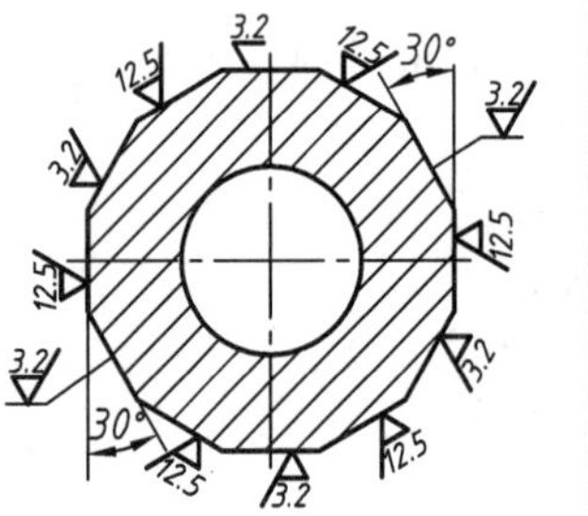	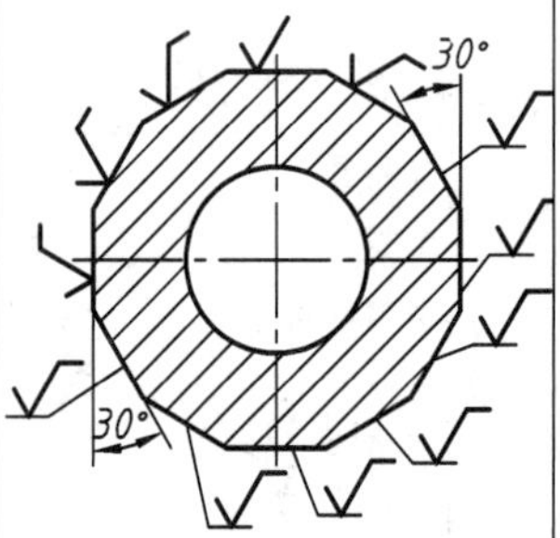	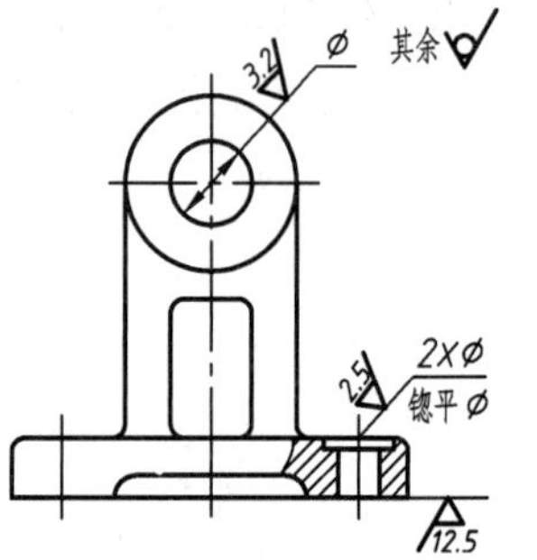
说明	各倾斜表面粗糙度代号的注法	带横线的表面粗糙度的注法	用细线相连的表面只标注一次
图例	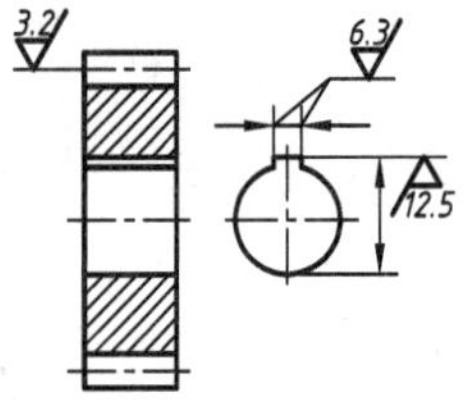	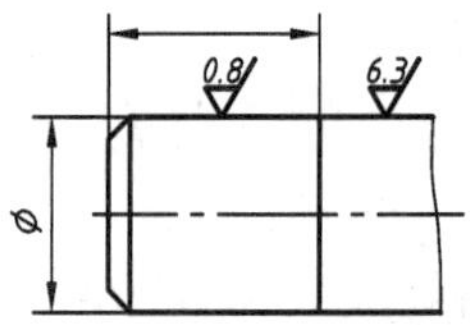	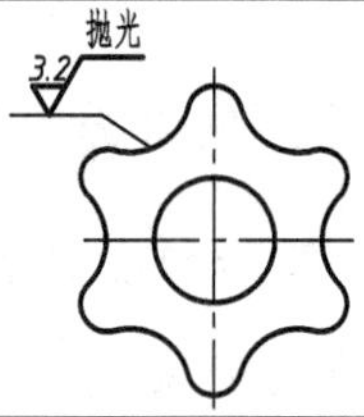
说明	齿轮注法	同一表面不同表面粗糙度的注法	连续表面的表面粗糙度只注一次
图例	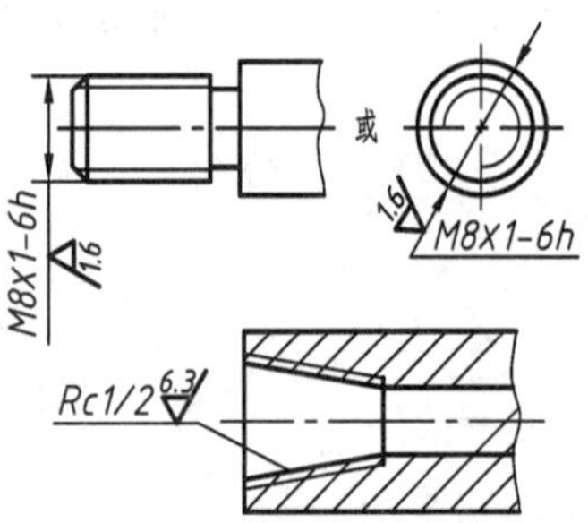	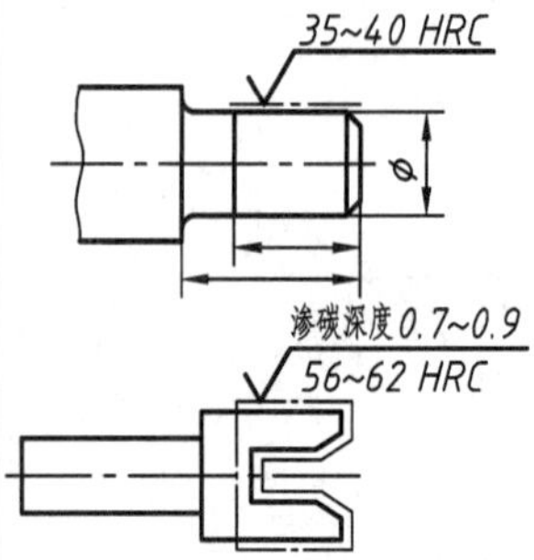	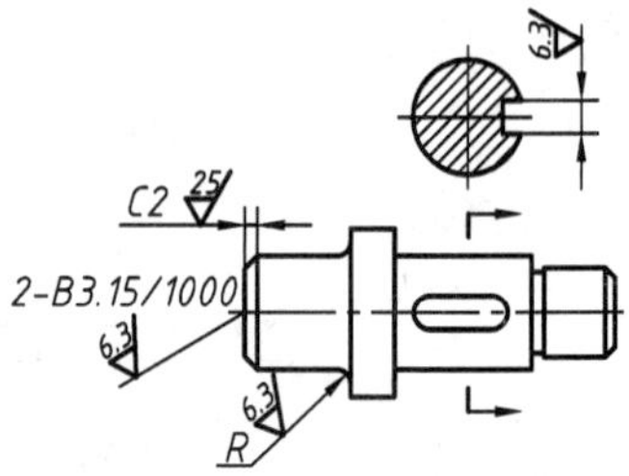
说明	螺纹注法	局部处理注法	中心孔、键槽、圆角、倒角注法

(八) 看零件图

看零件图的目的就是要根据零件图了解零件的名称、材料和用途，并分析视图，构思零件的结构、形状；分析尺寸，了解零件各部分的大小及相对位置；阅读零件的技术要求，以帮助了解零件的功用或指导生产。

1. 概括了解

首先从零件图的标题栏了解零件的名称、材料及画图比例等，然后从相关技术资料或其他途径了解零件的主要作用及与其他零件的连接关系。

2. 分析视图

分析视图及其表达方法能迅速构思、想象零件的结构、形状。图 8-28 中阀体零件图中的主、左视图反映了阀体的内部结构、形状。由图可知，左、右锥螺纹孔分别为进、出油口，垂直方向锥孔用于安装阀杆，俯视图反映阀体的外形特征。综合构思、想象后可得出阀体的空间立体形状如图 8-29 所示。

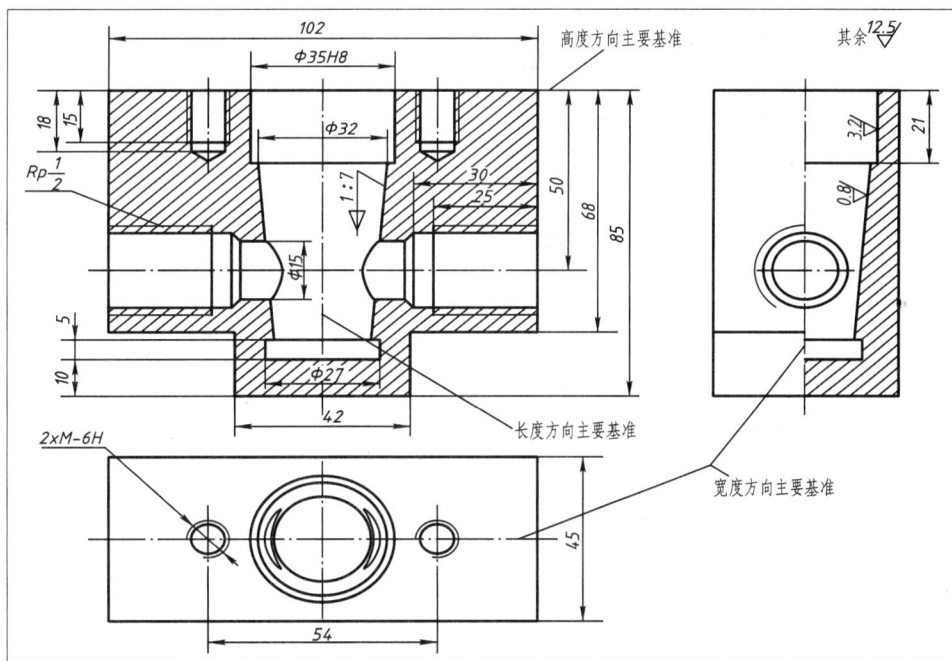

图 8-28　阀体零件图

图 8-29　阀体立体图

3．分析尺寸

分析零件图的尺寸，了解零件各部分大小。

首先应分析并找到零件三个方向的尺寸基准。阀体左右、前后均对称，所以其长度基准和宽度基准分别为左右对称中心线和前后对称中心线；高度基准为上底面。

从这三个基准出发，以结构形状为线索，就能方便地找到阀体各部分的定位、定形尺寸，从而掌握各部分的结构、大小以及与相邻部分的相对位置等。

4．了解技术要求

分析技术要求时，应全面掌握零件的质量指标。分析零件图上所标注的表面粗糙度、极限与配合、形位公差、热处理及表面处理等技术要求。根据图 8-28 中阀体零件图的技术要求可知，阀体有一处给出了尺寸公差，即尺寸 $\phi 35H8$，这处孔和与其安装在一起的轴之间有配合要求，表面结构要求比较高。

四、任务实施

按照要求标注图 8-30 零件的表面粗糙度，表面结构要求的 Ra 值：

(1) $\phi 20$、$\phi 18$ 圆柱面为 1.6 μm；

(2) M16 螺纹工作表面为 1.6 μm；

(3) 锥销孔内表面为 3.2 μm；

(4) 键槽两侧为 3.2 μm，其余表面为 12.5 μm。

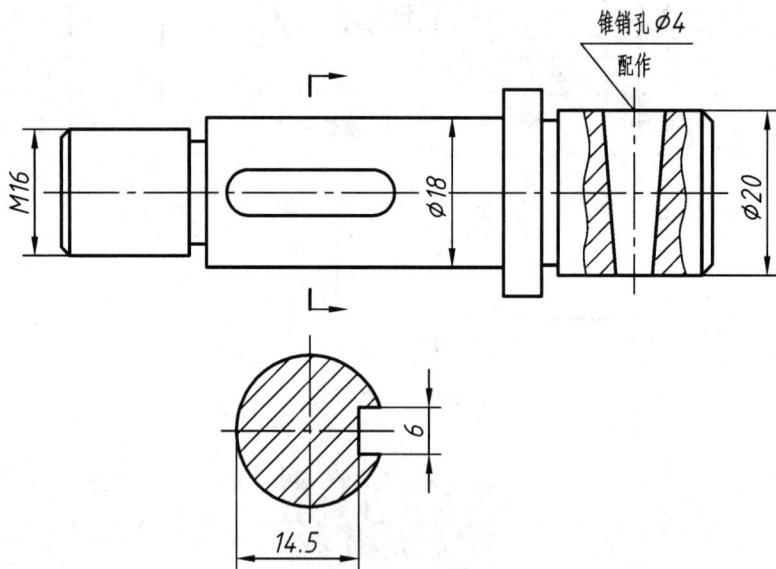

图 8-30 轴

标注结果如图 8-31 所示。

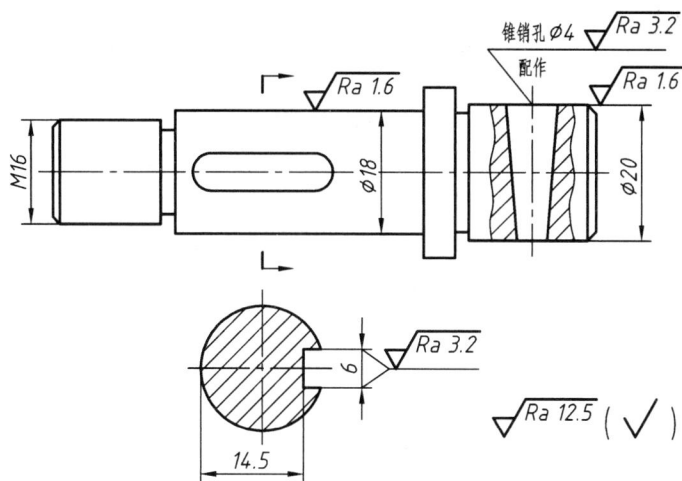

图 8-31　标注结果

项 目 小 结

　　通过本项目，对壳体零件的结构形状、大小有了比较细致的了解和认识，对制造该零件所使用的材料以及所有的技术要求也有了全面的了解，综合归纳总结就可以得出壳体零件的总体概念，并且可以进一步分析零件结构和工艺的合理性、表达方案是否恰当、尺寸标注是否合理以及读图过程中有无读错的地方。

项目九　装　配　图

一、学习目标

(1) 掌握装配图的作用与内容。

(2) 了解装配图的规定画法、特殊表达方法。

(3) 了解常见装配结构。

(4) 掌握看、画装配图的一般步骤。

(5) 能看懂中等难度的装配图、画简单装配图。

(6) 能看懂装配图，能绘制装配图。

二、工作任务

读懂、绘制如图 9-1 所示整体轴承装配图等。

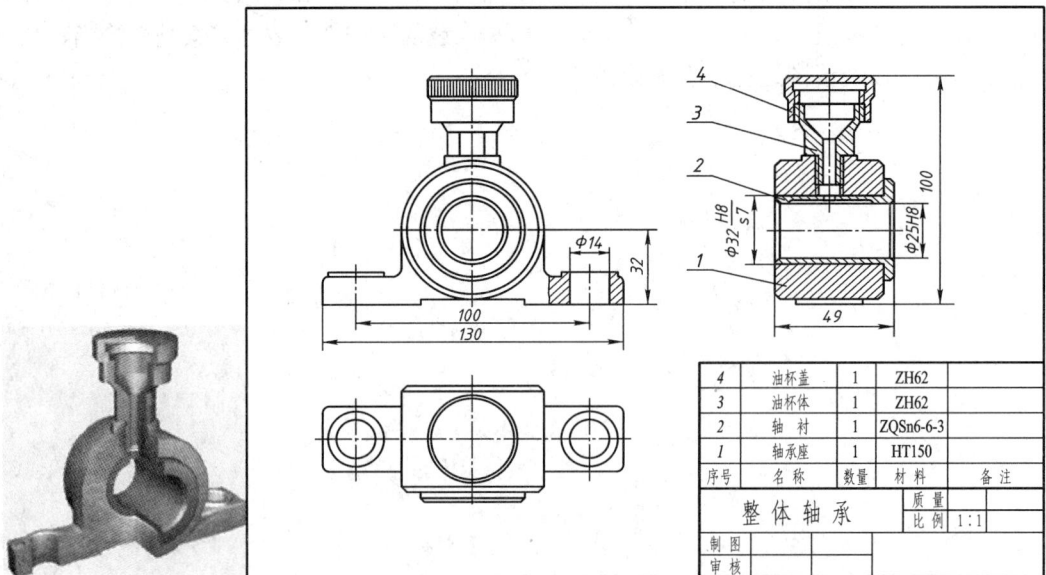

4	油杯盖	1	ZH62	
3	油杯体	1	ZH62	
2	轴　衬	1	ZQSn6-6-3	
1	轴承座	1	HT150	
序号	名　称	数量	材料	备注

整体轴承	质量	
	比例	1:1

制图		
审核		

图 9-1　整体轴承装配图

三、相关理论知识

任何机器或部件都是由若干零件按一定的装配关系和要求装配而成的。表达机器或部件的工作原理、性能要求及各零件之间的装配连接关系等内容的图样称为装配图。

(一) 装配图的作用和内容

1．装配图的作用

装配图表达机械的工作原理、装配关系等。在产品设计过程中，一般先按设计要求绘制装配图，然后根据装配图完成设计并绘制零件图。在生产时，先根据零件图加工出零件，然后根据装配图将零件装配成机器或部件。用户则根据装配图了解机器或部件的性能、作用和使用方法。因此，装配图既是进行零件设计和加工、制定装配工艺规程的依据，也是进行机器装配、调试、检验及维修的必备资料，是表达设计思想和指导生产的重要技术文件。

2．装配图的内容

如图 9-1 所示的整体轴承装配图，图中所示的内容如下：

1) 一组视图

这组视图用来表达机器或部件的工作原理，各零件间的装配、连接关系，以及主要零件的结构形状等。

2) 必要的尺寸

装配图中不必标注零件的详细尺寸，所需标注的尺寸可分为如下四类：

(1) 性能规格尺寸，表示机器或部件性能或规格的尺寸，如图中 $\phi25$ 等尺寸；

(2) 装配尺寸，用来保证零件间的配合性质和相对位置的尺寸，如图中 $\phi32$ 等尺寸。

(3) 安装尺寸，将机器或部件安装到其他设备或基础上所需的尺寸，如图中两螺栓孔中心距 100 等尺寸。

(4) 外形、总体尺寸，表示机器或部件的总长、总宽、总高的尺寸。

3) 技术要求

装配图中以文字或符号说明机器在装配、调试、检验及使用等方面的要求。

4) 零件序号、明细栏和标题栏

零件序号、明细栏和标题栏的详细内容见图 9-1 所示。

(二) 装配图的画法

1．装配图表达方案的确定

在按规定画法画装配图前，必须先确定表达方案。

装配图同零件图一样，要以主视图的选择为中心来确定部件的表达方案。表达方案确定以表达清楚装配体的工作原理和零件之间的装配、连接关系为原则。

1) 主视图的选择原则

(1) 应选择能反映装配体的工作位置和总体结构特征的方向作为主视图投射方向，主视图的安放位置一般应与工作或安装位置相一致。

(2) 应选择能反映装配体的工作原理和零件间的相对位置关系的方向作为主视图投射方向，主视图最能反映零件的装配关系、部件工作原理，并表达主要零件的形状。其投射方向也应考虑兼顾其他视图的补充表达。

2) 其他视图的选择

其他视图的配置要根据装配件结构的具体情况，选用一定的视图来对装配件的装配关系、工作原理或局部结构进行补充表达，并保证每一个视图都有明确的表达内容，相互配合，避免重复。

2．规定画法

在装配图中为了便于区分不同的零件，正确地表达出各零件之间的关系，在画法上有以下规定：

(1) 两相邻零件的接触面和配合面只画一条线，不接触表面和非配合表面，即使间隙很小，也必须画成两条线，如图 9-2 所示。

(2) 在剖视图中，相邻两个零件的剖面线方向相反，或方向一致而间距不等，但同一个零件的不同视图中的剖面线必须方向一致、间隔相等，如图 9-2 所示。

(3) 当剖切平面通过标准件和实心件的轴线时均按不剖处理，如图 9-2 所示。

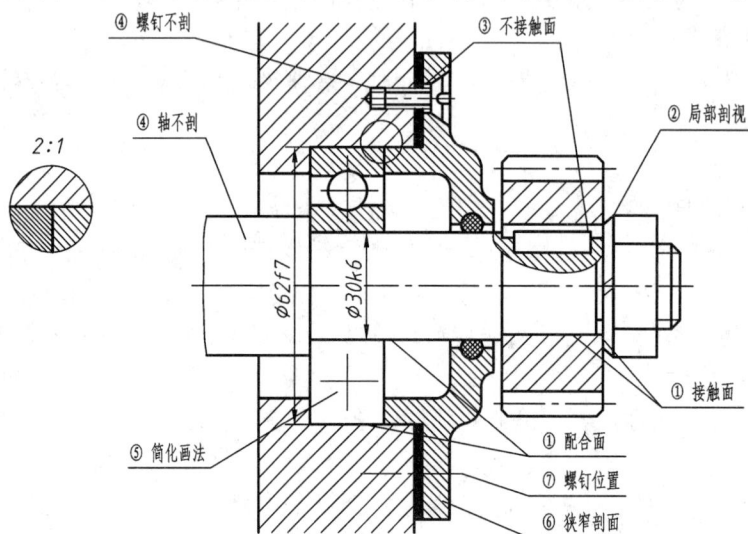

图 9-2　实心零件画法

3．特殊画法

1) 拆卸画法

在画装配图的某个视图时，当某些零件遮挡了需要的结构或装配关系时，可以假想沿某些结合面剖切或将某些零件拆卸画出，这种画法称为拆卸画法，如图 9-3 所示。

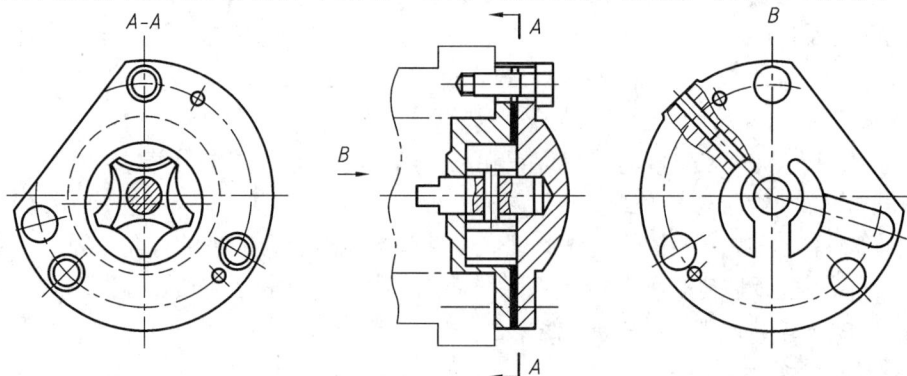

图 9-3　零件的特殊表达法

2) 单独表示某个零件

在装配图中，为了突出某个重要零件的形状，可以单独画出该零件某个方向的视图，这种画法称为单独表示。

3) 假想画法

在装配图中，当需要表示运动件的运动范围或极限位置，以及与相邻零件的连接关系时，可以用双点画线假想画出，这种画法称为假想画法。

4) 夸大画法

当部件中的薄片零件、细小间隙、细弹簧等无法按实际尺寸画出时，可采用夸大画法。

5) 简化画法

(1) 螺栓连接、螺钉连接等若干相同的零件组在装配图中只需详细画出一处，其余的只需用中心线表示其位置即可。

(2) 在装配图中表示滚动轴承时，允许一半用规定画法，另一半用通用画法表示。

(3) 在装配图中，零件的工艺结构如拔模斜度、小倒圆、小倒角和退刀槽等细小结构可以省略不画。

(三) 在装配图中标注尺寸及技术要求

1. 尺寸标注

装配图不是制造零件的直接依据，因此，装配图中无需注出零件的全部尺寸，而只需标注出一些必要的尺寸。

1) 性能(规格)尺寸

性能(规格)尺寸是表示机器或部件性能(规格)的尺寸，在设计时已经确定，也是设计、了解和选用该机器或部件的依据(见图 9-4 装配图尺寸标注 1)。

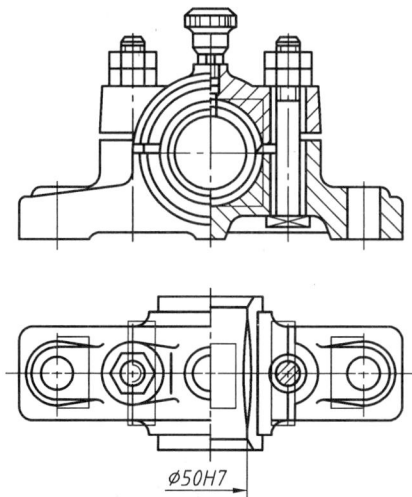

图 9-4　装配图尺寸标注 1

2) 装配尺寸

装配尺寸包括保证有关零件间配合性质的尺寸、保证零件间相对位置的尺寸、装配时进行加工的尺寸(见图 9-5 装配图尺寸标注 2)。

3) 安装尺寸

安装尺寸是机器或部件安装时所需的尺寸(见图 9-5 装配图尺寸标注 2)。

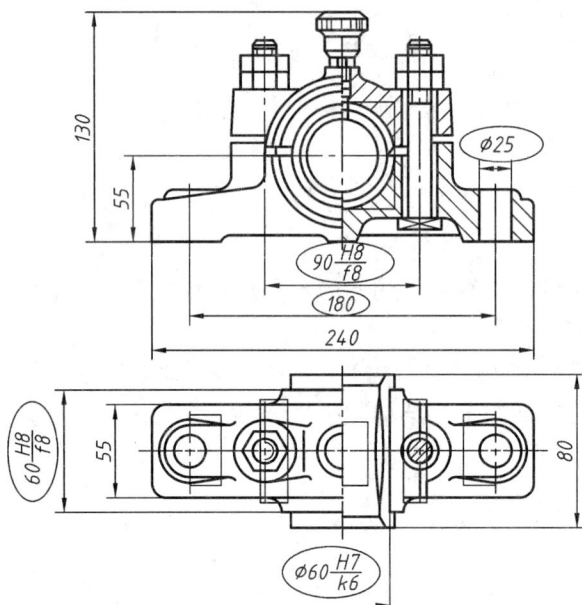

图 9-5　装配图尺寸标注 2

4) 外形尺寸

外形尺寸表示机器或部件外形轮廓的大小，即总长、总宽和总高(见图 9-6 装配图尺寸标注 3)。

5) 其他重要尺寸

其他重要尺寸包括运动零件的极限尺寸、主体零件的重要尺寸等(见图 9-6 装配图尺寸标注 3)。

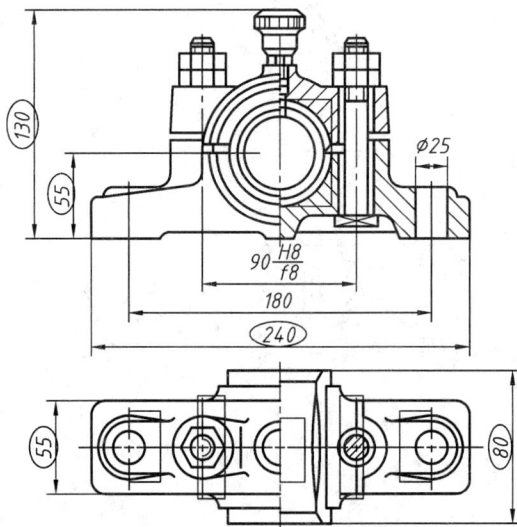

图 9-6　装配图尺寸标注 3

2．装配图的技术要求

装配图上一般应注写以下几个方面的要求：

(1) 装配要求，包括装配过程中的注意事项和装配后应满足的要求等。

(2) 检验、试验的条件和要求，即机器或部件装配后对基本性能的检验、试验方法及技术指标等要求与说明。

(3) 其他要求，包括部件的性能、规格参数、包装、运输及使用时的注意事项和涂装要求等。技术要求的各项内容，除公差配合标注在视图上，其余一般用文字或表格形式写在图样空白处，也可另编技术文献附上。

(四) 装配图的零部件序号和明细栏

1．编写零部件序号的一些规定

1) 编号方法

装配图编号方法如图 9-7 所示。序号由点、指引线、横线(或圆圈)和序号数字组成。指引线、横线用细实线画出。指引线相互不交错，当指引线通过剖面线区域时应与剖面线斜交，避免与剖面线平行。另外，序号数字比装配图的尺寸数字大一号或两号。

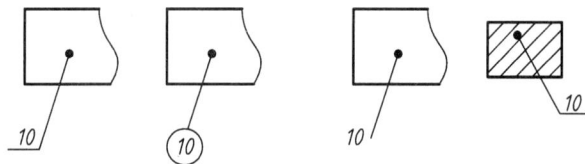

图 9-7 装配图编号方法

2) 序号编写的顺序

零部件序号应沿水平或垂直方向按顺时针(或逆时针)方向顺次排列整齐，并尽可能均匀分布。

3) 标准件、紧固件的编排

同一组紧固件可采用公共指引线(如图 9-8 所示)；标准部件(如油杯、滚动轴承等)可看成一个部件，只编写一个序号。

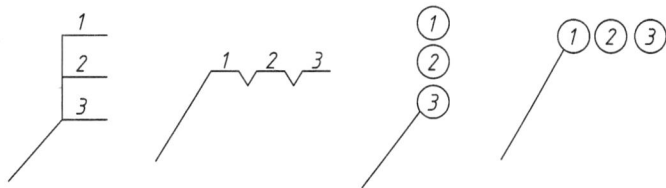

图 9-8 装配图标准件、紧固件的编排

4) 相同零部件的标注

装配图上凡相同零件只用一个序号且一般只注写一次。

5) 很薄的零件或涂黑剖面的标注

薄零件或涂黑的剖面内不便画圆点，可在指引线的末端画出箭头，如图 9-9 所示。

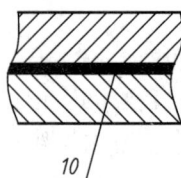

图 9-9 薄零件的标记方法

2. 明细栏

明细栏是机器或部件中全部零部件的详细目录，国家标准没有统一规定它的内容和形式。

图 9-10 所示为推荐学校用标题栏、明细栏。明细栏应画在标题栏的上方，零件的序号自下而上填写，如位置不够可将明细栏分段画在标题栏的左方。

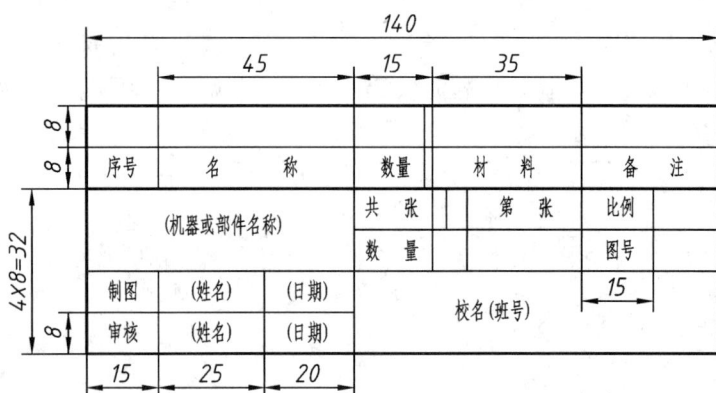

图 9-10 装配图中的标题栏、明细栏

(五) 装配结构的合理性

在设计和绘制装配图的过程中，应考虑到装配结构的合理性，以保证机器和部件的性能，并给零件的加工和装拆带来方便。

1. 轴和孔配合结构

要保证轴肩与孔的端面接触良好，应在孔的接触面制成倒角或在轴肩根部切槽，如图 9-11 所示。

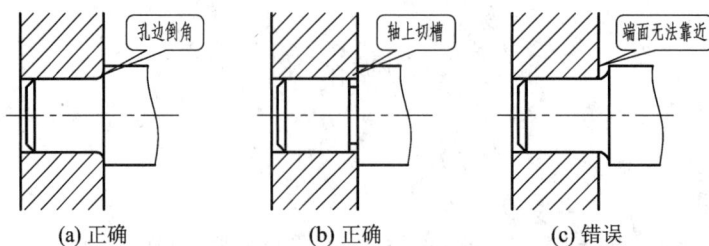

(a) 正确   (b) 正确   (c) 错误

图 9-11 轴和孔配合结构

2．接触面的数量

当两个零件接触时，在同一方向的接触面上应当只有一个接触面，这样即可满足装配要求，制造也较方便，如图 9-12 所示。

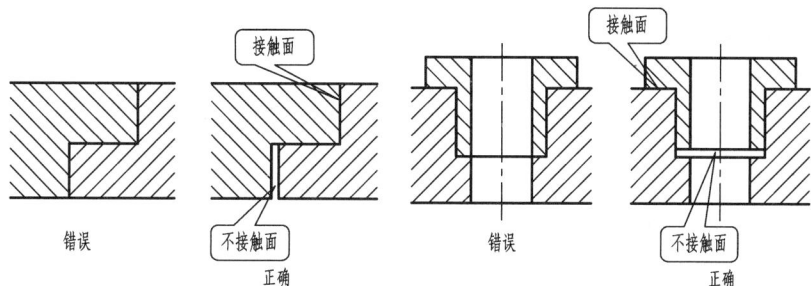

图 9-12　接触面的数量

3．销配合处结构

为了保证两零件在装拆前后不降低装配精度，通常用圆柱销或圆锥销将零件定位。为了加工和装拆的方便，在可能的条件下，最好将小孔做成通孔，如图 9-13 所示。

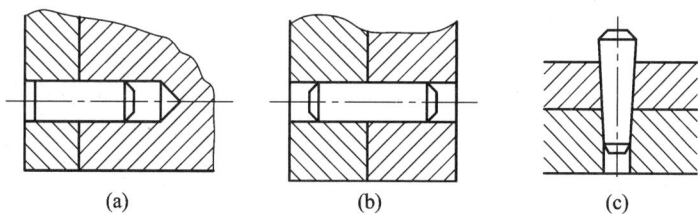

图 9-13　销配合处结构

4．紧固件装配结构

为了使螺栓、螺母、螺钉、垫圈等紧固件与被连接表面接触良好，在被连接件的表面应加工凸台或鱼眼坑等结构，如图 9-14 所示。

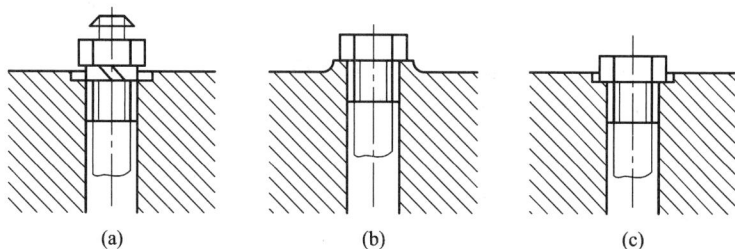

图 9-14　紧固件连接处的装配结构

（六）部件测绘

在生产实践中，对原有机器进行维修和技术改造，或者设计新产品和仿造原有设备时，往往要测绘有关机器的一部分或全部，称为部件测绘或测绘。

测绘的过程大致可按顺序分为以下几个步骤:

(1) 了解测绘的对象和拆卸零、部件。

(2) 画装配示意图。

(3) 测绘零件(非标准件)草图。

(4) 画部件装配图。

(5) 画零件图。

(七) 由零件图画装配图

部件由一些零件组成,那么根据部件所属的零件图,就可以拼画成部件的装配图。

1. 了解部件的装配关系

图 9-15 所示为齿轮泵爆炸图,泵体的内腔容纳一对齿轮。将齿轮轴、传动齿轮轴装入泵体后,由左端盖与右端盖支承这一对齿轮轴的旋转运动。圆柱销将左、右端盖与泵体定位后,再用螺钉连接。为防止泵体与端盖结合面及齿轮轴伸出端漏油,分别用垫片、密封圈、压盖及压盖螺母密封。

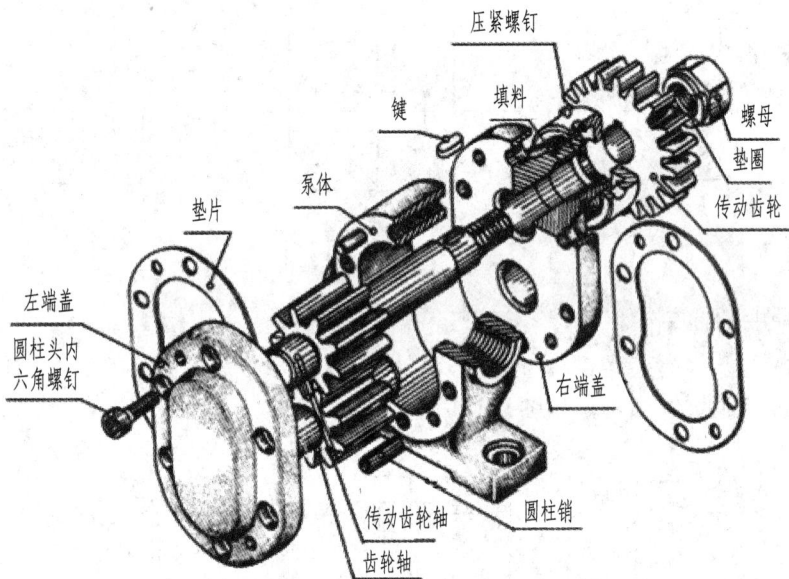

图 9-15　齿轮泵爆炸图

2. 了解部件的工作原理

图 9-16 所示为齿轮泵工作原理,当一对齿轮在泵体内做啮合传动时,啮合区内右边的油被齿轮带走,压力降低形成负压,油池内的油在大气压力作用下进入油泵低压区内的吸油口,随着齿轮的转动,齿槽中的油不断沿箭头方向被带至左边的压油口把油压出,送至机器中需要润滑的部分。

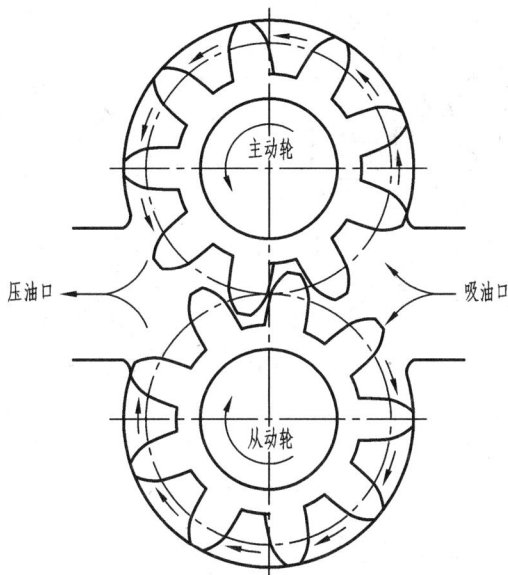

图 9-16　齿轮泵工作原理

3. 视图选择

1) 装配图的主视图选择

装配图应以工作位置和清楚反映主要装配关系的方向作为主视图，并尽可能反映其工作原理。

2) 其他视图的选择

其他视图主要是补充主视图的不足，进一步表达装配关系和主要零件的结构形状。

4. 画装配图的步骤

1) 确定图幅

根据部件的大小、视图数量，确定画图的比例、图幅的大小，画出图框，留出标题栏和明细栏的位置。

2) 布置视图

画各视图的主要基线，如图 9-17 所示。画图时应注意各视图之间要留有适当间隔，以便标注尺寸和进行零件编号，如图 9-17 所示。

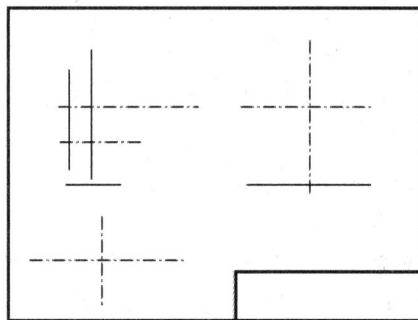

图 9-17　布置视图

3) 画主要装配线

从主视图开始，按照装配干线，从传动齿轮开始，由里向外画。

4) 完成装配图

校核底稿，进行图线加深，画剖面线、尺寸界线、尺寸线和箭头；编注零件序号，注写尺寸数字，填写标题栏和技术要求，最后完成齿轮泵装配图的绘制，如图 9-18 所示。

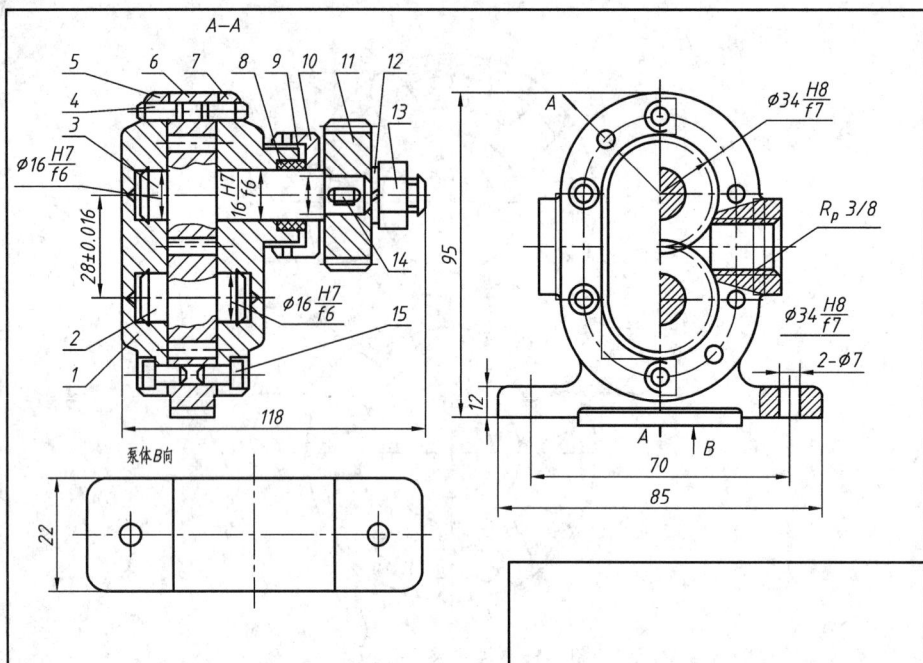

图 9-18　齿轮泵装配图

(八) 读装配图及由装配图拆画零件图

读装配图的目的，是从装配图中了解部件中各个零件的装配关系，分析部件的工作原理，并能分析和读懂其中的主要零件及其他有关零件的结构形状。

1. 读装配图的步骤和方法

1) 概括了解

看标题栏，了解部件的名称，对于复杂部件可通过说明书或参考资料了解部件的构造、工作原理和用途。

看零件编号和明细栏，了解零件的名称、数量和它在图中的位置。

2) 分析视图

分析各视图的名称及投影方向，弄清剖视图、剖面图的剖切位置，从而了解各视图表达的意图和重点。

3) 分析装配关系、传动关系和工作原理

分析各条装配干线，弄清各零件间相互配合的要求，以及零件间的定位、连接方式、密封等问题。再进一步厘清运动零件与非运动零件的相对运动关系。

4) 分析零件、读懂零件的结构形状

清楚各组成零件的主要结构形状及其在装配图中的作用。

2. 读装配图举例

1) 概括了解

如图 9-19 所示，由标题栏可知，该部件是蝶阀；由明细栏可知它由 13 种零件组成，是较为简单的部件。它是连接在管路上，用来控制气体流量或截止气流的装置。

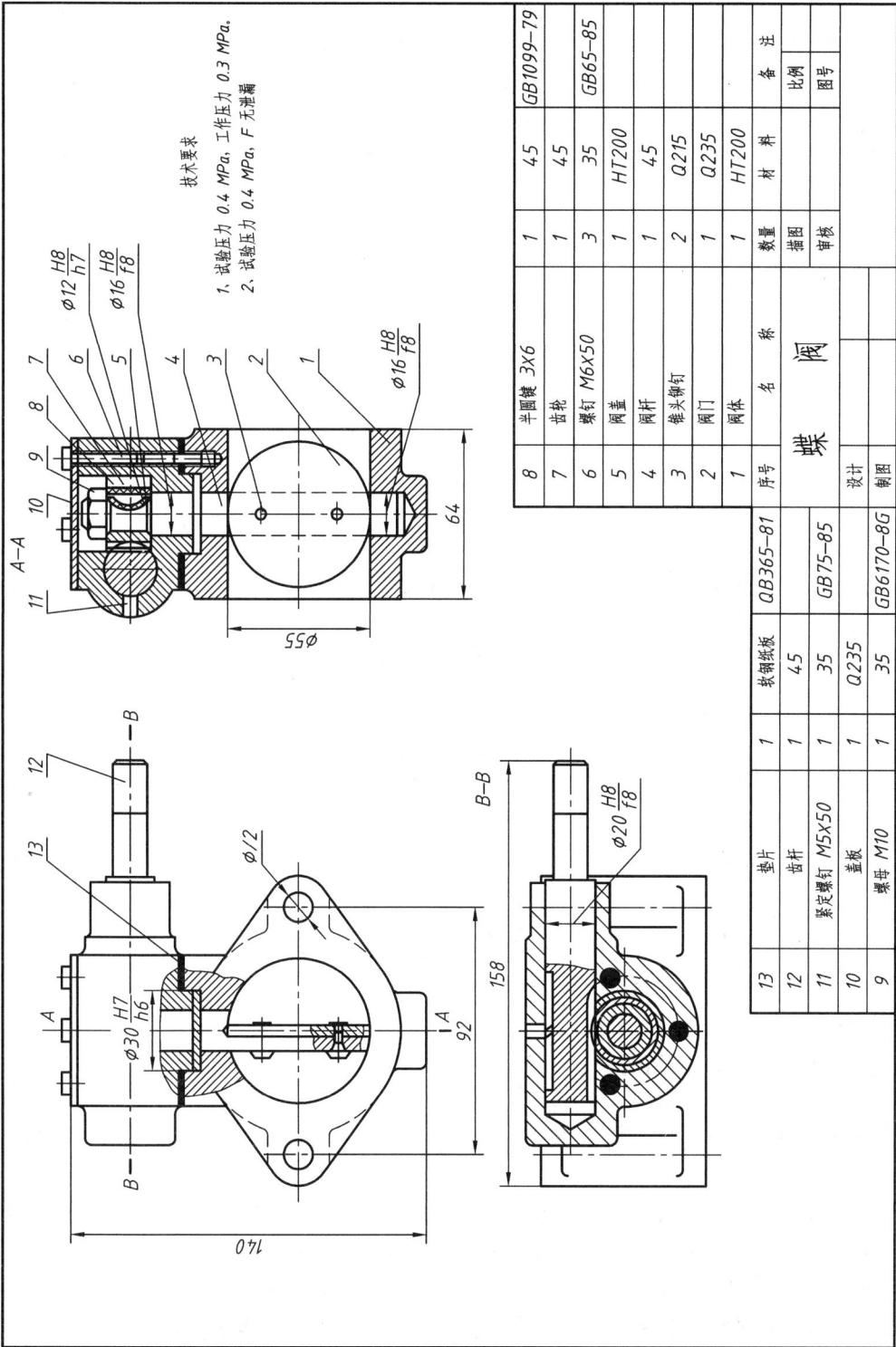

技术要求

1. 试验压力 0.4 MPa，工作压力 0.3 MPa。
2. 试验压力 0.4 MPa，F 无泄漏。

8	半圆键 3x6	1	45	GB1099-79
7	齿轮	1	45	
6	螺钉 M6X50	3	35	GB65-85
5	阀盖	1	HT200	
4	阀杆	1	45	
3	锥头铆钉	2	Q215	
2	阀门	1	Q235	
1	阀体	1	HT200	
序号	名 称	数量	材 料	备 注

	蝶 阀			
设计		描图	比例	
制图		审核	图号	

13	垫片	1	软钢纸板	QB365-81
12	齿杆	1	45	
11	紧定螺钉 M5X50	1	35	GB75-85
10	盖板	1	Q235	
9	螺母 M10	1	35	GB6170-8G

图 9-19 蝶阀装配图

2) 分析视图

蝶阀采用三个视图。主视图表示阀的主要件(阀体、阀盖)的外形结构，两个局部视图分别表示阀盖与阀体 $\phi30H7/h6$ 的配合关系和阀杆与阀门的连接关系。

俯视图采用全剖视，表明齿杆与齿轮的传动关系，并表达阀体的外形结构和阀盖的内外形结构。

左视图采用全剖视，表达阀体 $\phi55$ 的通路和阀盖的内外形结构，也表达阀杆与齿轮、阀体、阀盖的关系，螺钉与齿杆的防转关系以及阀盖与阀体由螺钉连接的关系。

3) 分析装配关系、传动关系和工作原理

配合关系：

齿杆 12 与阀盖 5 的配合为 $\phi20H8/f8$(基孔制间隙配合)。

阀杆 4 与阀体 1、阀盖 5 的配合为 $\phi16\ H8/f8$。

阀盖与阀体由基孔制的间隙配合 $\phi30H7/h6$ 定位。

连接、固定关系：

齿杆上的长槽由紧定螺钉 11 限制齿杆传动，当齿杆沿轴向滑动时齿杆上的齿条就带动齿轮 7 转动。齿轮由半圆键 8、螺母 9 与阀杆 4 连接，由阀杆轴肩在阀体、阀盖中实现轴向定位。阀盖与阀体由三个螺钉连接。阀杆与阀门 2 由锥头铆钉 3 连接。

当齿杆带动齿轮转动时，阀杆也随之转动，并使阀门开启或关闭。

4) 分析零件的结构形状

顺序：

先看主要零件，再看次要零件。

先看容易分离的零件，再看其他零件。

先分离零件，再分析零件的结构形状。

3. 由装配图拆画零件图

1) 拆画零件图的步骤

(1) 按读装配图的要求，看懂部件的工作原理、装配关系和零件的结构形状。

(2) 根据零件的视图表达的要求，确定零件的视图表达方案。

(3) 根据选定的零件视图表达方案，画出零件工作图。

2) 拆画零件图时要注意的问题

(1) 在装配图中允许不画的零件的工艺结构，如倒角、圆角、退刀槽等，在零件图中应全部画出。

(2) 零件的视图表达方案应根据零件的结构形状确定，而不能盲目照抄装配图。要从零件的整体结构形状出发选择视图。

(3) 装配图中已标注的尺寸是设计时确定的重要尺寸，不应随意改动。零件图的尺寸除在装配图中注出者外，其余尺寸都在图上按比例直接量取。对于标准结构或配合的尺寸，如螺纹、倒角、退刀槽等要查标准注出。

(4) 标注表面粗糙度、公差配合、形位公差等技术要求时，要根据装配图所示该零件在机器中的功用、与其他零件的相互关系，并结合自己掌握的结构和制造工艺方面的知识而定。

拆画出的阀体零件图如图 9-20 所示。

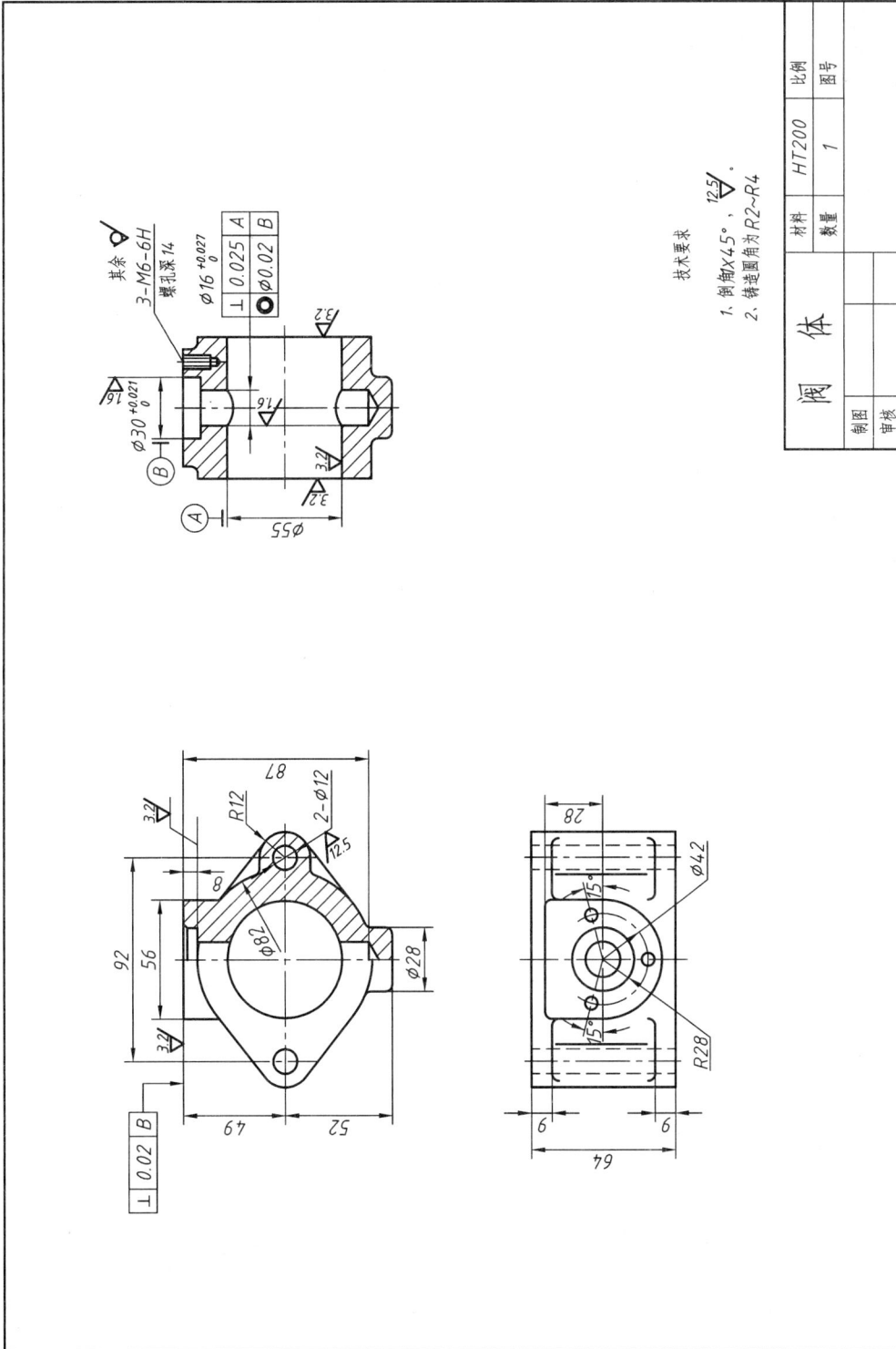

图 9-20 阀体零件图

四、任务实施

读懂图 9-1 所示整体轴承装配图。

读图过程：

从标题栏可知，该图为轴承装配体，整体长度为 130，高度为 100，宽度为 49，由 4 个零件组成。

1 号零件轴承座起支承包容作用，承载其他所有零件，有直径为 $\phi14$ 的中心距为 100 的两个地脚螺栓孔。2 号零件轴衬装于轴承座孔内，与轴承座为基孔制过盈配合；3 号零件油杯体通过螺纹与轴承座连接；4 号零件油杯盖通过螺纹与油杯体连接。

项 目 小 结

通过本项目可知，装配图是表达总体设计意图、制定装配工艺规程、进行装配和检验的技术依据，在使用或维修机器设备时也需通过装配图来了解其构造与性能。画、读装配图的实践性很强，要求具有分析问题、解决问题及查阅资料的能力。另外，对国家标准关于装配图的规定要严格遵守。

参 考 文 献

[1]　涂晶洁. 机械制图：项目式教学[M]. 北京：机械工业出版社，2013.

[2]　何铭新，钱可强. 机械制图[M]. 6 版. 北京：高等教育出版社，2011.

[3]　朱冬梅，胥北澜，何建英. 画法几何及机械制图[M]. 6 版. 北京：高等教育出版社，2009.

[4]　吴百中. 机械制图[M]. 北京：高等教育出版社，2009.

[5]　焦永和，张京英，徐昌贵. 工程制图[M]. 北京：高等教育出版社，2008.

[6]　徐健，吴长贵，常允艳. 工程制图与电气 CAD 实用教程[M]. 成都：西南交通大学出版社，2014.